本书得到国家自然科学基金项目资助：
“量化模型的赣皖交界区域传统民居形态演化研究”（项目编号：52068034）

建筑遗产研究

——赣皖交界区传统建筑实测图

段亚鹏　张光穗　著

中国建设科技出版社
北　京

图书在版编目（CIP）数据

建筑遗产研究 ：赣皖交界区传统建筑实测图 / 段亚鹏，张光穗著. -- 北京 ：中国建设科技出版社，2024. 10.
ISBN 978-7-5160-3421-7

Ⅰ. TU-87

中国国家版本馆CIP数据核字第2024QX6300号

建筑遗产研究——赣皖交界区传统建筑实测图

JIANZHU YICHAN YANJIU — GANWAN JIAOJIEQU CHUANTONG JIANZHU SHICETU

段亚鹏　张光穗　著

出版发行：中国建设科技出版社
地　　址：北京市西城区白纸坊东街2号院6号楼
邮　　编：100054
经　　销：全国各地新华书店
印　　刷：北京印刷集团有限责任公司
开　　本：889mm×1194mm　1/16
印　　张：13
字　　数：220千字
版　　次：2024年10月第1版
印　　次：2024年10月第1次
定　　价：88.00元

本社网址：**www. jskjcbs. com**，微信公众号：**zgjskjcbs**

前 言

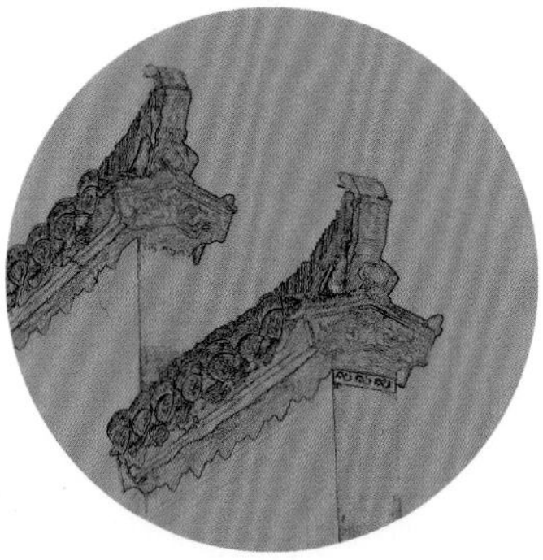

在文化交流的背景下，处于多元文化共存的交融区中的传统建筑正日益受到研究者关注，其形态特征如何传承、演变和融合的问题已成为学界讨论的热点。目前，学界已经关注到，在两种文化接壤的区域中，传统建筑形态产生了混合、不清晰的现象，而厘清文化交融区的传统建筑形态特征是整个民居研究系统中重要的一环。纵观江西省与安徽省交界地区，从元、明两代开始，中央就设置了古饶州府与古徽州府，更有闻名遐迩的“徽饶古道”相连。从行政区划来看，赣皖交界区域包括鄱阳县、都昌县、景德镇、浮梁县、乐平市、婺源县、祁门县、休宁县和歙县。

赣皖交界区域是典型的赣、徽文化交融区。多元文化的交融使该地区传统建筑既有赣派的特色又有徽派的特征，建筑形态经过交融、演化，呈现出了丰富的建筑景观。由于受赣、徽两大文化影响，这一区域建筑文化基因经过“优胜劣汰”的竞争机制，建筑形态呈现出了更具适宜性、文化内涵更丰富、形成机制更复杂的多元化地域性特征。赣皖交界区域的传统建筑风格大概可以分为以下三个片区：一是鄱阳县、都昌县，历史上隶属于古饶州府的时间较长，受赣文化影响更深刻；二是婺源县、祁门县、歙县、休宁县，隶属古徽州府的时间较长，与徽文化影响下的徽派建筑风格相似；三是景德镇市、乐平市、浮梁县，处于饶州府与徽州府府制的交界区域，既受赣文化影响，也受徽文化影响，形成了赣、徽文化交融的建筑特征。

本书是江西师范大学建筑历史团队从 2016 年至今，对赣皖交界区历史文化街区与传统村落中的典型古建筑进行测绘的成果。团队怀着对传统建筑文化遗产的敬畏之心，细致测绘、审慎绘图、斟酌阐释，试图将赣皖交界区古建筑的特征客观、准确地展现在读者面前。本书作为赣皖交界区建筑遗产研究图集，可为后续赣皖交界区传统建筑文化的研究、传承与发展提供借鉴。

2024 年 3 月

九江市都昌县蔡岭镇徛前古村四友堂

建筑航拍图

建筑室内全景图

梁架结构

斜撑

九江市都昌县汪墩乡茅垅村宏农第

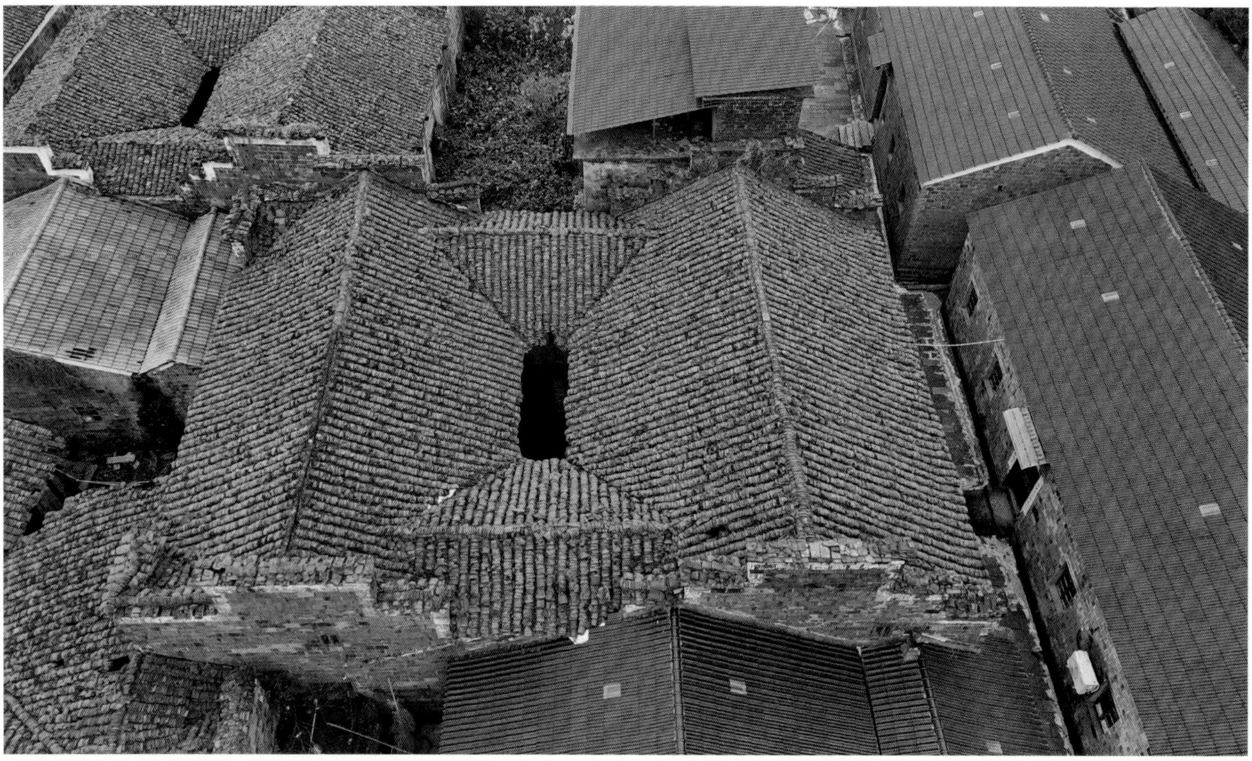
建筑航拍图

建筑前院门

建筑入口立面

梁架结构

柱础石

九江市都昌县苏山乡鹤舍村正屋堂

建筑航拍图

入口立面

入口门罩

厅堂

天井

上饶市鄱阳县枧田街乡丰田村启伟公祖宅

建筑外观

建筑侧立面马头墙

建筑内景

厢房

梁架结构

后天井

窗扇雕刻

木雕

上饶市鄱阳县枧田街乡丰田村李海顶宅

建筑入口

建筑正、侧立面马头墙

厅堂

前堂构架

天井

厢房檐口

天井檐口构造

灰塑

上饶市鄱阳县油墩街镇楼下村操爱珍宅

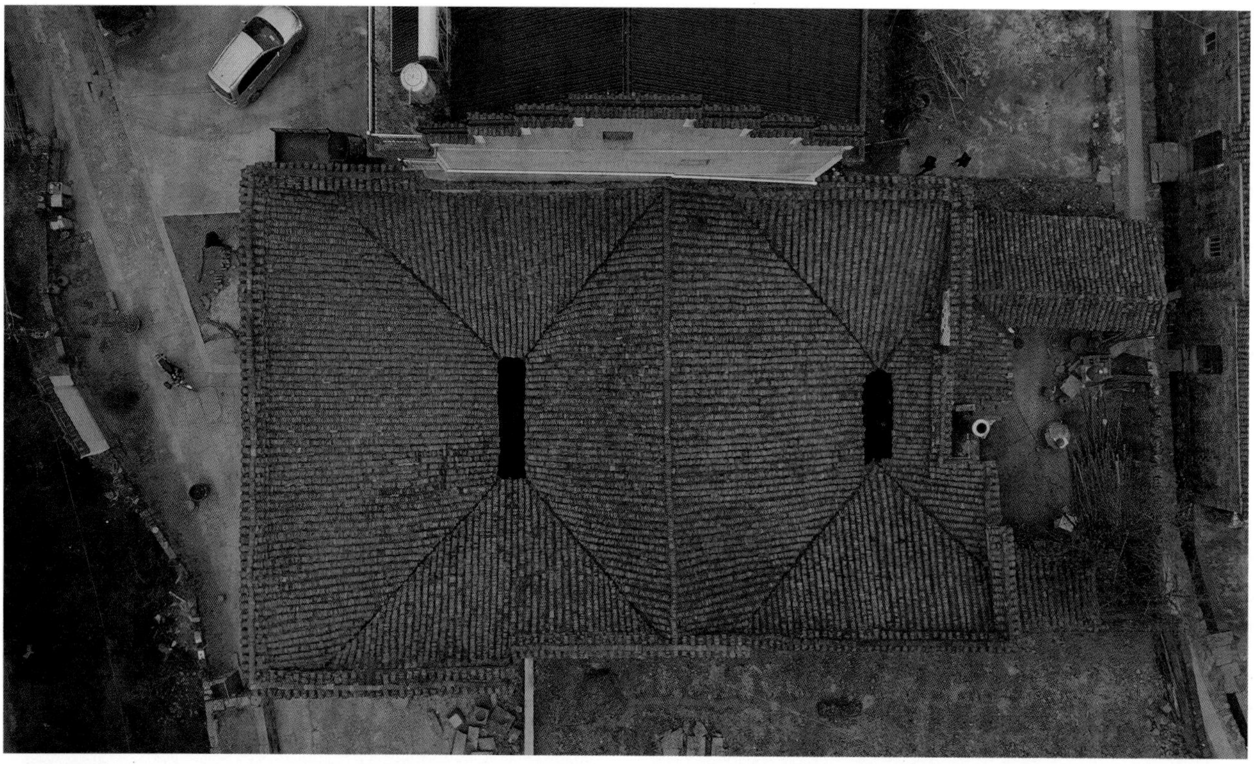

建筑航拍图

建筑入口立面

建筑外观

梁架结构

穿枋雕刻

上饶市婺源县大鄣山乡戴村程志炎宅

建筑入口

拱券门

建筑外观

入口门罩

天井

檐口构造

前堂

额枋雕刻

柱础石

上饶市婺源县赋春镇甲路村程淦明宅

建筑入口

建筑外观（1）

建筑外观（2）

建筑内部（1）

建筑内部（2）

厢房

天井

月梁

上饶市婺源县赋春镇甲路村张丁旺宅

建筑入口

建筑外观

建筑内部

天井檐口

室内采光空间

厅堂

上饶市婺源县赋春镇甲路村张建华宅

建筑入口

建筑内部通道

天井檐口

“凹”字形隔墙

厢房

窗扇纹样

建筑内部

上饶市婺源县赋春镇甲路村张雄兆宅

建筑外观

建筑入口

走廊

厅堂

二层厅堂

厢房

柱础石

景德镇市乐平市何家台历史文化街区彭氏府宅

建筑航拍图

入口立面

前天井

后天井

下堂梁架结构

屋顶仰视

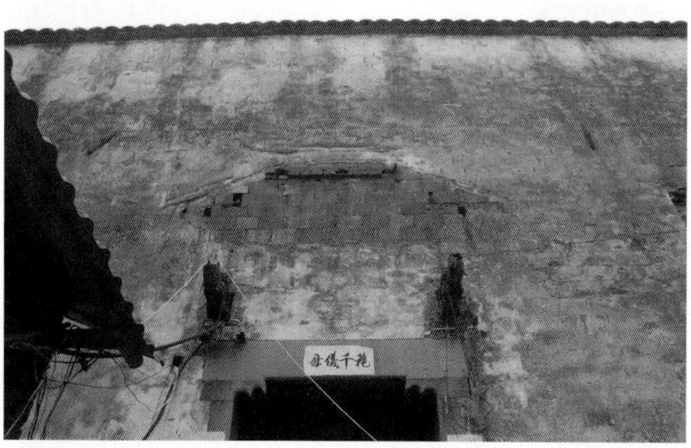

入口门罩（已毁）

轩廊

景德镇市乐平市何家台历史文化街区 16 号

建筑航拍图

屋顶俯视

建筑立面

檐口构造

入口前院

正堂

梁架结构

景德镇市乐平市塔前镇下徐村景星庆云

建筑航拍图

正堂明间梁架

正堂

建筑内部

建筑前院入口

建筑入口

景德镇市乐平市塔前镇下徐村徐八妹宅

入口门罩

建筑背立面

入口门槛

建筑内部

中堂内部

上堂梁架结构

前天井

后天井

景德镇市乐平市双田镇横路村叶为树宅

建筑航拍图

建筑入口立面

建筑外观

后天井檐口

建筑内景

厢房结构

上堂梁架

柱础石

景德镇市乐平市双田镇横路村景星庆云

建筑航拍图

建筑入口立面

厅堂

屋顶仰视

正堂明间梁架

穿枋木雕

门贴

月枋

景德镇市乐平市双田镇横路村 581 号

建筑航拍图

建筑入口立面

厅堂

天井

上堂梁架（1）

上堂梁架（2）

厢房檐口构造

柱础石

景德镇市乐平市双田镇横路村彩焕凝霞

建筑航拍图

建筑入口

正堂梁架

天井

窗扇雕刻（上）和门枕石（下）

月梁

景德镇市乐平市涌山镇涌山村大弄仂 7 号

建筑航拍图

建筑背立面

建筑入口

窗扇雕刻

正堂

梁架结构

景德镇市乐平市涌山镇涌山村王家街 10 号

建筑航拍图

前天井

入口门厅

窗扇雕刻（1）

建筑内部

窗扇雕刻（2）

柱础石

建筑入口立面

附房

景德镇市乐平市涌山镇涌山村州判府

建筑入口立面

建筑外观

建筑内景（1）

轩廊

建筑内景（2）

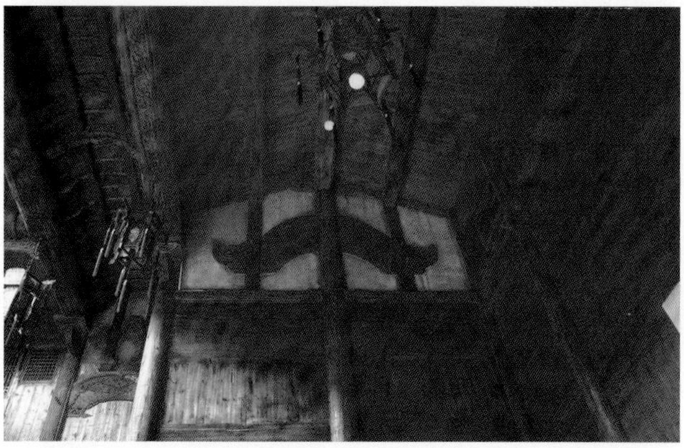
正堂梁架

天井

景德镇市典当边弄 6 号

建筑入口

入口台阶

建筑内部

厅堂

二层栏杆

梁架结构

天井檐口

天井

景德镇市浮梁县勒功乡沧溪村茶商宅院

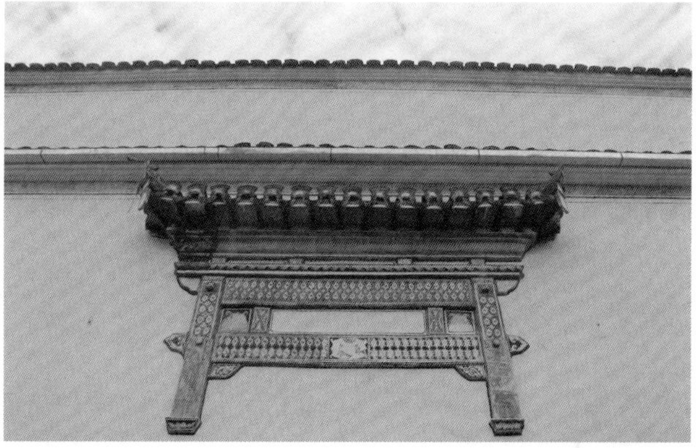

建筑入口门罩

入口大门

院门

前天井和正堂

厢房

斜撑

前天井

后天井

护净（1）

护净（2）

景德镇市浮梁县勒功乡沧溪村瓷商宅院

入口前院门

建筑入口

挑手木、斜撑、丁头拱雕刻

后天井

垂带石

门贴

景德镇市浮梁县蛟潭镇礼芳村九六甲祠堂

祠堂入口

享堂

门厅

梁架结构

天井排水沟

厢廊

马头墙

瓦当与滴水

景德镇市浮梁县瑶里镇绕南村詹氏宗祠

建筑入口

享堂

门厅

梁架结构

寝殿

厢廊

柱础石

檐口结构

黄山市祁门县箬坑乡下汪村汪宅

入口内部门罩

正堂结构

梁上彩绘

梁架结构

隔扇

入口前院

柱础石

马头墙

黄山市休宁县商山镇黄村武进士第

建筑外观

入口门罩

厅堂

梁架结构

前天井

后天井

天井檐口

柱础石

黄山市歙县北岸镇瞻淇村方金荣宅

正堂

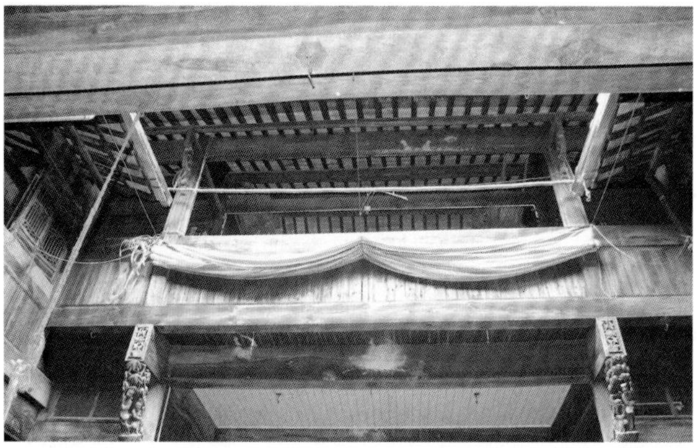
檐口构造

太师壁

建筑入口

屋面

天井

木雕

斜撑

黄山市歙县北岸镇瞻淇村介眉堂

建筑鸟瞰

门厅檐口

正堂

入口

天井檐口

走马廊

马头墙

目 录

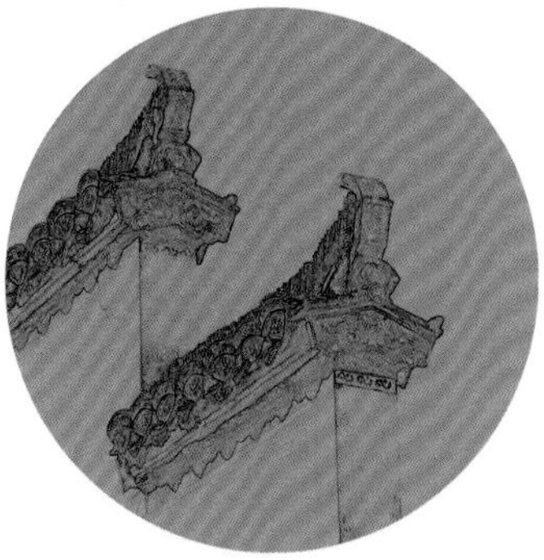

九江市都昌县蔡岭镇衙前古村四友堂

四友堂位于九江市都昌县蔡岭镇衙前古村（今为华山村衙前自然村）。建筑名“四友堂”，源起南宋理学大师朱熹重修白鹿洞书院时，都昌人黄灏、彭蠡、冯椅、曹彦约纷纷前往求学，后来成为历史上有名的都昌“朱门四友”。目前房屋为都昌县星凤楼书法院，挂牌登记为都昌县基层版权登记工作站，近期进行了修缮。

建筑平面形制为两进天井形式，中轴布局，中轴线上依次布局下堂（门厅）、天井和正堂，天井两侧为侧房。砖木结构，局部两层。建筑总面阔 13.97m，总进深 19.50m，占地面积 265.42m^2。

该建筑入口采用较为常见的门罩形式，门额上刻有“廉让流芳”四字。其上有石雕，其上方 10.00cm 左右为凸起的门罩。建筑外墙均为石灰粉墙。山墙形式为“一”字形墙与“人”字形组合形式，建筑正立面为“一”字形坡屋顶，侧立面为叠落式马头墙，背立面为坡屋顶。

建筑面阔三间、进深两进，第一进设置倒座，旁为改造后的楼梯，后有二门。下堂作为门厅使用，门厅（含倒座）面积为 33.73m^2（面阔 × 进深：5.11m×6.60m），屋脊高 7.14m，外墙高 7.70m；第二进作为对外会客的正堂，面积为 42.84m^2（面阔 × 进深：5.11m×8.40m），明间与通面阔之比为 5.10m ∶ 13.97m，屋顶屋脊高 7.64m。建筑次间（上下房）是改造的卧室，第一层净高 3.00m、第二层至最高点为 4.64m、屋脊高 6.65m。屋面排水采用传统的自由落水形式，为解决雨水飞溅，保持正堂干燥，建筑内天井做得比较深，净尺寸为 3.80m×1.80m，为“土”形天井。正房和厢房檐口等高并加大了正堂出挑与出檐尺寸。

建筑下堂为插梁式木构架，四柱、三骑、九檩，双坡屋面；正堂为双坡屋面，穿斗式木构架，七柱、六骑、十四檩。天井的厢房屋顶皆为双坡屋面，结合厅堂，形成完整的“四水归堂”式的四合天井。屋面施以灰色小青瓦覆盖。正堂的出檐依靠斜撑来支承挑檐枋，上支挑檐檩。

建筑内部木雕大多刻有人物场景、梅兰竹菊，施于穿枋、斜撑、门窗隔扇等，图案丰富。

北
1
2
柱径φ200
础方 260
柱径φ240
础方 320
柱径φ240
础方 300
柱径φ240
础方 320
柱径φ240
础方 300
0.360
(木板铺地)
±0.000
(方砖铺地)
0.360
(木板铺地)
柱径φ240
础径φ320
柱径φ200
础方 260
柱径φ260
础径φ340
柱径φ200
础径φ300
柱径φ260
础方 360
柱径φ200
础径φ360
3800
0.350
(木板铺地)
-0.420
(条石铺地)
(条石铺地)
(条石铺地)
1800
0.350
(木板铺地)
柱径φ200
础方 260
柱径φ260
础径φ360
柱径φ260
础径φ360
柱径φ280
础径φ360
柱径φ300
础方 380
0.350
(木板铺地)
0.350
(木板铺地)
柱径φ300
础方 380
柱径φ240
础方 300
柱径φ240
础方 300
柱径φ200
础方 260
柱径φ220
础方 280
上
下
-0.400
360
360
560
1400
1400
1400
1400
1400
1400
2400
1400
1700
1700
1800
540
19500
550
1640
1700
1280
2550
1280
2060
1640
550
13970
A
B
C
D
E
F
G
H
I
J
K
L
1
2
3
4
5
6
7
8
9
10

衙前古村四友堂一层平面图

衙前古村四友堂

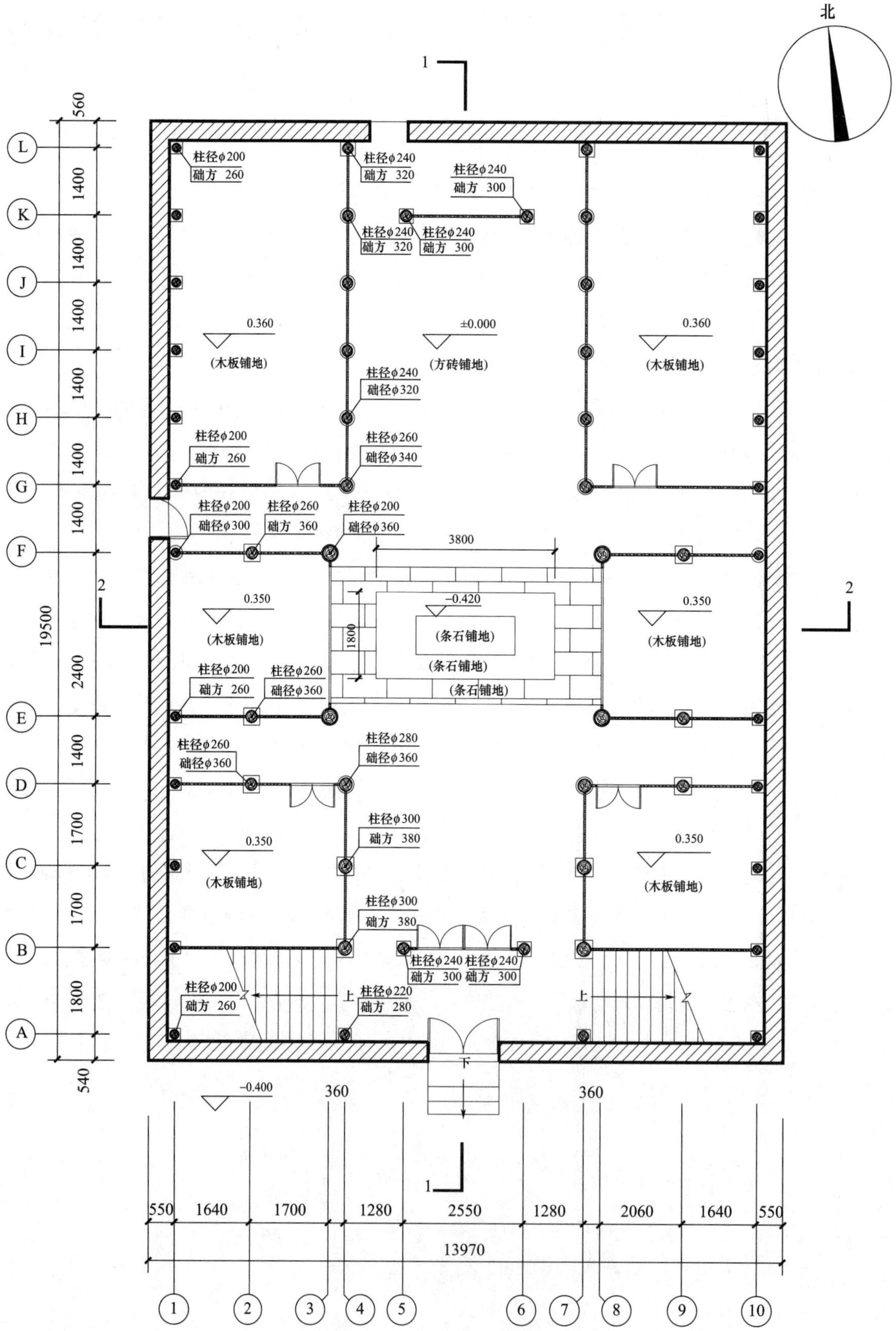

柱径φ200
柱径φ240
柱径φ240
柱径φ240
柱径φ260
柱径φ200
柱径φ260
柱径φ320
3.000
(木板铺地)
3.000
(木板铺地)
柱径φ320
柱径φ260
柱径φ280
柱径φ200
柱径φ300
柱径φ300
下
下
柱径φ220
560
1400
1400
1400
1400
1400
1400
19500
3400
1400
1700
1700
800
140
400
360
360
550
1640
1700
1280
2550
1280
2060
1640
550
13970

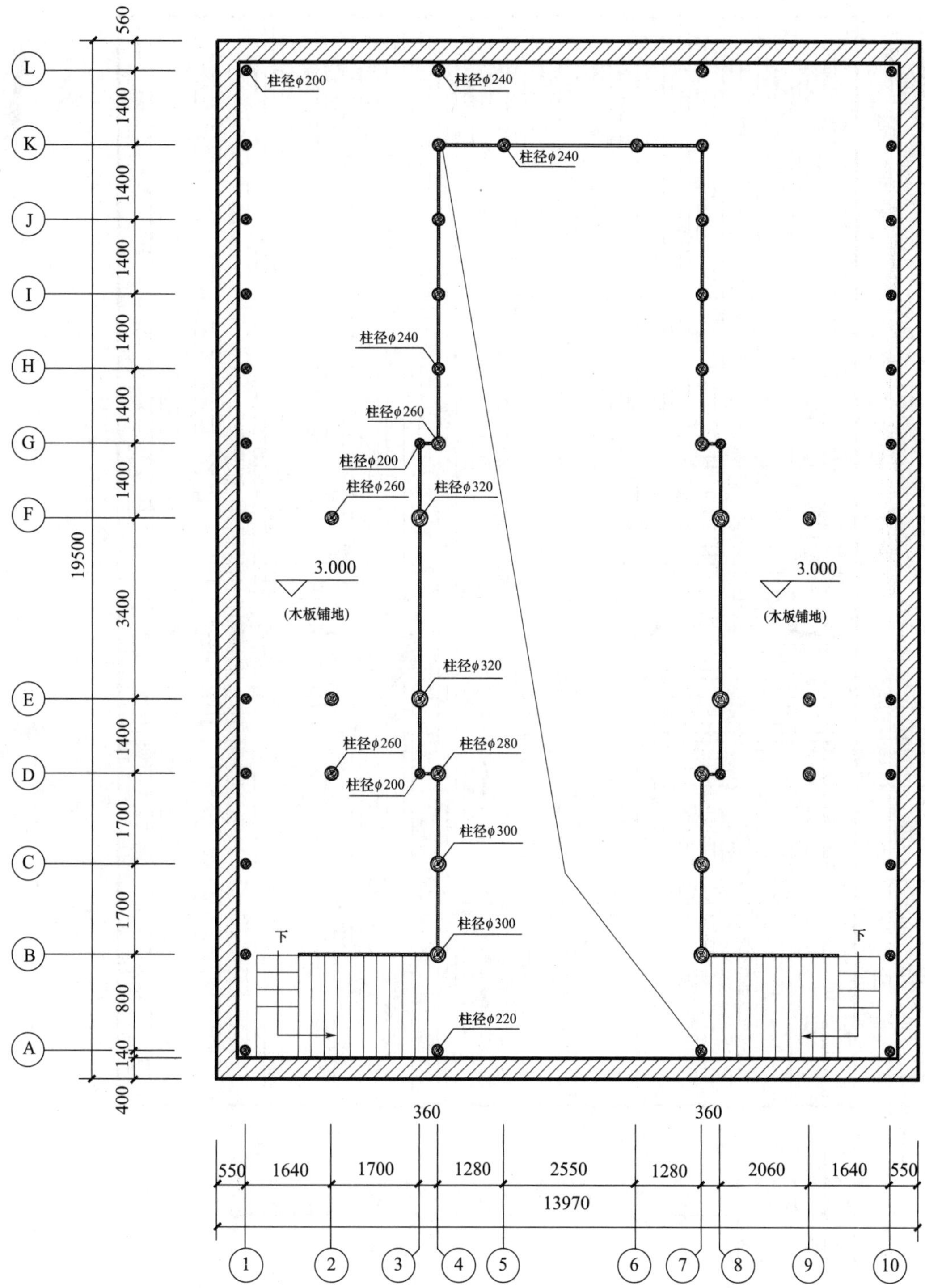

衙前古村四友堂二层平面图

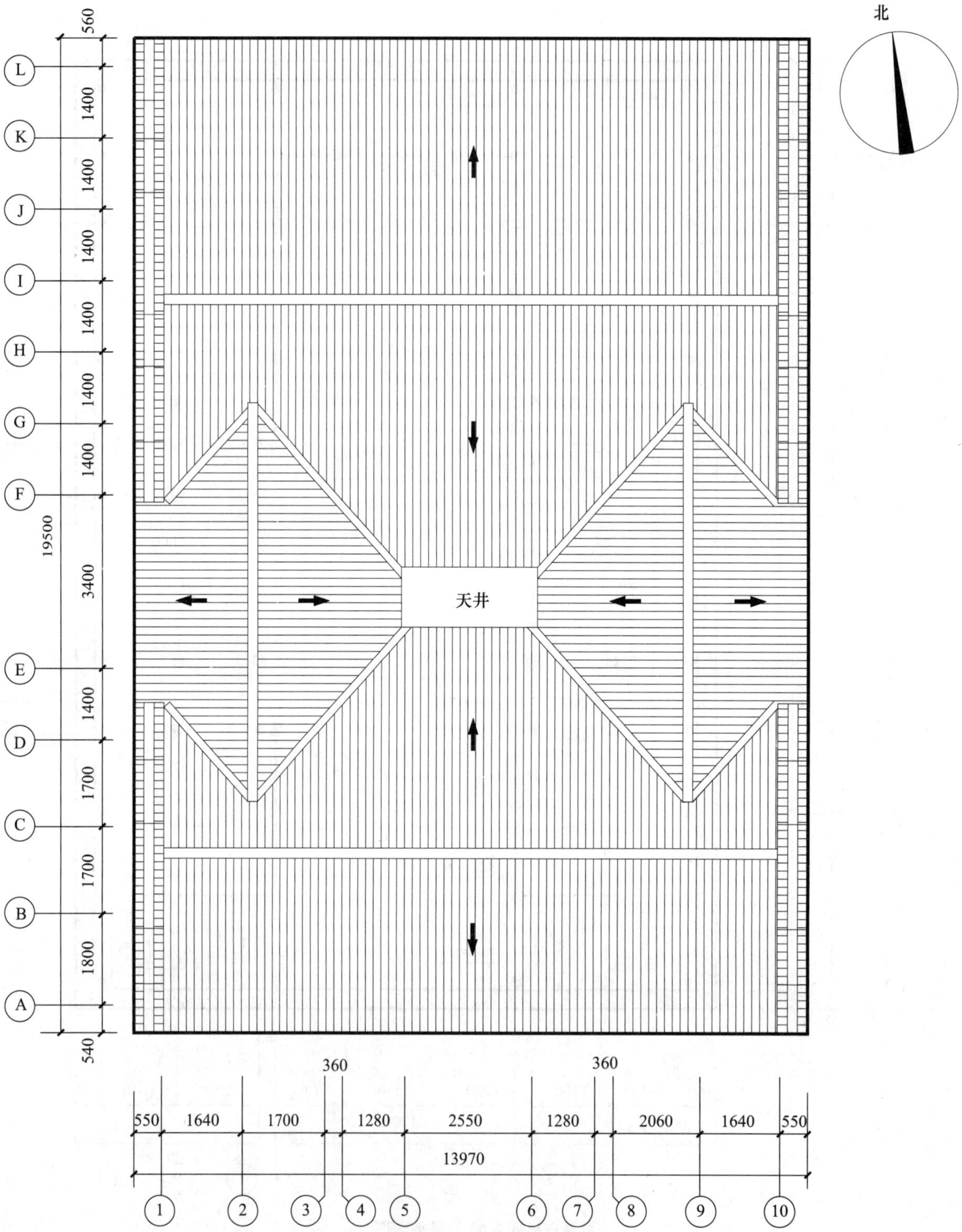
北
560
1400
1400
1400
1400
1400
1400
3400
1400
1700
1700
1800
540
19500
L
K
J
I
H
G
F
E
D
C
B
A
天井
550
1640
1700
360
1280
2550
1280
360
2060
1640
550
13970
1
2
3
4
5
6
7
8
9
10

衙前古村四友堂屋顶平面图

7285
900 900 850 850 850 850 1400 685
9085
685 700 675 725 700 700 700 760 640 760 640 700 700
马头墙最高点 7.980
屋脊最高点 7.140
檐口 5.560
二层楼板 3.000
室内地坪 ±0.000
室外地坪 -0.400
8.225 马头墙最高点
7.640 屋脊最高点
5.700 檐口
3.000 二层楼板
±0.000 室内地坪
-0.400 室外地坪
5.640
-0.420 天井
ϕ=320
ϕ=150
ϕ=280
ϕ=210
540 1800 1700 1700 1400 3400 1400 1400 1400 1400 1400 1400 560
1950
A B C D E F G H I J K L

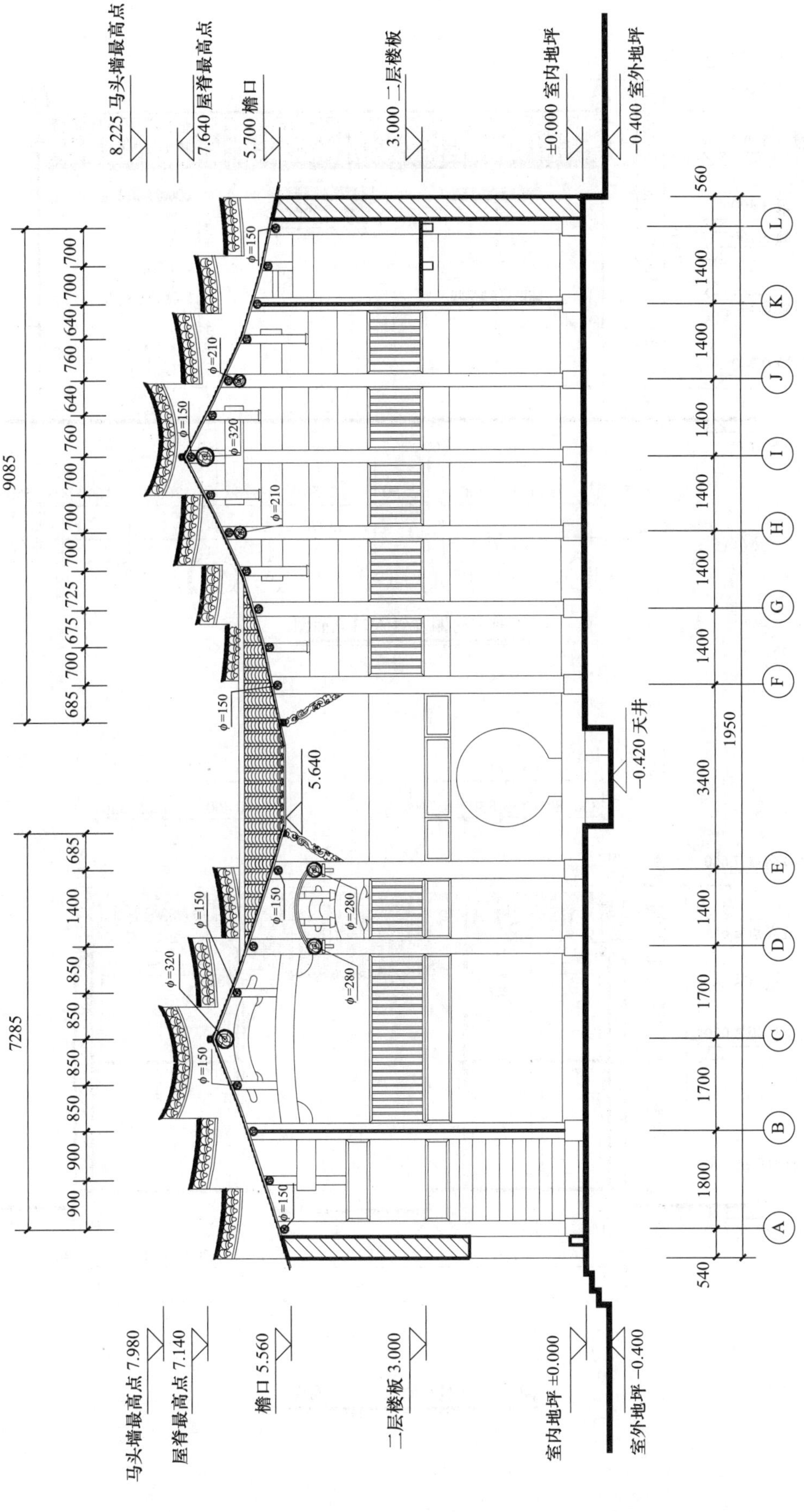

衙前古村四友堂 1—1 剖面图

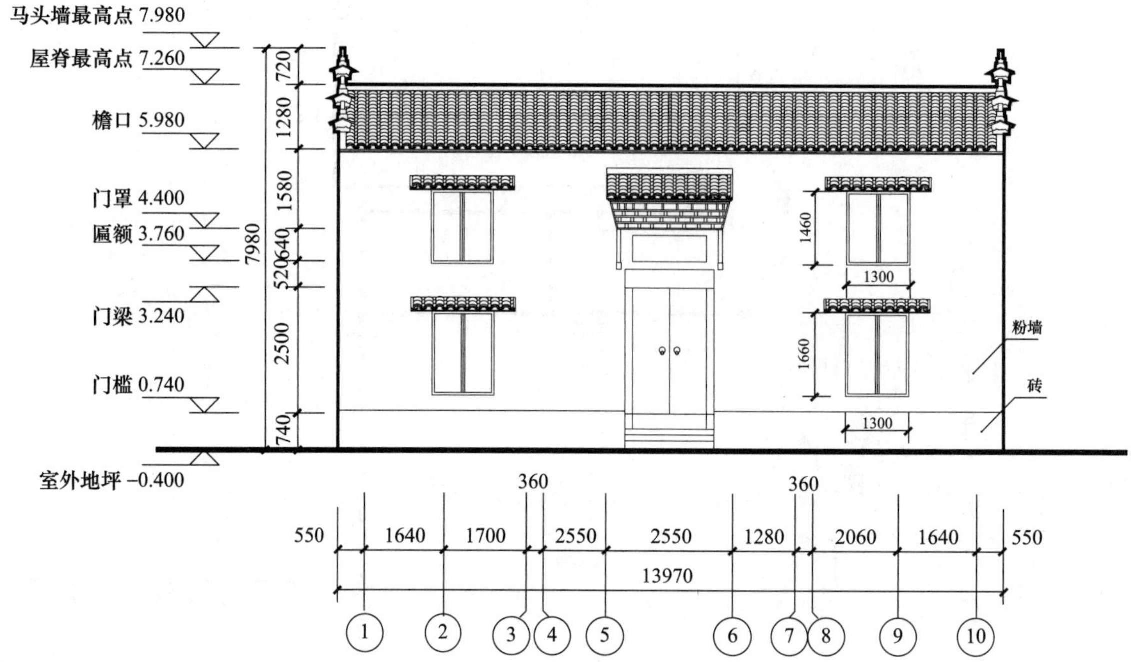
马头墙最高点 7.980
屋脊最高点 7.260
檐口 5.980
门罩 4.400
匾额 3.760
门梁 3.240
门槛 0.740
室外地坪 −0.400
720
1280
1580
640
520
2500
740
7980
1460
1300
1660
1300
粉墙
砖
360
360
550
1640
1700
2550
2550
1280
2060
1640
550
13970
1
2
3
4
5
6
7
8
9
10

衙前古村四友堂入口立面图

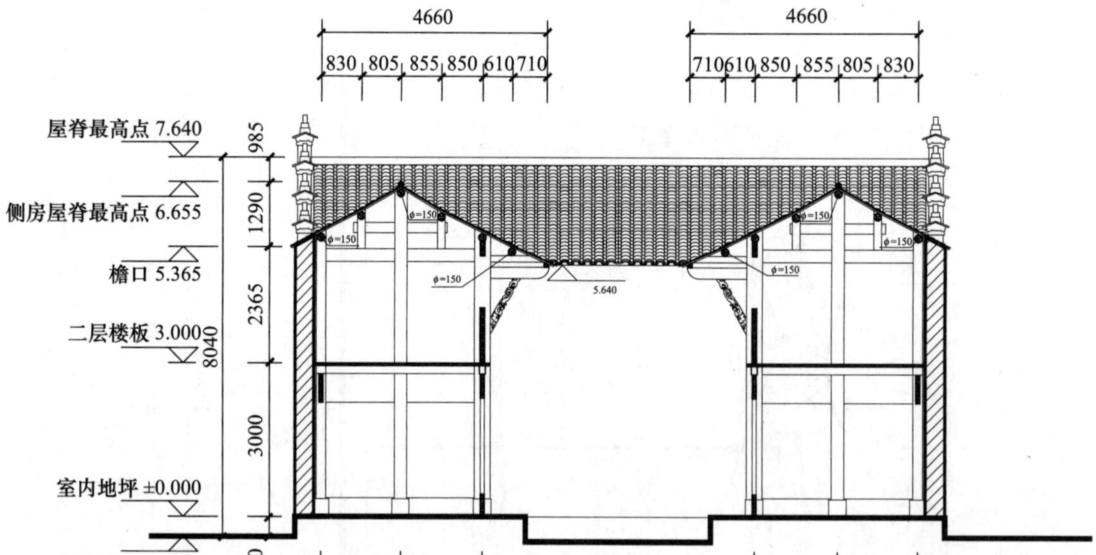
4660
830
805
855
850
610
710
4660
710
610
850
855
805
830
屋脊最高点 7.640
侧房屋脊最高点 6.655
檐口 5.365
二层楼板 3.000
室内地坪 ±0.000
室外地坪 −0.400
985
1290
2365
3000
400
8040
5.640
550
1640
1700
5830
1700
1640
400
13970
1
2
3
7
9
10

衙前古村四友堂 2—2 剖面图

九江市都昌县汪墩乡茅垅村宏农第

宏农第位于九江市都昌县汪墩乡茅垅村，始建于清代，其为不可移动文物。目前房屋内无人居住，保护状况良好。屋面、梁架均较为完整，但楼板有几处破裂，木隔墙有一定损坏。

主体建筑平面形制为典型的二进一天井形式，中轴布局。中轴线上依次布局下堂（门厅）、天井、正堂。砖木结构，局部两层。建筑总面阔 13.35m，总进深 19.41m，占地面积 259.12m^2。

该建筑入口体现出都昌地区建筑特色，红石门仪，门额下有扇形雕刻，并等距设有四个门簪；门梁石做成月形穿枋式，下有红石门档，其下两边有简易雀替。门上有青石门匾，从右至左刻有“宏农第”字样。建筑主房整体采用青砖砌筑的清水外墙和红石墙基，立面上有红石漏窗。山墙形式为跌落式马头墙，建筑正立面中间为坡屋顶，两边为“一”字形马头墙，背立面为坡屋顶。

该建筑为三开间二进一天井形式的带前院住宅，下堂面积为 32.45m^2（面阔 × 进深：4.89m×6.42m），中间通高，两侧房间分为两层，第一层净高 2.84m、第二层至最高点为 2.50m，屋脊高 6.92m，外墙第一叠马头墙高 7.31m、第二叠马头墙高 6.11m。正堂中的厅堂分为前堂和后堂。作为对外会客的前堂，面积为 25.23m^2（面阔 × 进深：4.89m×5.16m），屋顶屋脊高 6.47m；后堂作为生活储物的空间使用，分为两层，一层面积为 6.94m^2（面阔 × 进深：4.89m×1.42m），第一层净高 2.97m、第二层至最高点为 2.16m。

结构上，下堂五柱、二骑、八檩，檐口使用挑檐枋承接挑檐檩支撑；其正堂采用七柱、八檩形式，构架制作简洁，无精美雕刻装饰，用料较少。正堂的檐柱向两侧偏半个到一个步架，使檐柱开间尺寸超过堂屋金柱开间尺寸，形成檐金不对位的独特柱网形式，其目的是让出正房面向天井的部分开窗位置，满足正房采光、通风的需求。走檐梁架在厢房檐柱上，厢房檐桁再搭在走檐梁上，正堂檐桁与厢房檐桁紧密连接，堂厢的檐桁互相搭接成“井”字形梁架，结合成非常牢固的整体。正堂前穿廊作为通向室外的通道，东侧厢房边设楼梯通往二楼。堂屋敞开，在堂前加设作为过渡空间的穿廊。

屋面檐口排水为无组织排水，从屋顶直接落至天井。天井为半土形天井，较为狭窄，净尺寸为 4.42m×1.62m。建筑第一进和第二进均为双坡屋面，天井的厢房屋顶皆为双坡屋面，结合二进厅堂形成“四水归堂”式的四合天井。建筑山墙马头墙顶端边缘再次叠砌两层，两端略微翘起似燕尾。建筑背立面出檐采用三匹砖叠涩的形式做成小檐口向外排水。

建筑内部雕刻主要体现在门窗隔扇上，心屉采用正四方、斜格等样式，绦环板雕刻花瓶和植物装饰图案。建筑整体简洁、朴素。

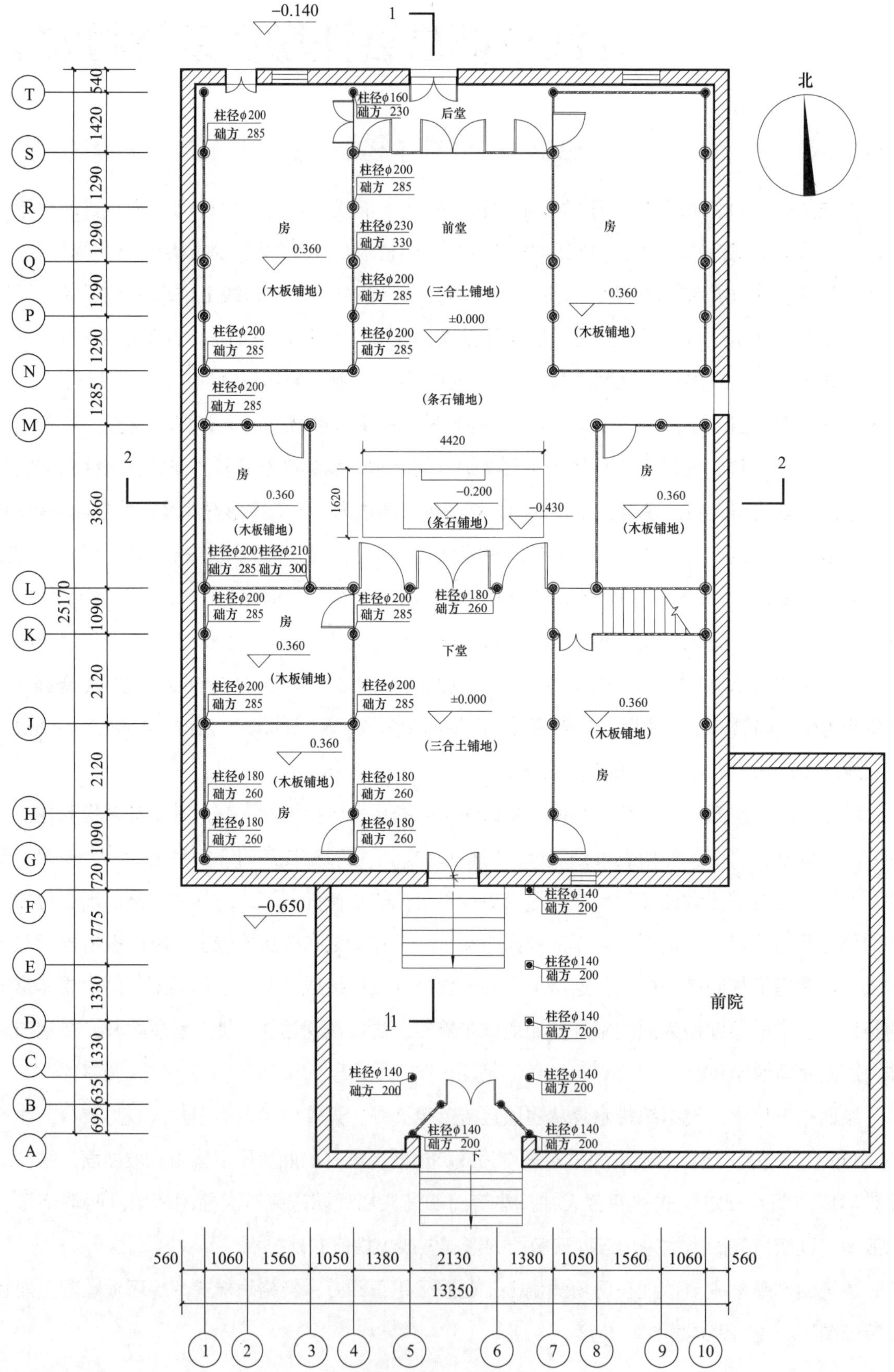
北
-0.140
1
T
S
R
Q
P
N
M
2
L
K
J
H
G
F
E
D
C
B
A
540
1420
1290
1290
1290
1290
1285
3860
25170
1090
2120
2120
1090
720
1775
1330
1330
635
695
柱径φ160 础方 230
后堂
柱径φ200 础方 285
柱径φ230 础方 330
前堂
房
0.360
(木板铺地)
(三合土铺地)
±0.000
(条石铺地)
4420
1620
-0.200
-0.430
柱径φ200 础方 285
柱径φ210 础方 300
柱径φ180 础方 260
下堂
柱径φ140 础方 200
-0.650
前院
下
560
1060
1560
1050
1380
2130
1380
1050
1560
1060
560
13350
1
2
3
4
5
6
7
8
9
10

茅垅村宏农第平面图

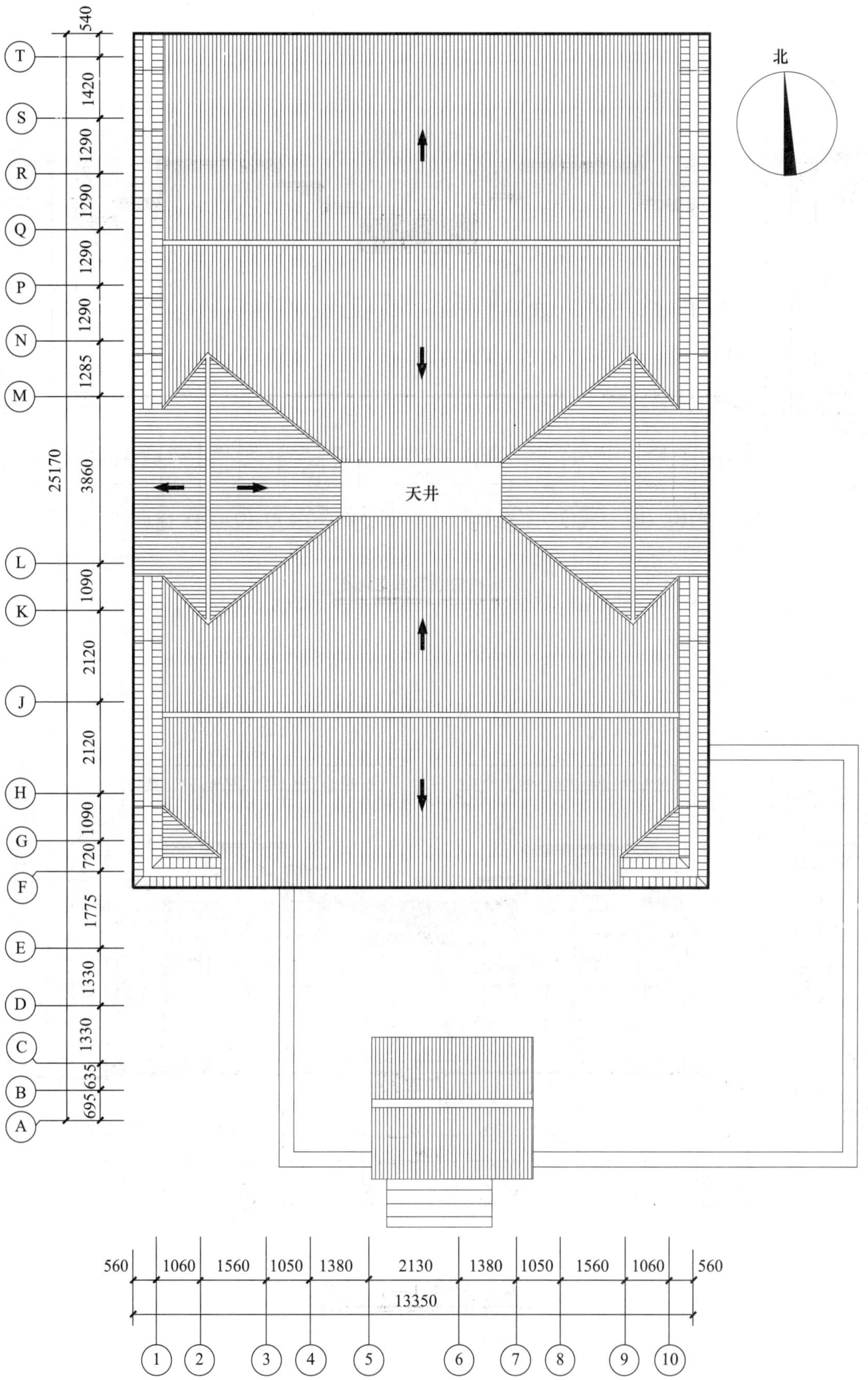

茅垅村宏农第屋顶平面图

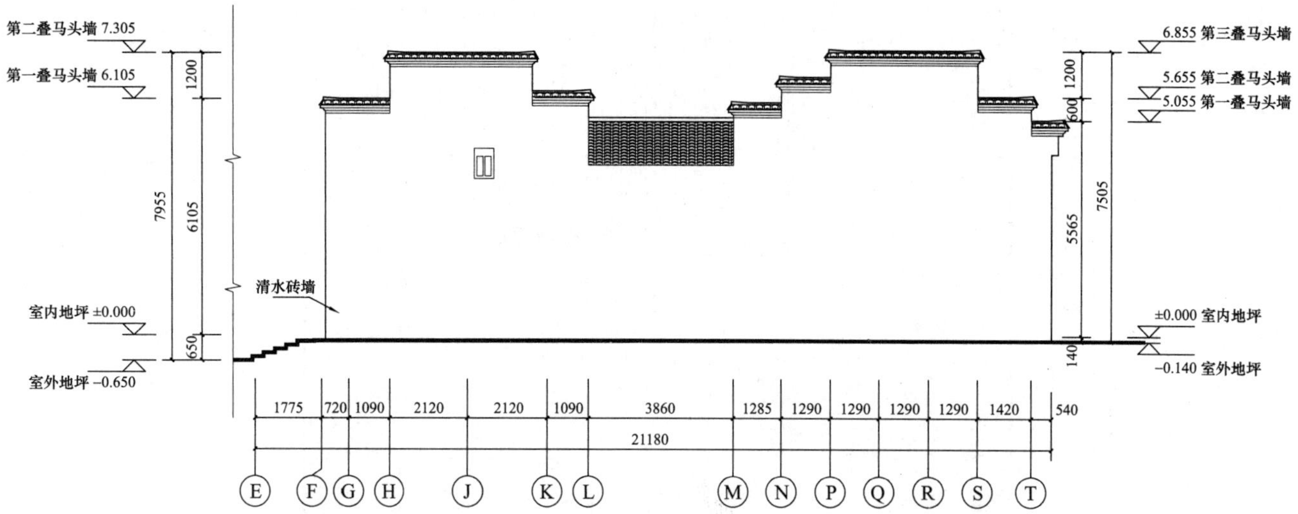
第二叠马头墙 7.305
第一叠马头墙 6.105
室内地坪 ±0.000
室外地坪 −0.650
清水砖墙
6.855 第三叠马头墙
5.655 第二叠马头墙
5.055 第一叠马头墙
±0.000 室内地坪
−0.140 室外地坪
1775 720 1090 2120 2120 1090 3860 1285 1290 1290 1290 1290 1420 540
21180
E F G H J K L M N P Q R S T

茅垅村宏农第东立面图

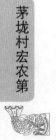
7175
1090 1060 1060 1060 1060 1090 755
8495
630 1285 1290 1290 1290 1290 1420
第二叠马头墙 7.305
屋脊最高点 6.920
第一叠马头墙 6.105
室内地坪 ±0.000
室外地坪 −0.650
6.855 第三叠马头墙
6.470 屋脊最高点
5.655 第二叠马头墙
5.055 第一叠马头墙
±0.000 室内地坪
−0.140 室外地坪
φ=150
±0.000
−0.200
−0.430
1775 720 1090 2120 2120 1090 3860 1285 1290 1290 1290 1290 1420 540
21180
E F G H J K L M N P Q R S T

茅垅村宏农第 1—1 剖面图

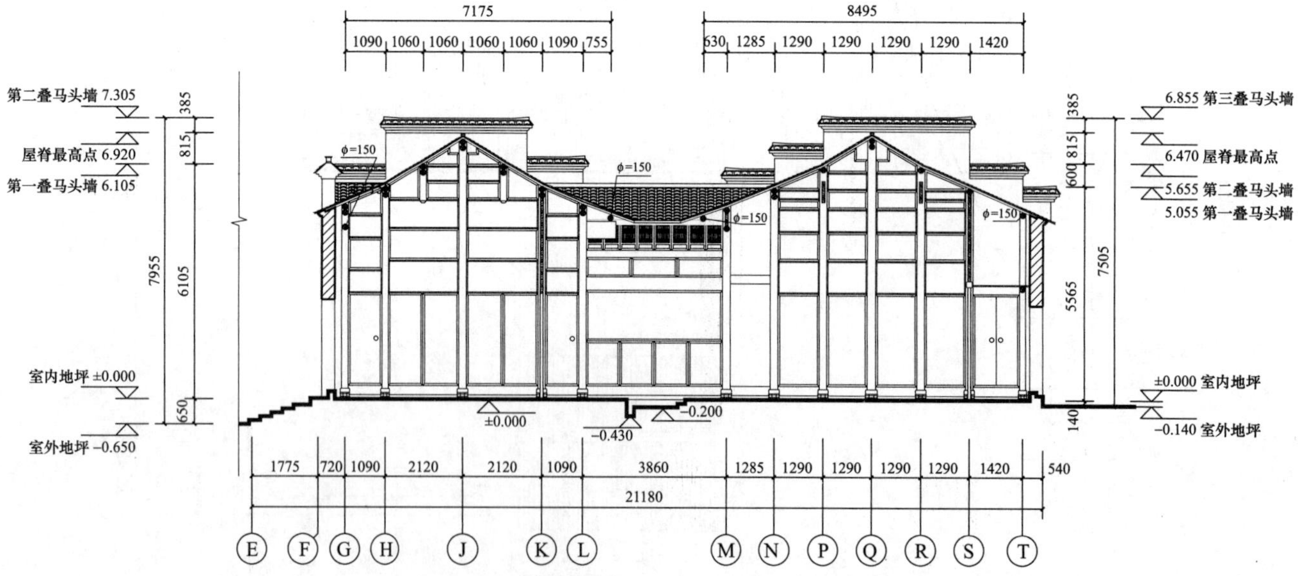

茅垅村宏农第

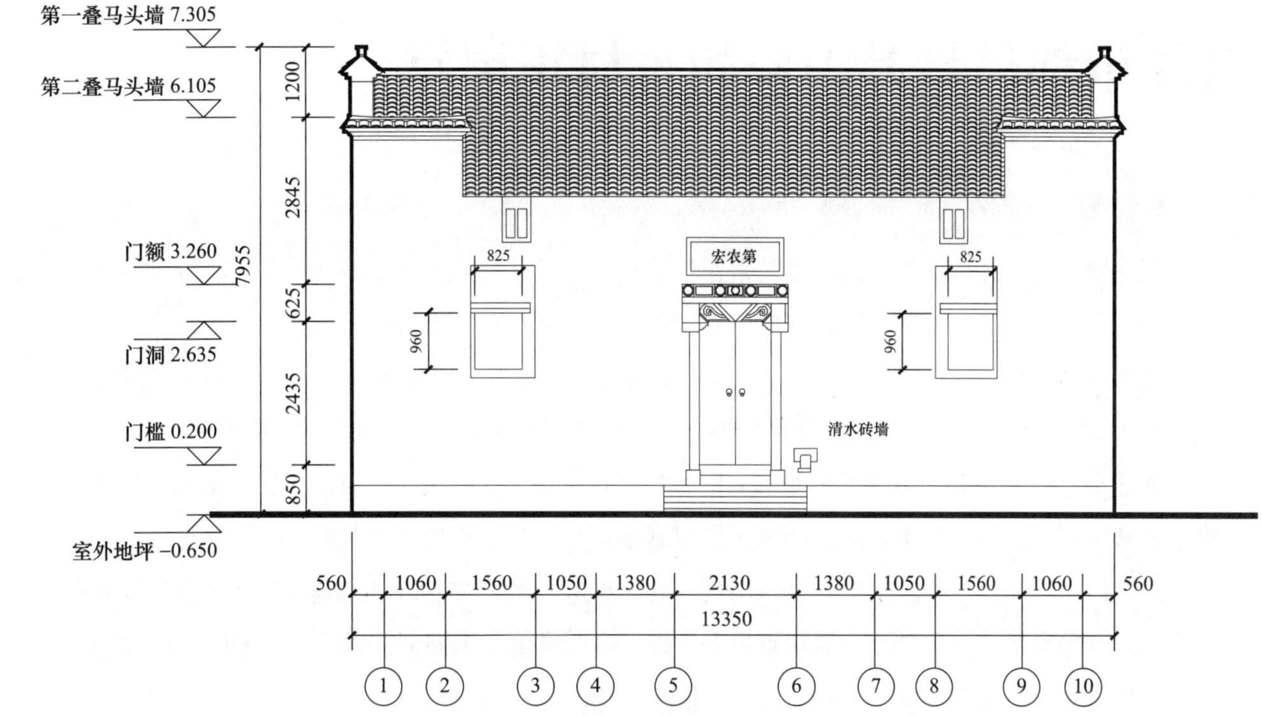
第一叠马头墙 7.305
第二叠马头墙 6.105
门额 3.260
门洞 2.635
门槛 0.200
室外地坪 −0.650
1200
2845
625
2435
850
7955
825
960
宏农第
清水砖墙
560
1060
1560
1050
1380
2130
13350
1
2
3
4
5
6
7
8
9
10

茅垅村宏农第南立面图

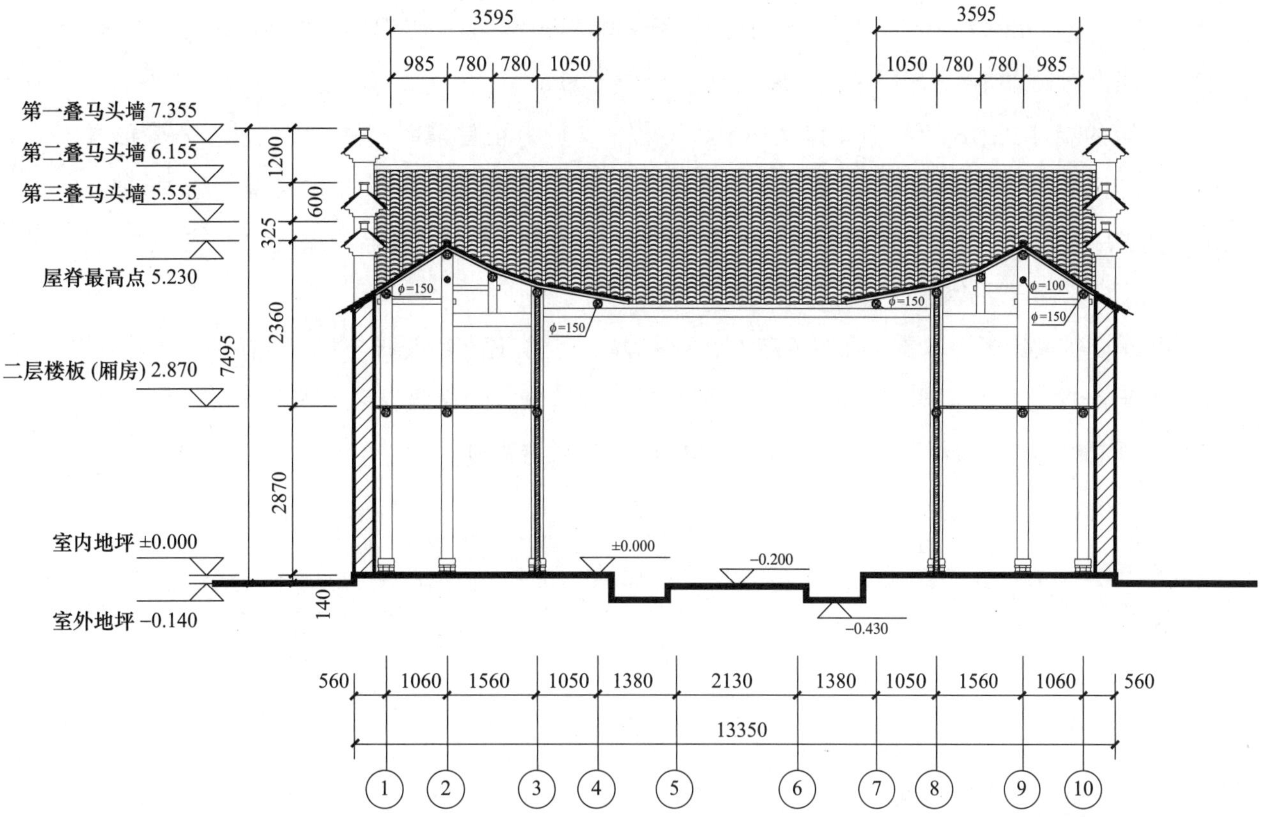
3595
985
780
1050
第一叠马头墙 7.355
第二叠马头墙 6.155
第三叠马头墙 5.555
屋脊最高点 5.230
二层楼板 (厢房) 2.870
室内地坪 ±0.000
室外地坪 −0.140
1200
600
325
2360
7495
2870
140
ϕ=150
ϕ=100
±0.000
−0.200
−0.430
560
1060
1560
1050
1380
2130
13350
1
2
3
4
5
6
7
8
9
10

茅垅村宏农第 2—2 剖面图

九江市都昌县苏山乡鹤舍村正屋堂

正屋堂位于九江市都昌县苏山乡鹤舍村，始建于清代，为县级文物保护单位。目前房屋仍有人居住，保护状况良好。屋面及木构架均保存完好，内部进行了现代化改造。

建筑平面形制为两进一天井形式，中轴对称布局，中轴线上依次布局下堂（门厅）、天井和上堂。砖木结构，局部两层。建筑总面阔 15.54m，总进深 22.00m，占地面积 341.88m^2。

该建筑入口采用较为常见的门罩形式，整体经过修缮，保存完整。在大门上方 80cm 左右用挑手木从墙面伸出，上架小披檐，檐角翘起似燕尾，十分灵动。侧面雕有精美浅浮雕的小月梁与穿枋，檐口饰以鹅颈轩棚。入口有麻石门仪，装饰较少。除了檐下和窗框施以石灰粉墙，其余部位均采用青砖砌筑的清水外墙，墙裙则是采用大块麻石砌筑。山墙形式为“一”字形墙形式，建筑正、背立面均由墙基、墙身和屋顶三部分组成。

建筑面阔三间、进深两进，下堂作为门厅使用，面积为 26.20m^2（面阔 × 进深：5.39m×4.86m），屋脊高 7.98m，外墙高 8.53m，堂内设有平顶天花，高度为 5.75m；正堂的明间由太师壁分为前堂和后堂。其中，前堂面积为 31.69m^2（面阔 × 进深：5.39m×5.88m），后堂面积为 26.73m^2（面阔 × 进深：5.39m×4.96m）。前堂前有作为过渡空间的轩廊。屋面檐口排水采用传统的自由落水形式，建筑内天井做得比较浅窄，净尺寸为 5.25m×1.05m。

建筑为穿斗式木构架，其下堂为三柱、六檩、二骑，正堂采用六柱、十三檩、六骑形式，构架制作简洁、无精美雕刻装饰。建筑第一进和第二进均为双坡屋面，天井的厢房屋顶为单坡屋面，结合两进厅堂形成了一个完整的“四水归堂”式的四合天井。正堂出挑与出檐尺寸较大，建筑正、背立面出檐采用三层砖叠涩的形式做成小檐口向外排水。

建筑内部装饰多为木雕，梁架装饰较少，除骑柱下垫有莲花状托脚与穿枋连接外，两厢檐柱下有狮形斜撑，轩廊下穿枋上雕刻少量卷草纹和云纹装饰。门窗隔扇采用正四方和“回”字纹等样式，心屉上刻有人物图案，绦环板上有麒麟、卷草纹等雕刻。

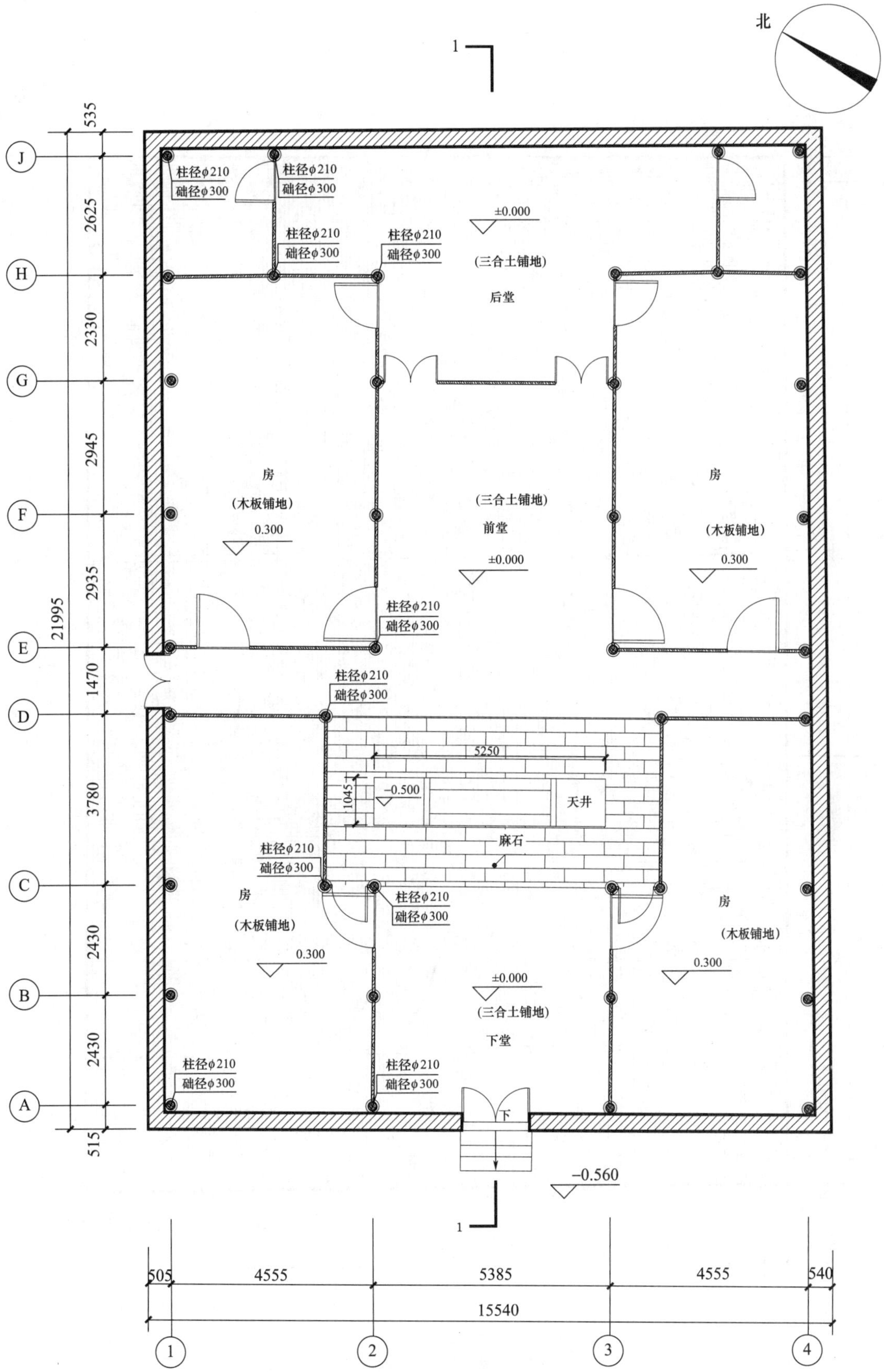
北
1
535
2625
2330
2945
2935
21995
1470
3780
2430
2430
515
J
H
G
F
E
D
C
B
A
柱径φ210
础径φ300
±0.000
(三合土铺地)
后堂
房
(木板铺地)
0.300
前堂
5250
1045
-0.500
天井
麻石
下堂
下
-0.560
505
4555
5385
4555
540
15540
1
2
3
4

鹤舍村正屋堂平面图

北
535
J
2625
H
2330
G
2945
F
2935
21995
E
1470
D
3780
天井
C
2430
B
2430
A
515
505
4555
5385
4555
540
15540
1
2
3
4

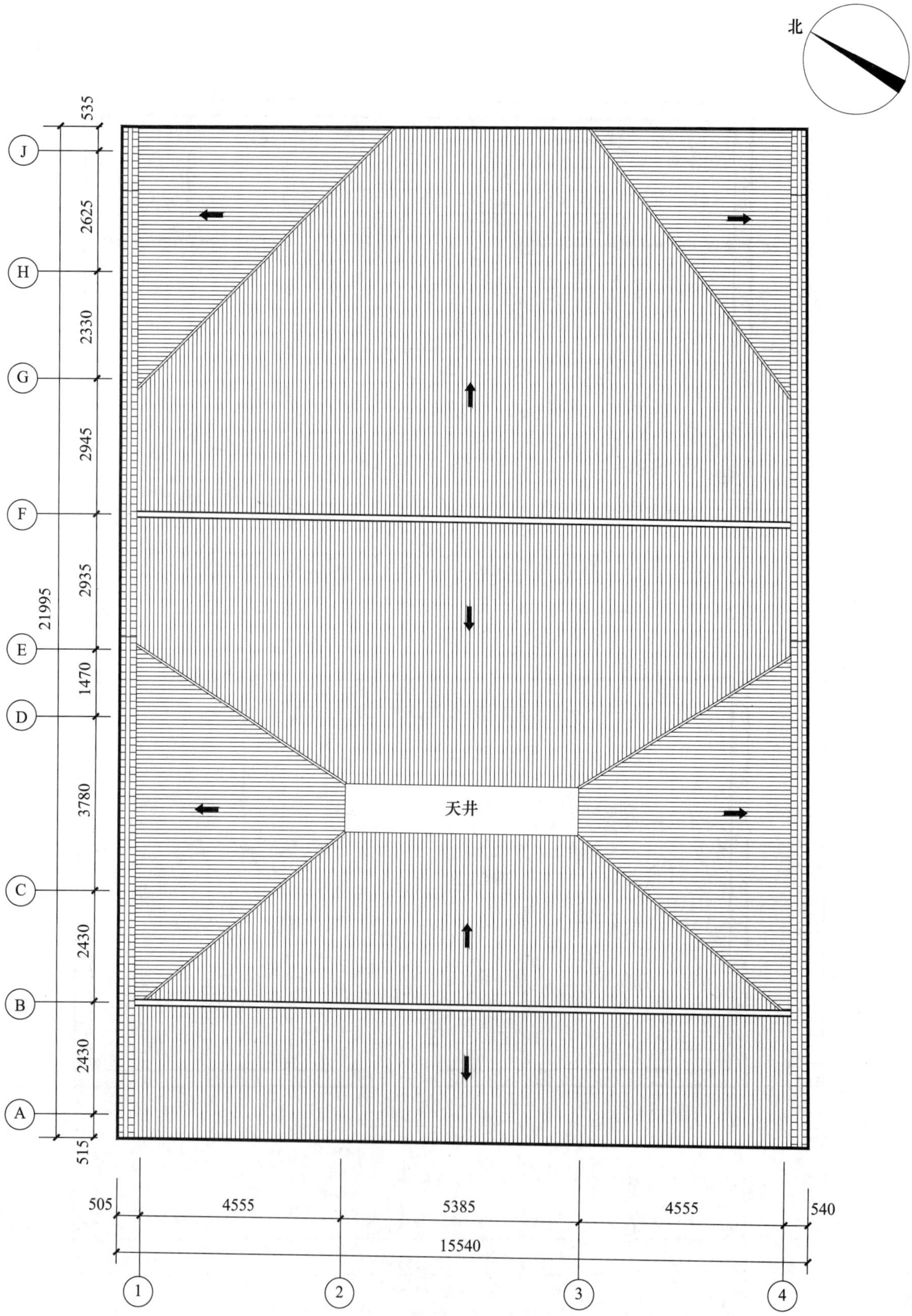

鹤舍村正屋堂屋顶平面图

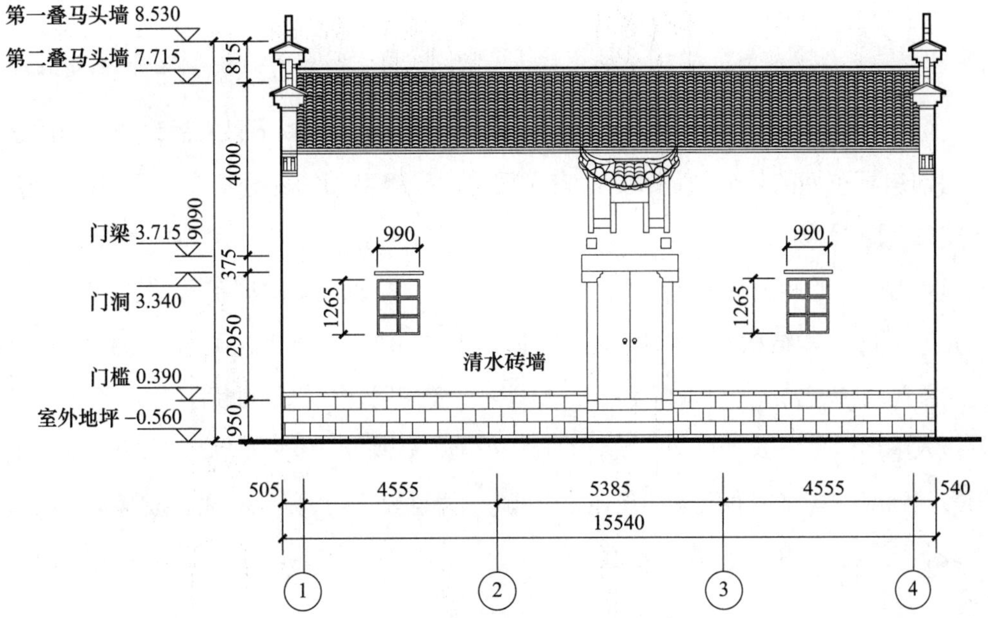
第一叠马头墙 8.530
第二叠马头墙 7.715
门梁 3.715
门洞 3.340
门槛 0.390
室外地坪 -0.560
815
4000
9090
375
2950
950
990
1265
清水砖墙
505
4555
5385
4555
540
15540
1
2
3
4

鹤舍村正屋堂入口立面图

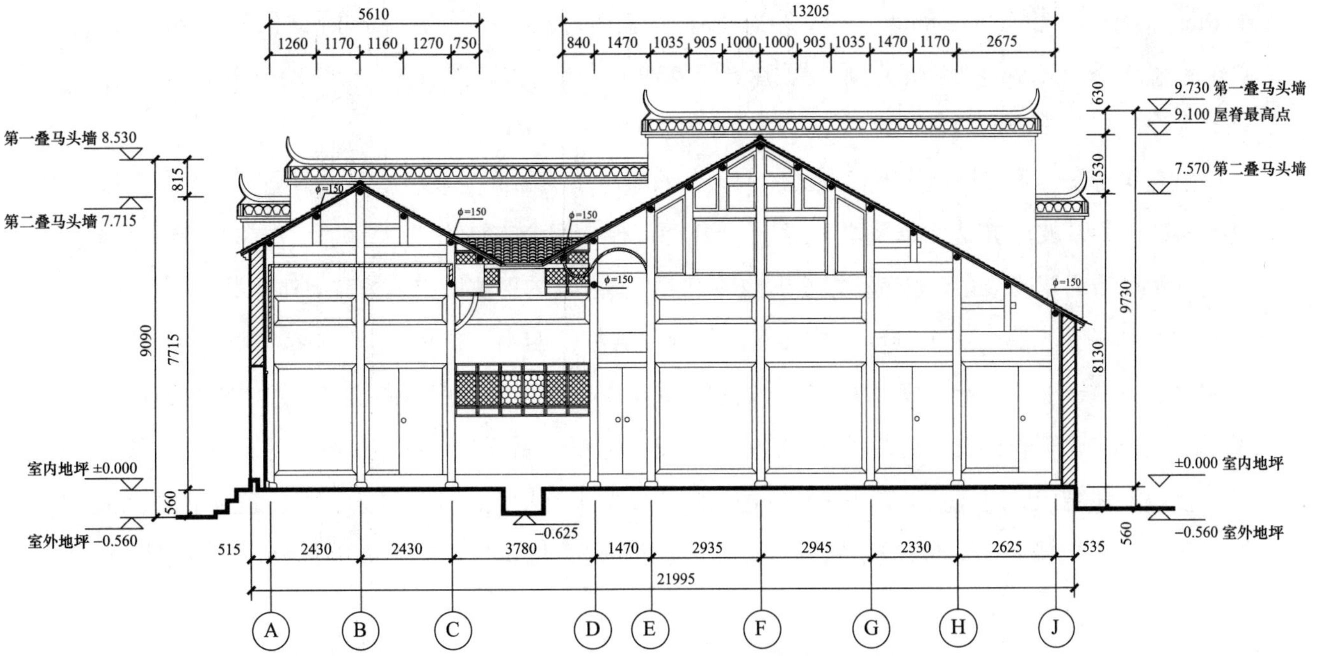
5610
1260
1170
1160
1270
750
13205
840
1470
1035
905
1000
1000
905
1035
1470
1170
2675
第一叠马头墙 8.530
第二叠马头墙 7.715
9.730 第一叠马头墙
9.100 屋脊最高点
7.570 第二叠马头墙
630
1530
815
9090
7715
9730
8130
室内地坪 ±0.000
室外地坪 -0.560
±0.000 室内地坪
-0.560 室外地坪
560
-0.625
515
2430
2430
3780
1470
2935
2945
2330
2625
535
21995
A
B
C
D
E
F
G
H
J

鹤舍村正屋堂 1—1 剖面图

上饶市鄱阳县枧田街乡丰田村启伟公祖宅

启伟公祖宅位于上饶市鄱阳县枧田街乡丰田村，始建于清代，为鄱阳县人民政府公布的上饶市历史建筑。目前房屋东面的部分经过改造，有人居住。建筑西面的部分荒废，保护状况堪忧。屋面经过修缮较为完整。

建筑平面形制为典型的两进两天井形式，中轴对称布局，中轴线上依次布局下堂（门厅）、前天井、正堂和后天井。砖木结构，局部两层，占地面积 257.07m^2。建筑总面阔 13.53m，总进深 19.00m；西面陪屋总面阔 5.70m，总进深 10.50m，屋面全部使用现代机瓦进行了重修。

该建筑入口未采用门罩形式，仅有一块青石板门梁石，门梁下方两侧设简化雀替。除了檐下施以石灰粉墙，其余部位均采用青砖砌筑的清水外墙，后墙底部采用鹅卵石累叠成墙基。山墙轮廓为不对称三花墙与坡屋顶组合形式，建筑正立面上半部分为坡屋顶，背立面轮廓为平衡对称跌落式马头墙。

该建筑为典型的三开间两进两天井形式的住宅，下堂前设仪门过渡，其后作为门厅使用。下堂明间面积为 17.39m^2（面阔 × 进深：4.19m×4.15m），屋脊高 6.20m，外墙最高点为 7.17m；第二进正堂由太师壁分为前堂和后堂。作为对外会客的空间，前堂面积为 19.90m^2（面阔 × 进深：4.19m×4.75m），屋脊高 6.85m，外墙高 7.60m。后堂作为生活起居的空间使用，面积为 10.27m^2（面阔 × 进深：4.19m×2.45m），假屋面屋脊高 4.82m。屋面檐口排水采用传统的自由落水形式，前天井净尺寸为 3.98m×1.30m；后天井净尺寸为 2.00m×1.00m。

建筑第一进、第二进均为双坡屋面，前天井的厢房屋顶西面为双坡层面（猜测原为单坡，后期破损改造为双坡）、东边为单坡屋面，结合上下厅堂形成两个完整的“四水归堂”式的四合天井，后天井两侧皆为双坡屋面。建筑正立面出檐采用三匹砖叠涩的形式做成小檐口向外排水。

建筑结构上，第一进为穿斗式构架双坡屋顶，五柱、四骑、十檩；第二进为穿斗式构架双坡屋面，八柱、七骑、十七檩，太师壁后的后堂采用草架屋顶。厢房两侧增设了四根较粗的并排檐柱，这是该建筑的一大特色。正堂在后金柱上设太师壁分隔开前后堂，并增加两根勇柱加以穿枋连接以增加结构稳定性。下堂和正堂的檐柱向两侧偏半个步架，使檐柱开间尺寸超过堂屋金柱开间尺寸，形成檐金不对位的独特柱网形式，其目的是让出正房面向天井的部分开窗位置满足采光、通风的需求。

建筑内木雕多采用花鸟、麒麟、鹿等祥瑞动植物。绦环板上的雕刻采用浅浮雕，厢房月枋雕刻采用镂空雕手法，人物主题多样，可惜被破坏。挑手木、斜撑有卷草纹，门窗隔扇为四方纹，绦环板有福禄寿、人物场景、祥瑞动植物等纹样，具有一定艺术价值。

天井
(条石铺地)
后堂
前堂
下堂
房
(木板铺地)
(三合土铺地)
柱径φ180
础方 205
柱径φ230
础方 260
柱径φ300
础方 400
北
13530
18965

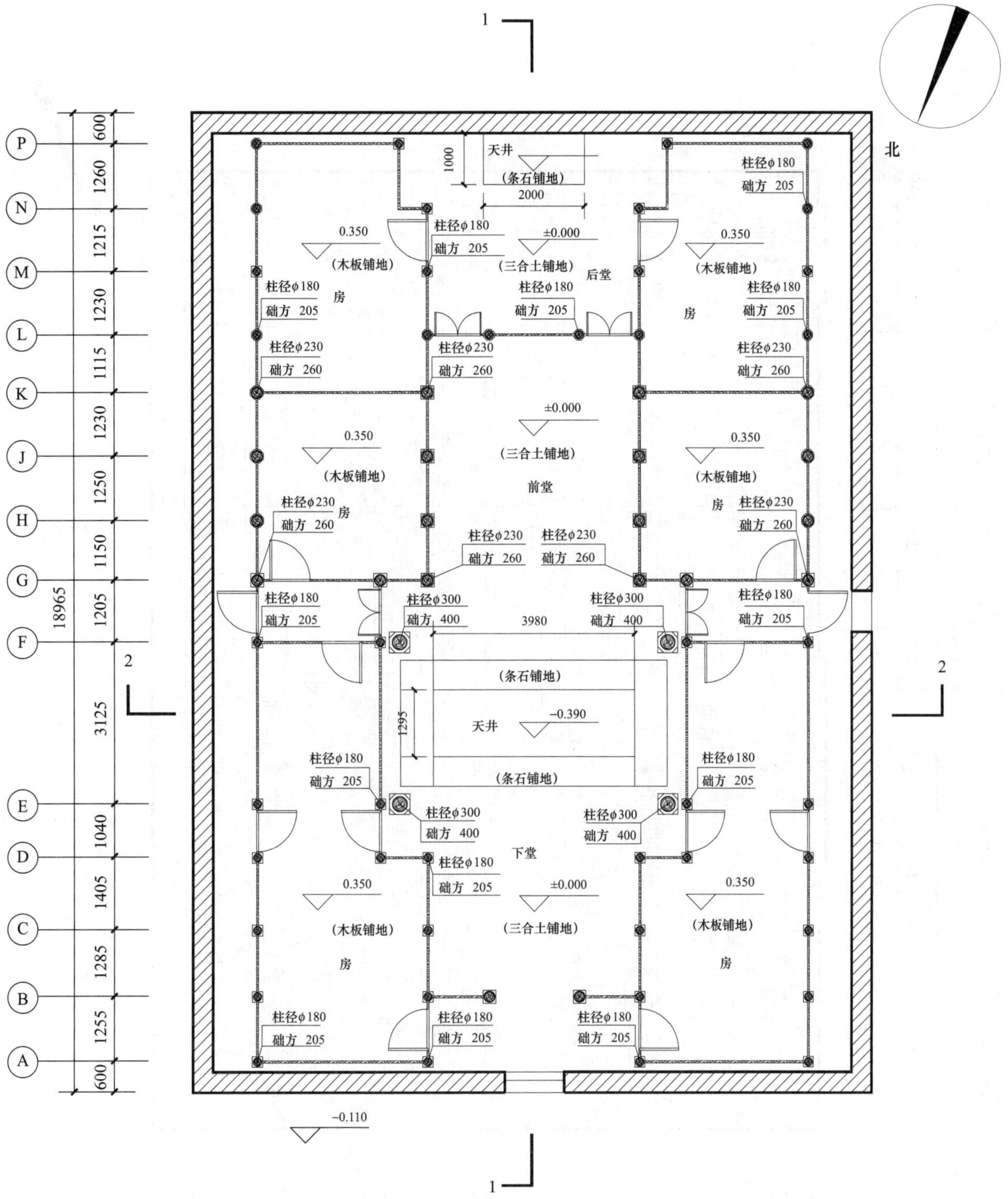

丰田村启伟公祖宅平面图

北
天井
天井
P
N
M
L
K
J
H
G
F
E
D
C
B
A
600
1260
1215
1230
1115
1230
1205
1150
1205
3125
1040
1405
1285
1255
600
18965
400
880
2450
380
560
1205
1780
1205
560
380
2450
880
400
13530
1
2
3
4
5
6
7
8
9
10

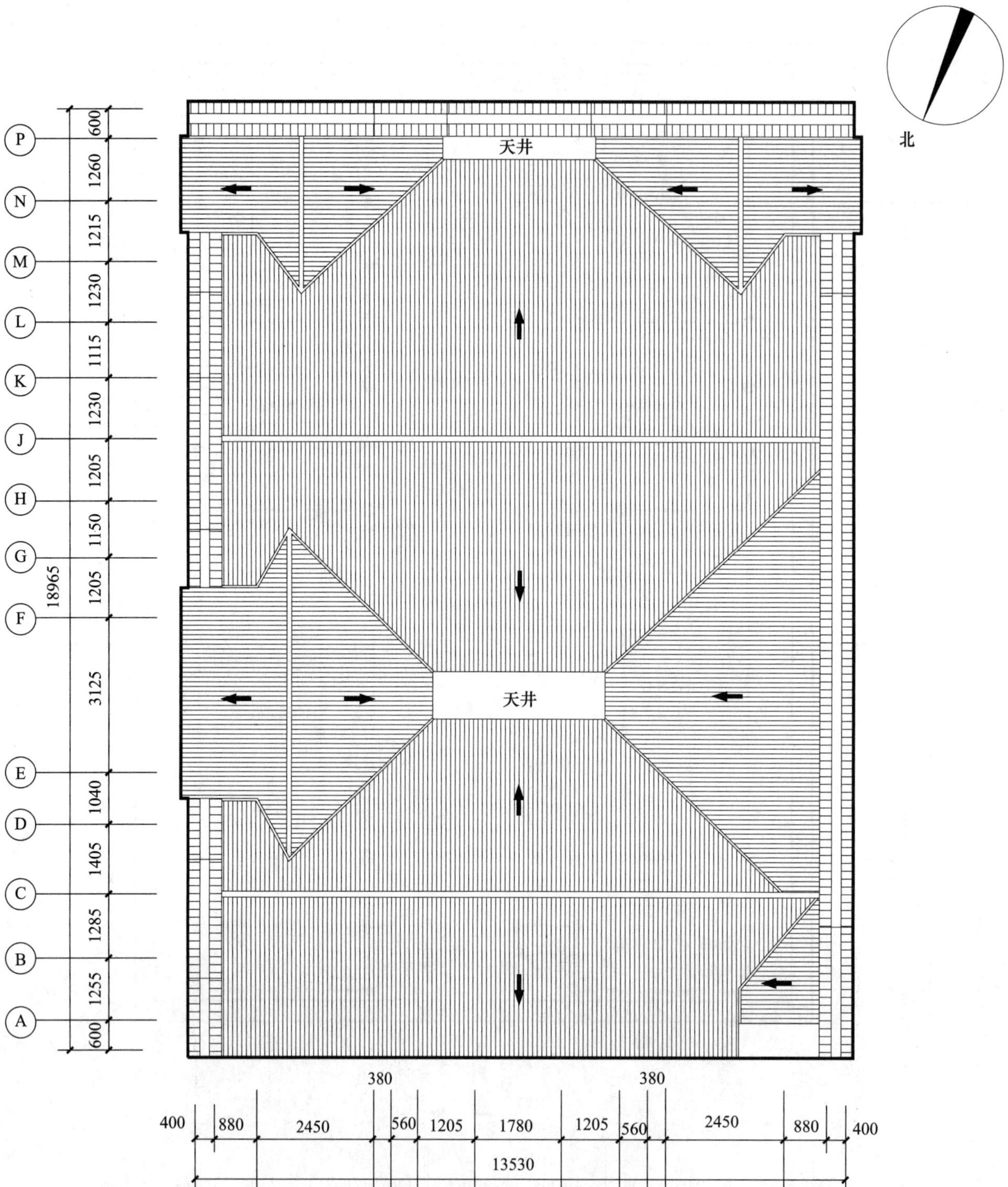

丰田村启伟公祖宅屋顶平面图

第一叠马头墙 7.600
第二叠马头墙 6.620
第三叠马头墙 5.640
室外地坪 −0.110
7.170 第一叠马头墙
6.330 第二叠马头墙
−0.110 室外地坪
清水砖墙
18965

丰田村启伟公祖宅东立面图

第二叠马头墙 7.170
第一叠马头墙 6.330
屋脊最高点 6.195
二层楼板 3.160
室内地坪 ±0.000
室外地坪 −0.110
7.600 第三叠马头墙
6.850 屋脊最高点
6.330 第二叠马头墙
5.530 第一叠马头墙
±0.000 室内地坪
−0.110 室外地坪
4985
8910
18965

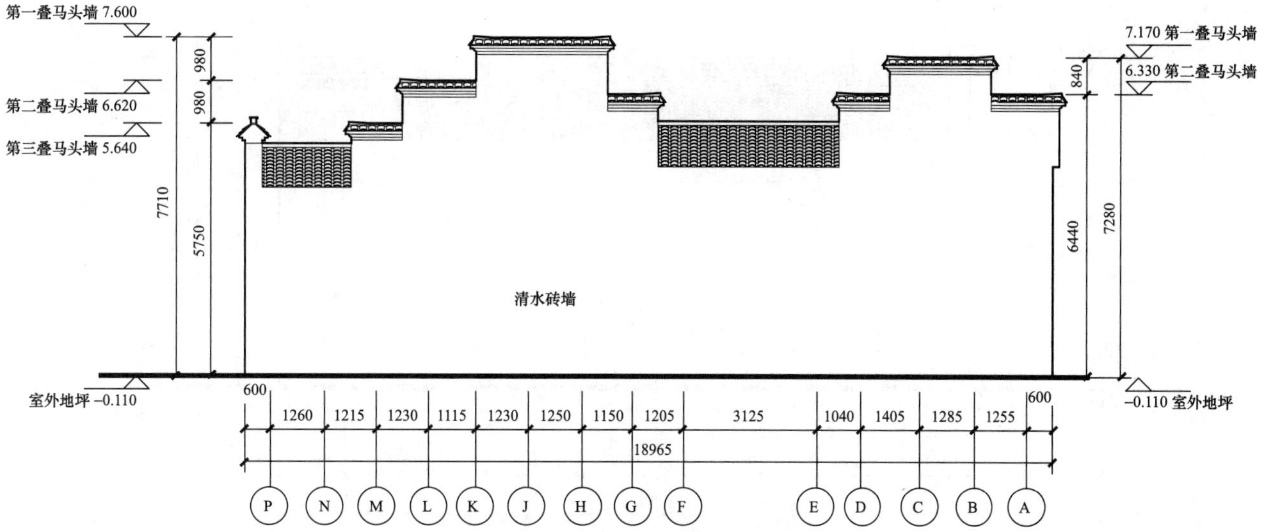

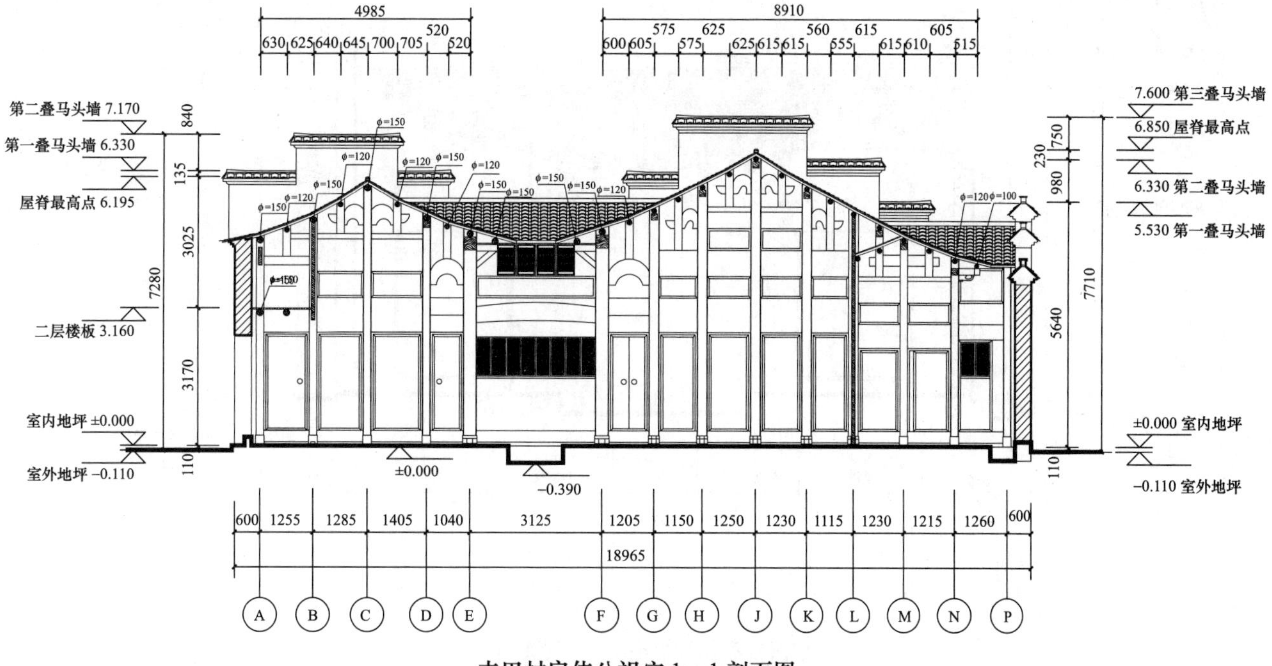

丰田村启伟公祖宅 1—1 剖面图

丰田村启伟公祖宅

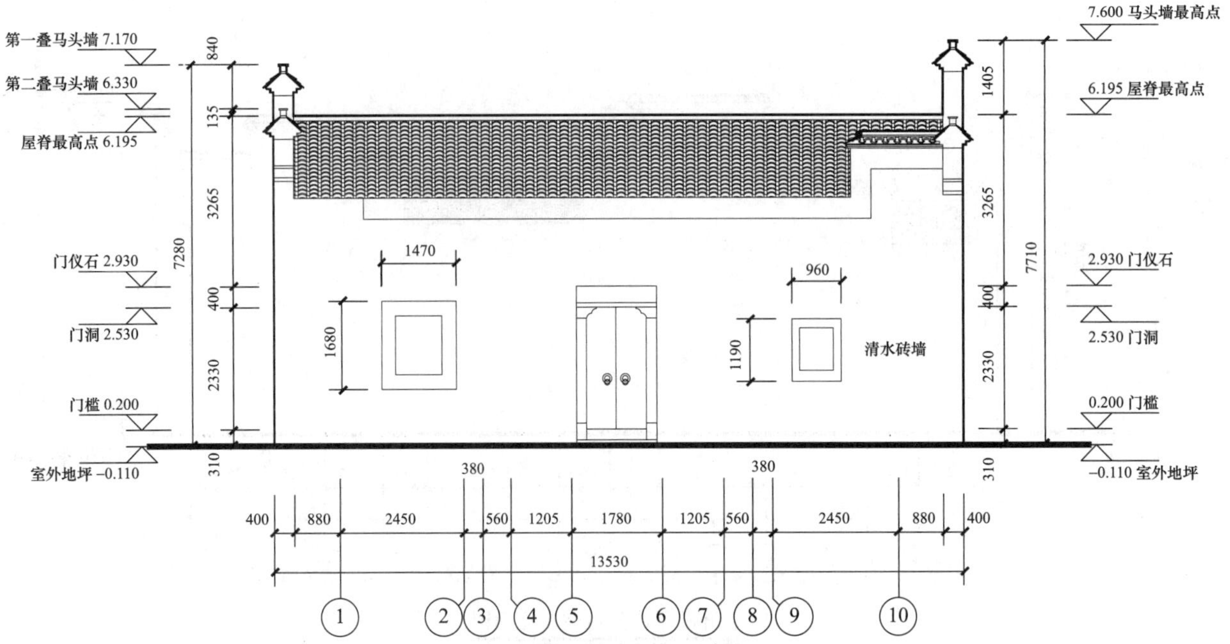

第一叠马头墙 7.170
第二叠马头墙 6.330
屋脊最高点 6.195
门仪石 2.930
门洞 2.530
门槛 0.200
室外地坪 −0.110
7.600 马头墙最高点
6.195 屋脊最高点
2.930 门仪石
2.530 门洞
0.200 门槛
−0.110 室外地坪
清水砖墙
840
135
3265
400
2330
310
7280
1405
7710
1470
1680
960
1190
380
400
880
2450
560
1205
1780
13530
1
2
3
4
5
6
7
8
9
10

丰田村启伟公祖宅北立面图

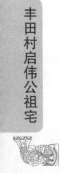

4260
805
675
1060
1095
625
3455
第一叠马头墙 7.600
第二叠马头墙 6.515
屋脊最高点 5.855
二层楼板 (厢房) 3.390
室内地坪 ±0.000
室外地坪 −0.110
7.600 第一叠马头墙
6.415 屋脊最高点
3.390 二层楼板 (厢房)
±0.000 室内地坪
−0.110 室外地坪
±0.000
−0.390
φ=120
φ=150
1085
660
2465
3390
110
1185
3025
7710
380
400
880
2450
560
1205
1780
13530
1
2
3
4
5
6
7
8
9
10

丰田村启伟公祖宅 2—2 剖面图

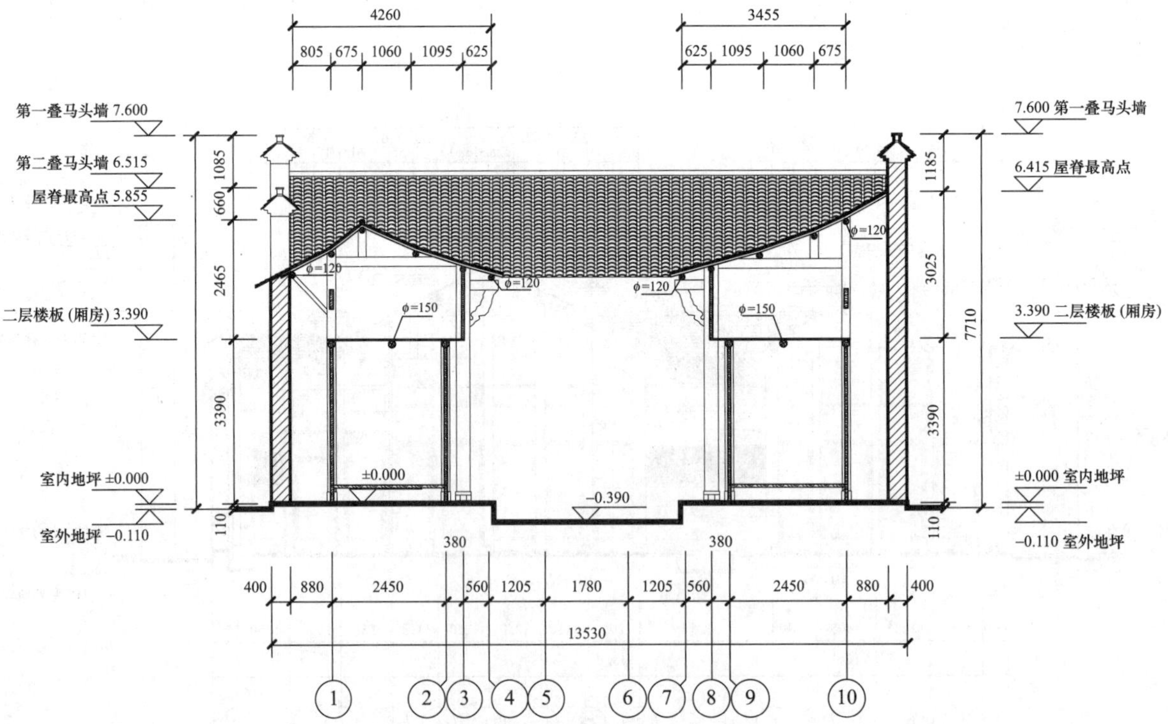

丰田村启伟公祖宅

上饶市鄱阳县枧田街乡丰田村李海顶宅

李海顶宅位于上饶市鄱阳县枧田街乡丰田村，始建于清代。现有房屋为20世纪70—80年代于原址重建，目前房屋内仍有人居住，保护状况良好。屋面、梁架均较为完整，但楼板多处破裂。东厢房暂不使用，其木质铺地及木隔墙均有一定损坏。

建筑平面形制为两进一天井形式，中轴对称布局，中轴线上依次布局下堂（门厅）、天井、正堂。砖木结构，局部两层。建筑面阔11.14m，进深13.25m，占地面积147.61m^2。

该建筑入口较为朴素，青石门仪。门梁石较其他地区高度要高，其高度约40cm，是鄱阳地区古建筑的一大特色。门框和门梁石之间设雀替过渡，下有青石门枧，均无雕刻。建筑处于鄱阳县，该地靠近水源，当地居民就地取材，外墙多用鹅卵石砌筑。建筑主房除了檐下和窗框施以石灰粉墙，其余部位采用青砖砌筑的清水外墙和鹅卵石墙基。山墙形式为“一”字形与“人”字形马头墙组合形式，建筑正立面轮廓为“一”字形，背立面上半部分为坡屋顶。

建筑面阔三间、进深两进。下堂明间作为门厅使用，面积为21.36m^2（面阔 × 进深：5.30m×4.03m），分为两层，第一层净高2.83m、第二层至最高点为2.65m，屋脊高5.74m，外墙高5.96m；正堂在后金柱上设太师壁以分隔前后堂，屋脊高6.16m，外墙高5.96m。前堂作为对外会客空间，面积为21.71m^2（面阔 × 进深：4.60m×4.72m）；后堂作为生活储物空间使用，面积为10.30m^2（面阔 × 进深：4.60m×2.24m），第一层净高2.83m、第二层至最高点为2.22m。屋面排水通过后置白色塑料落水管形式的有组织排水来解决雨水飞溅问题，以保持正堂干燥。天井较为狭窄，净尺寸为2.50m×0.90m，天井上方四面檐口交接处做弧形处理，使得天井呈倒圆角矩形。

该建筑采用穿斗式木构架，下堂二柱、五檩。正堂采用七柱、七骑、十四檩形式，四层穿枋均为叠合板枋。建筑第一进为单坡屋面向天井内倾斜，第二进为双坡屋面，天井的厢房屋顶皆为双坡屋面，结合二进厅堂形成一个完整的“四水归堂”式的四合天井。建筑背立面出檐采用三匹砖叠涩的形式做成小檐口向外排水。正堂前轩廊下形成的穿廊，作为通向正房与室外的通道，其在东、西两侧通廊上铺设楼板，可以架设梯子前往厢房上的阁楼。

建筑内部无复杂雕刻，仅在正堂穿枋间的织壁中心和四角上做灰塑，主要为云纹、花草、成语典故等主题图案。因建筑曾在现代重修，窗扇已是木和玻璃材质。

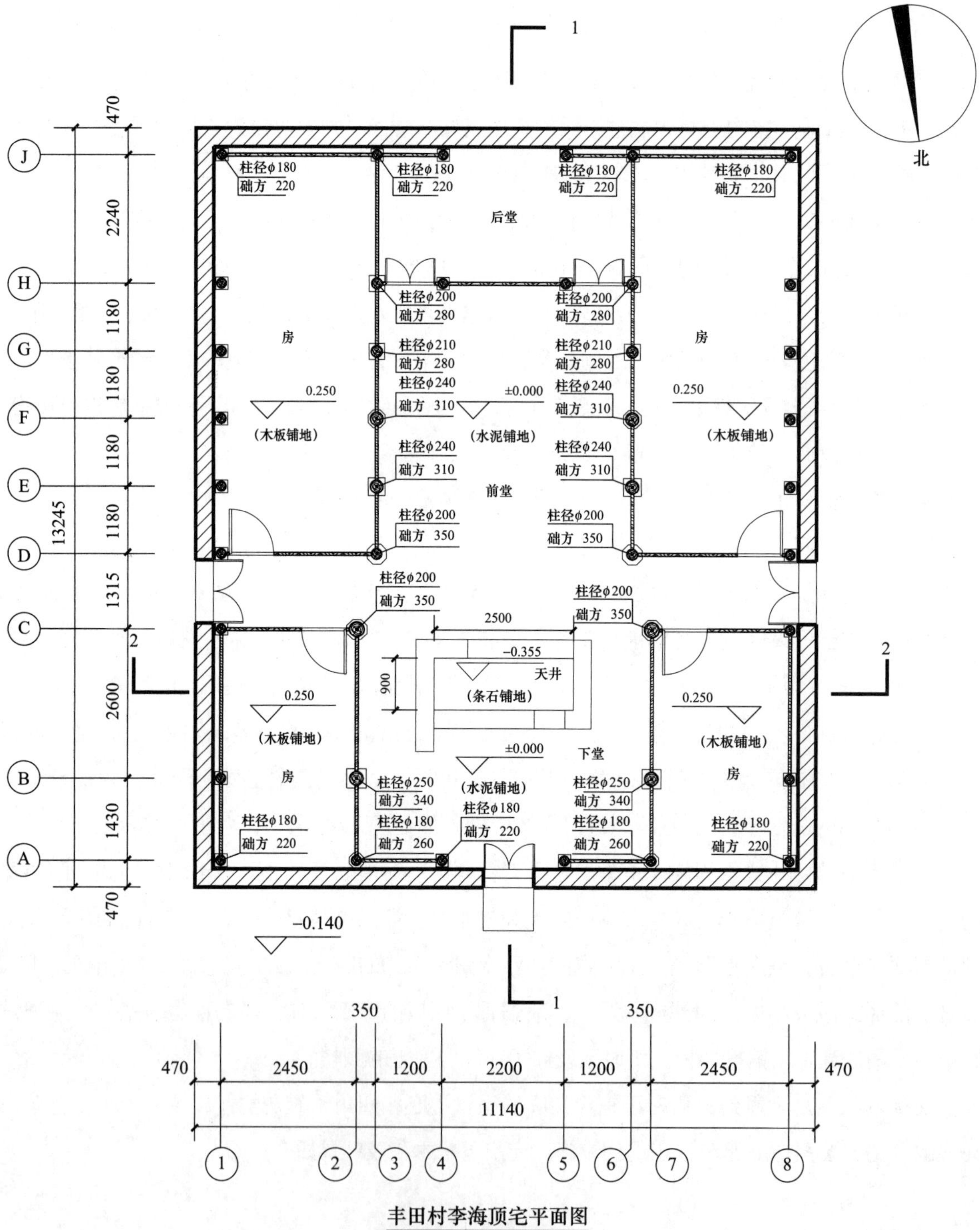
1
北
柱径φ180
础方 220
后堂
柱径φ200
础方 280
柱径φ210
础方 280
柱径φ240
础方 310
柱径φ200
础方 350
房
0.250
(木板铺地)
±0.000
(水泥铺地)
前堂
2500
-0.355
天井
(条石铺地)
900
下堂
柱径φ250
础方 340
柱径φ180
础方 260
-0.140
2
470
2240
1180
1315
2600
1430
13245
2450
1200
2200
350
11140
J
H
G
F
E
D
C
B
A
1
2
3
4
5
6
7
8

丰田村李海顶宅平面图

北
天井
J
H
G
F
E
D
C
B
A
470
2240
1180
1180
1180
1180
1315
2600
1430
470
13245
350
350
470
2450
1200
2200
1200
2450
470
11140
1
2
3
4
5
6
7
8

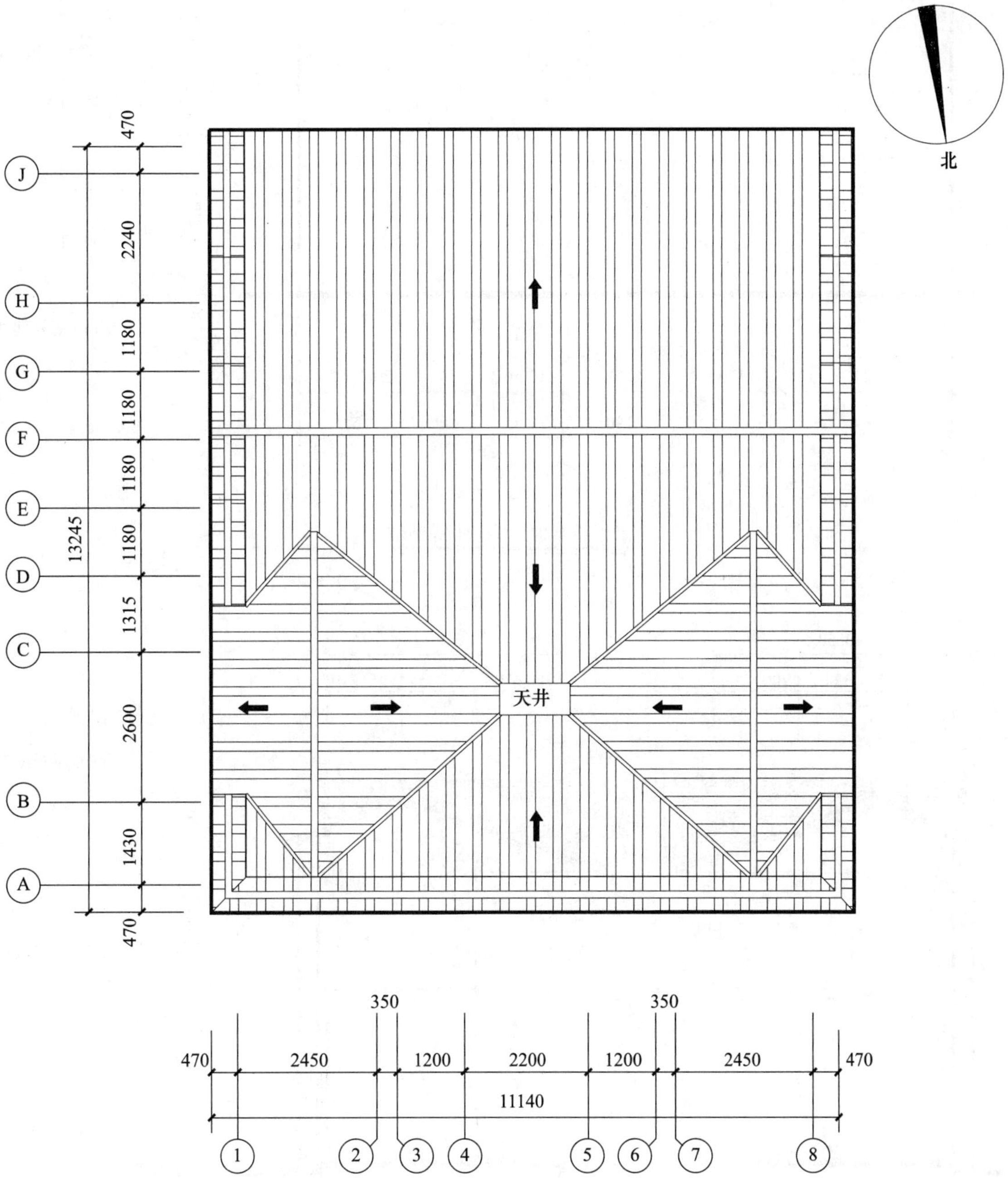

丰田村李海顶宅屋顶平面图

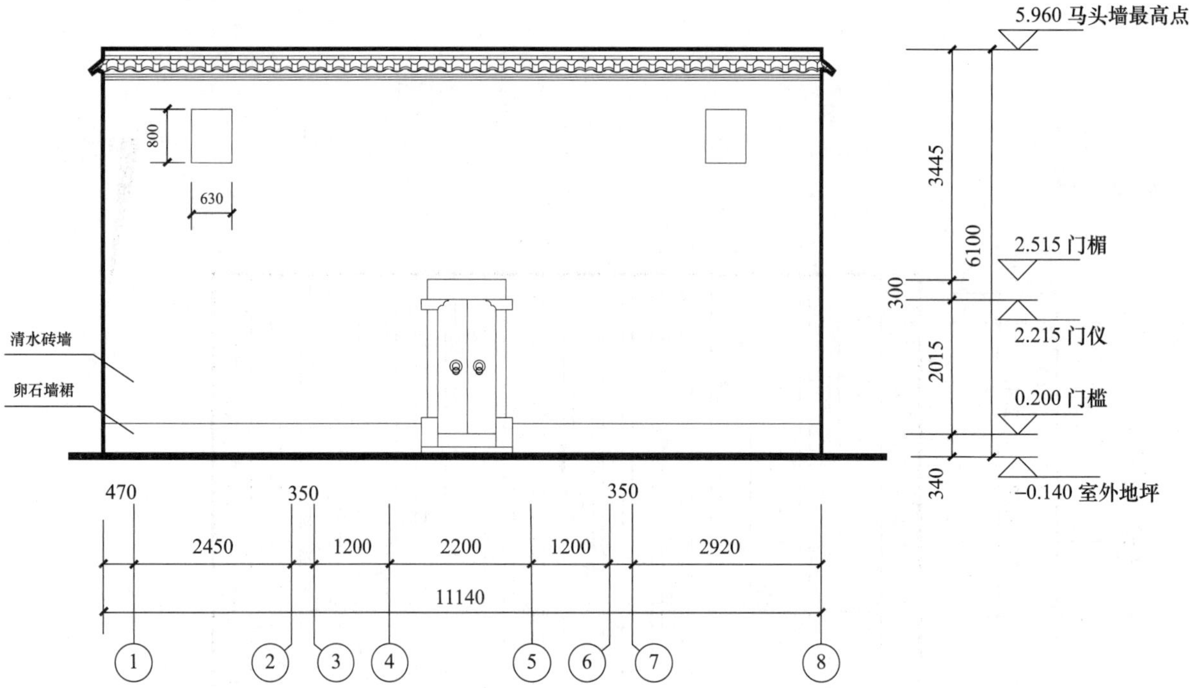
5.960 马头墙最高点
800
630
3445
6100
2.515 门楣
300
2.215 门仪
清水砖墙
2015
卵石墙裙
0.200 门槛
340
–0.140 室外地坪
470
350
350
2450
1200
2200
1200
2920
11140
1
2
3
4
5
6
7
8

丰田村李海顶宅入口立面图

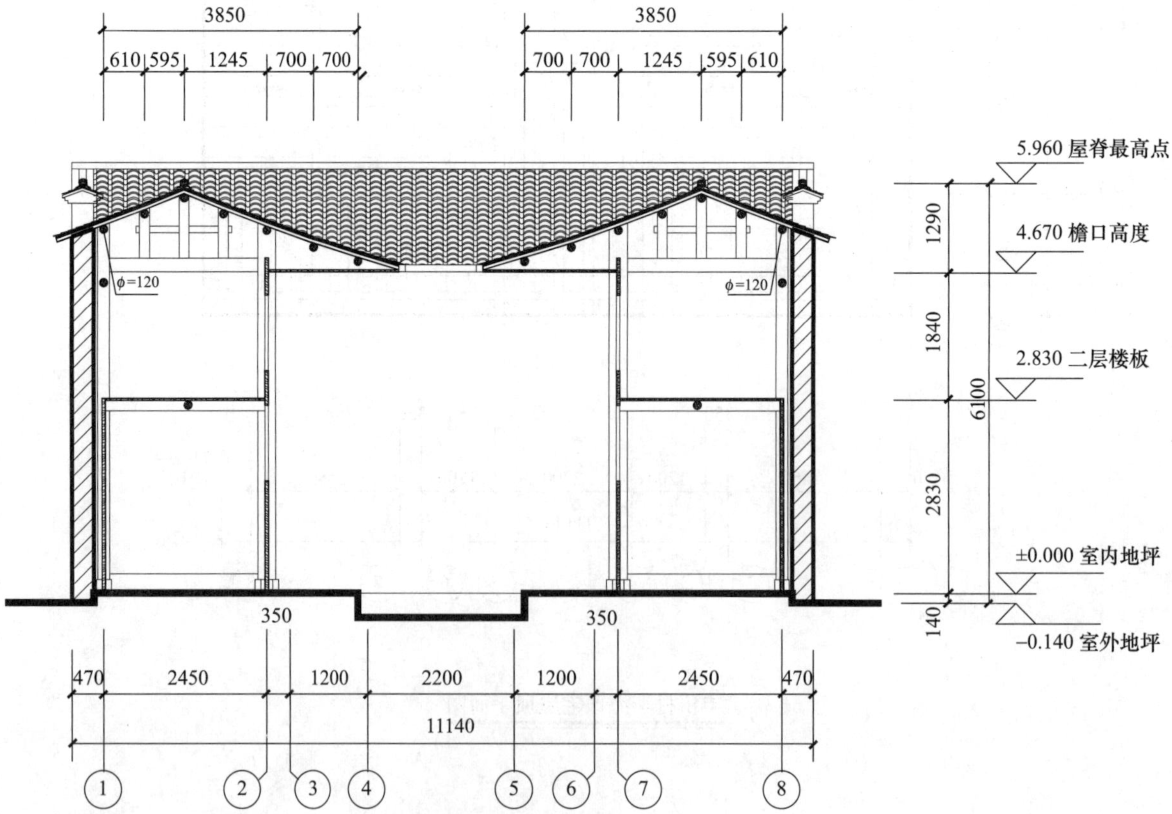
3850
610 595 1245 700 700
3850
700 700 1245 595 610
5.960 屋脊最高点
1290
4.670 檐口高度
ϕ=120
ϕ=120
1840
2.830 二层楼板
6100
2830
±0.000 室内地坪
140
–0.140 室外地坪
350
350
470
2450
1200
2200
1200
2450
470
11140
1
2
3
4
5
6
7
8

丰田村李海顶宅 2—2 剖面图

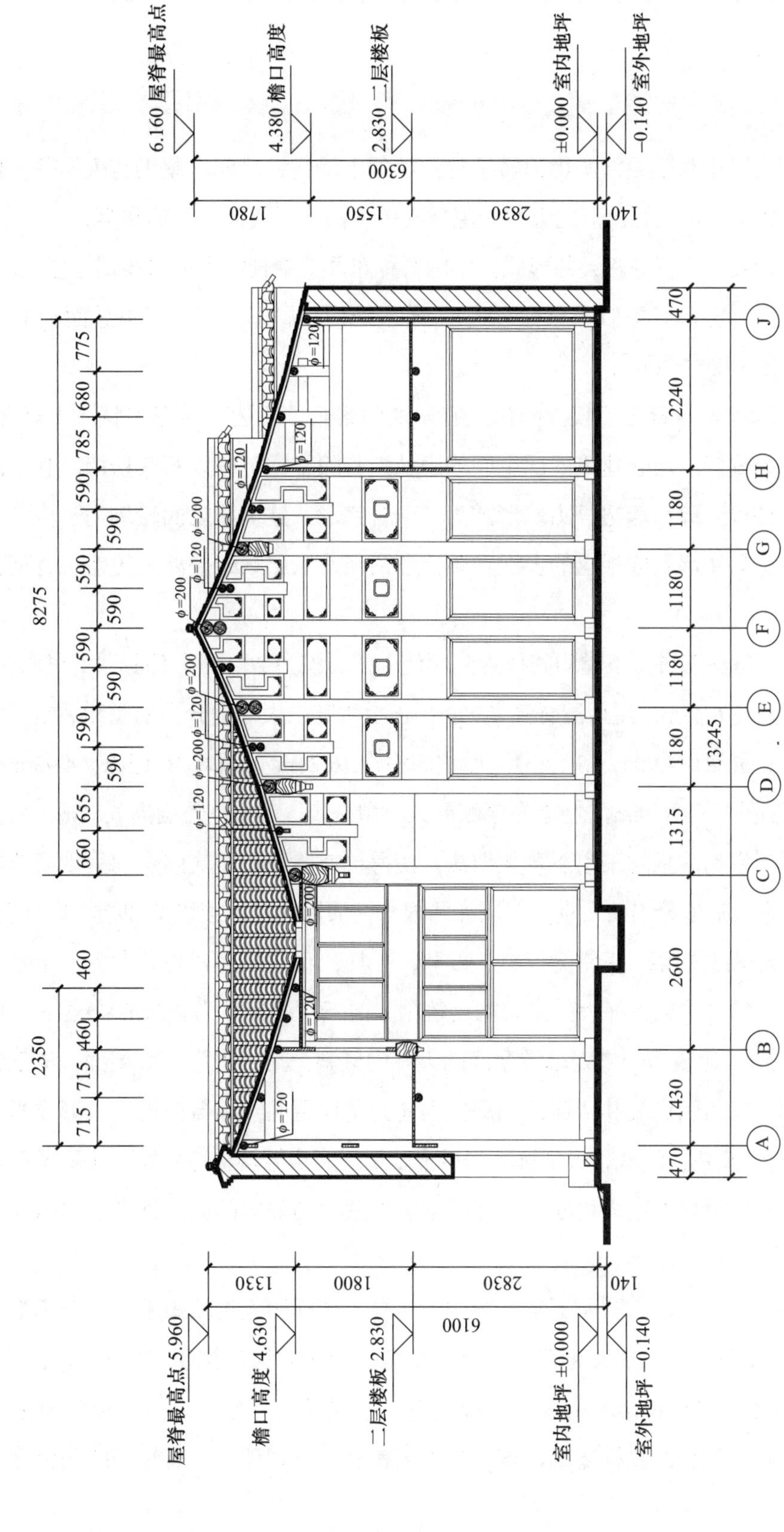
6.160 屋脊最高点
4.380 檐口高度
2.830 二层楼板
±0.000 室内地坪
-0.140 室外地坪
屋脊最高点 5.960
檐口高度 4.630
二层楼板 2.830
室内地坪 ±0.000
室外地坪 -0.140
6300
6100
8275
2350
13245
A
B
C
D
E
F
G
H
J

丰田村李海顶宅1—1剖面图

上饶市鄱阳县油墩街镇楼下村操爱珍宅

操爱珍宅位于上饶市鄱阳县油墩街镇楼下村，始建于清代。目前房屋仍有人居住，保护状况良好。屋面及木构架均保存完好，但后天井处屋顶支撑不稳，屋顶瓦片局部脱落。

建筑平面形制为典型的三进两天井形式，中轴对称布局，中轴线上依次布局下堂（门厅）、前天井、正堂、后天井、上堂（类似于穿廊形式）。砖木结构，局部二层。建筑总面阔 15.38m，总进深 23.59m，占地面积 352.00m^2。

该建筑入口较为朴素，青石门仪。门仪上有一块门梁石，两边有弧形雀替，下有青石门枧，均无雕刻。入口加设仪门，增强建筑内部空间的隐私性。除了檐下施以石灰粉墙，其余部位均采用青砖砌筑的清水外墙，碎石墙裙。山墙形式为“一”字形，建筑正立面轮廓为“一”字形、背立面轮廓为跌落形。马头墙做成相应的多次跌落，在两层或三层顺砖叠涩上覆盖小青瓦瓦檐作为收束压顶。

建筑面阔三间、进深三进，下堂明间作为门厅使用，面积为 20.18m^2（面阔 × 进深：4.93m×4.11m），假屋面屋脊高 6.47m、屋顶屋脊高 7.90m；正堂明间由太师壁分为前堂和后堂。前堂面积为 25.10m^2（面阔 × 进深：4.90m×5.12m），后堂面积为 13.21m^2（面阔 × 进深：4.93m×2.68m）；屋顶屋脊高 7.15m、外墙高 8.04m；上堂为穿廊形式，屋脊高 5.09m、外墙高 6.67m。为保证堂屋内布局的对称性，下堂和后堂均采用了草架做法，使得单坡屋顶在建筑内空间呈现双坡形式。正堂明间在后金柱上设太师壁分隔前后堂，并增加两根勇柱加以穿枋连接以增加结构稳定性。

该建筑采用穿斗式木构架，下堂为五柱、四骑、九檩，正堂采用八柱、七骑、十六檩。上堂较窄，一柱、二檩。建筑构架古朴大气，有精美雕刻。前天井净尺寸为 4.57m×1.51m，后天井净尺寸为 4.36m×1.40m。建筑第一进为单坡屋面向天井内倾斜，第二进为双坡屋面、第三进为单坡屋面向天井内倾斜，前后两进天井两侧的厢房屋顶皆为单坡屋面，结合三进厅堂形成两个完整的“四水归堂”式的四合天井。建筑厢房侧移不到半个步架。厢房阁楼构造独特，采取紧贴厢房檐柱增加一根只有半裁高度（只到阁楼楼面）的伴柱来装修底层的隔扇门窗，正堂的出檐则依靠挑手木来支承檩条。

建筑内部木雕较为丰富。正堂和下堂一穿枋上有祥云纹样和人物故事雕刻，轩廊为装饰重点区域，有宝瓶状驼峰，轩梁上也施以卷草纹和回纹雕刻。前天井檐口挑手木做鳌鱼状，富有巧思。两侧厢房穿枋和雀替上雕刻有祥瑞花卉、传说故事，主题样式十分丰富。门窗隔扇采用正四方样式，绦环板使用卷草和花纹纹样雕刻。该建筑工艺精良，雕刻精美，有较高的历史文化和艺术审美价值。

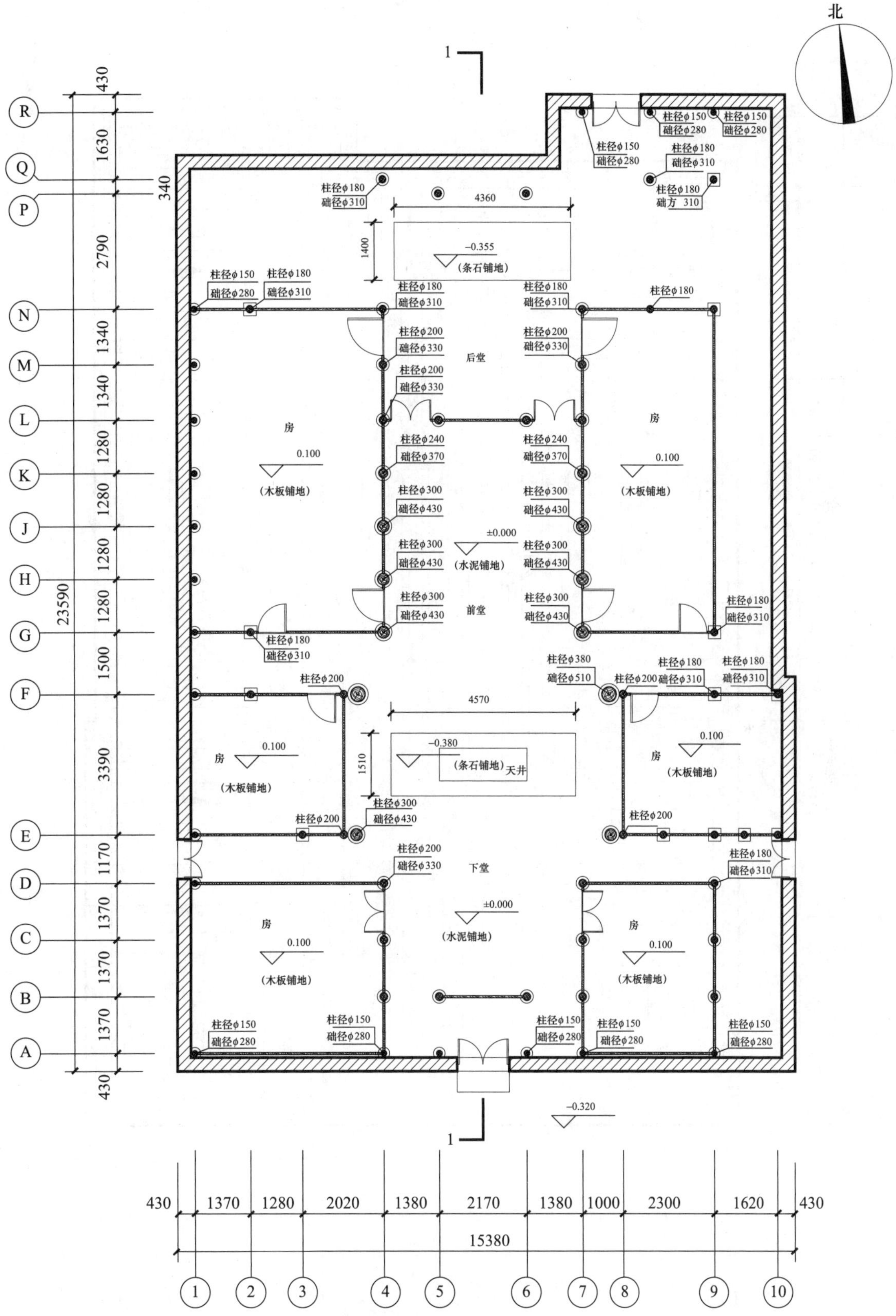
北
1
1
430
1630
340
2790
1340
1340
1280
1280
1280
1280
1500
3390
1170
1370
1370
1370
430
23590
R
Q
P
N
M
L
K
J
H
G
F
E
D
C
B
A
4360
1400
-0.355
(条石铺地)
后堂
房
0.100
(木板铺地)
±0.000
(水泥铺地)
前堂
4570
1510
-0.380
(条石铺地)
天井
下堂
-0.320
柱径φ150
础径φ280
柱径φ180
础径φ310
础方 310
柱径φ200
础径φ330
柱径φ240
础径φ370
柱径φ300
础径φ430
柱径φ380
础径φ510
430
1370
1280
2020
1380
2170
1380
1000
2300
1620
430
15380
1
2
3
4
5
6
7
8
9
10

楼下村操爱珍宅平面图

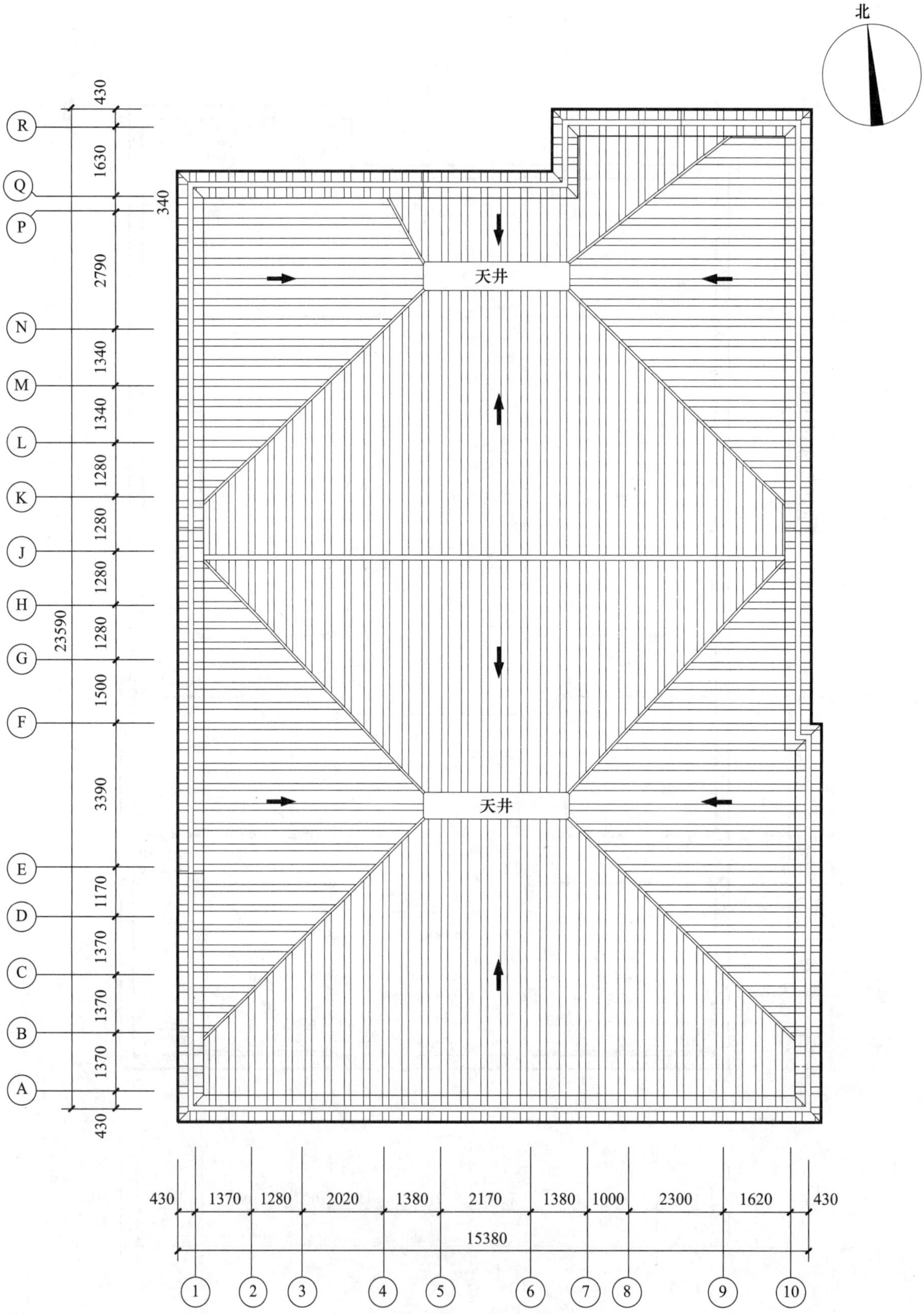

楼下村操爱珍宅屋顶平面图

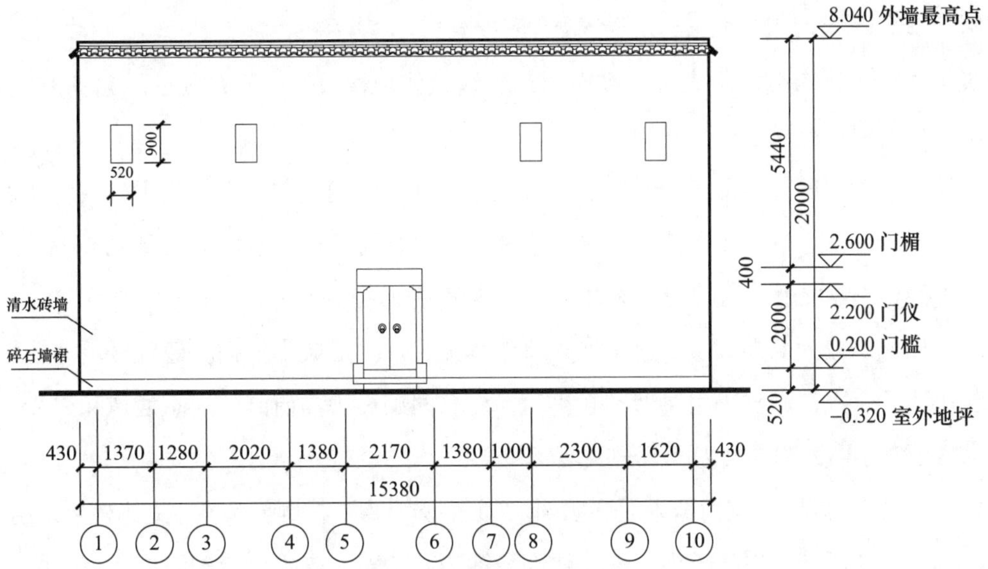
8.040 外墙最高点
5440
2000
2.600 门楣
400
2.200 门仪
2000
0.200 门槛
520
-0.320 室外地坪
900
520
清水砖墙
碎石墙裙
430
1370
1280
2020
1380
2170
1380
1000
2300
1620
430
15380
1
2
3
4
5
6
7
8
9
10

楼下村操爱珍宅入口立面图

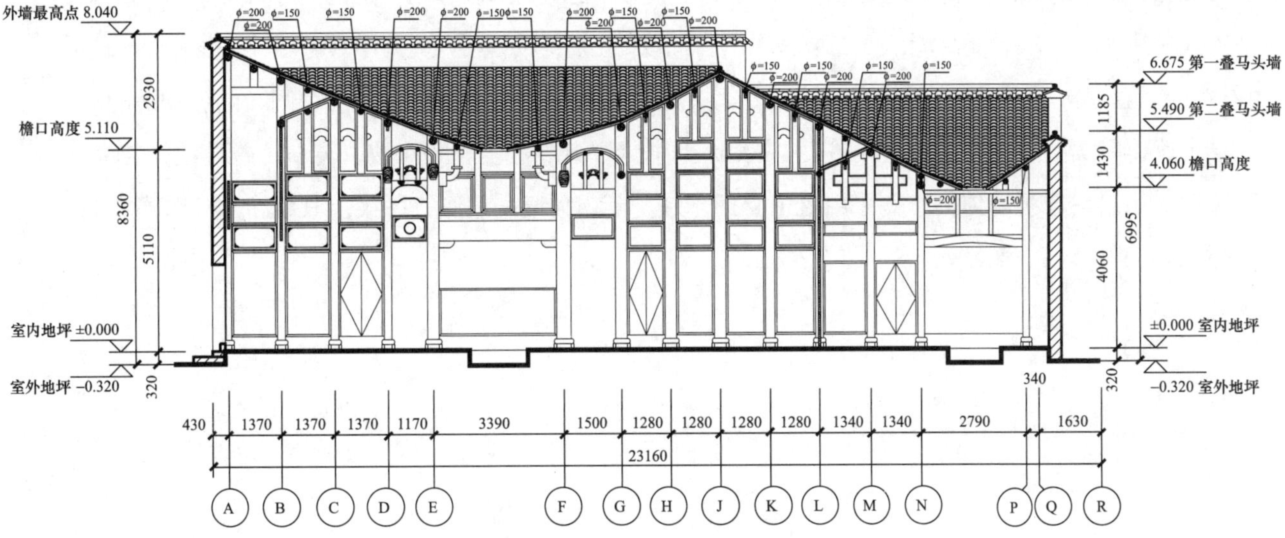
外墙最高点 8.040
檐口高度 5.110
室内地坪 ±0.000
室外地坪 -0.320
2930
8360
5110
320
6.675 第一叠马头墙
5.490 第二叠马头墙
4.060 檐口高度
±0.000 室内地坪
-0.320 室外地坪
1185
1430
6995
4060
340
320
430
1370
1370
1370
1170
3390
1500
1280
1280
1280
1280
1340
1340
2790
1630
23160
A
B
C
D
E
F
G
H
J
K
L
M
N
P
Q
R

楼下村操爱珍宅 1—1 剖面图

楼下村操爱珍宅

上饶市婺源县大鄣山乡戴村程志炎宅

程志炎宅位于上饶市婺源县大鄣山乡戴村，建筑整体规模较小，坐东朝西。目前有人居住，建筑整体保护状况相对良好。

建筑平面形制为“凹”字形，一进一天井形式，天井为吸壁天井。建筑呈中轴对称布局，中轴线上依次布局天井、正堂。砖木结构，主体建筑三层，面阔三间。建筑总面阔 10.04m，总进深 10.54m，占地面积 105.82m^2。入口位于天井一侧，厢房旁设过廊和侧入口。

该建筑入口门罩较为简易，椽条直接嵌入墙体承托瓦片，形成小批檐。建筑外墙为粉墙，正立面设门和小窗洞。入口门框采用拱形条石砌筑，左右两侧设小高窗洞，用于通风和采光。建筑的正立面为“凹”字形，侧立面为四叠马头墙。

建筑为穿斗式木构架，正堂前檐为双层屋面，总进深六步架，檐廊一步架，主体构架采用四柱、七檩形式。构架制作简洁，用材较小，中柱端部设纱帽。精美人物故事雕刻装饰于天井两侧厢房窗扇和支承二层挑出部分的走檐梁及穿枋。

该建筑是徽派建筑小型民宅的代表，天井及两侧厢房占地面积约为 25.20m^2，正堂明间被太师壁分为前后两部分，前堂面积为 10.10m^2（面阔 × 进深：4.04m×2.50m），后堂面积为 13.33m^2（面阔 × 进深：4.04m×3.30m），楼梯设置设于后堂靠墙处。正堂屋脊高 9.47m，外墙高 9.87m。正堂三层檐口高 8.00m，二层单坡屋面檐口高 6.29m。主体建筑为双坡屋面，厢房为单坡屋面并朝向室内天井排水，形成一面高墙，三面坡屋面围合而成的“三水归堂”。天井净尺寸为 1.83m×0.95m。

建筑整体上造型简洁，装饰部分主要集中在面向天井的空间和一层室内空间。两侧厢房的额枋上施以精美的人物故事及花卉图案。梁和柱间设丁头拱，拱身上设人物、寿桃、卷草纹样装饰。厢房二层挑台靠近墙体的一侧采用鳌鱼支撑木柱。门窗隔扇采用花卉图案，其组合富有节奏和韵律美。

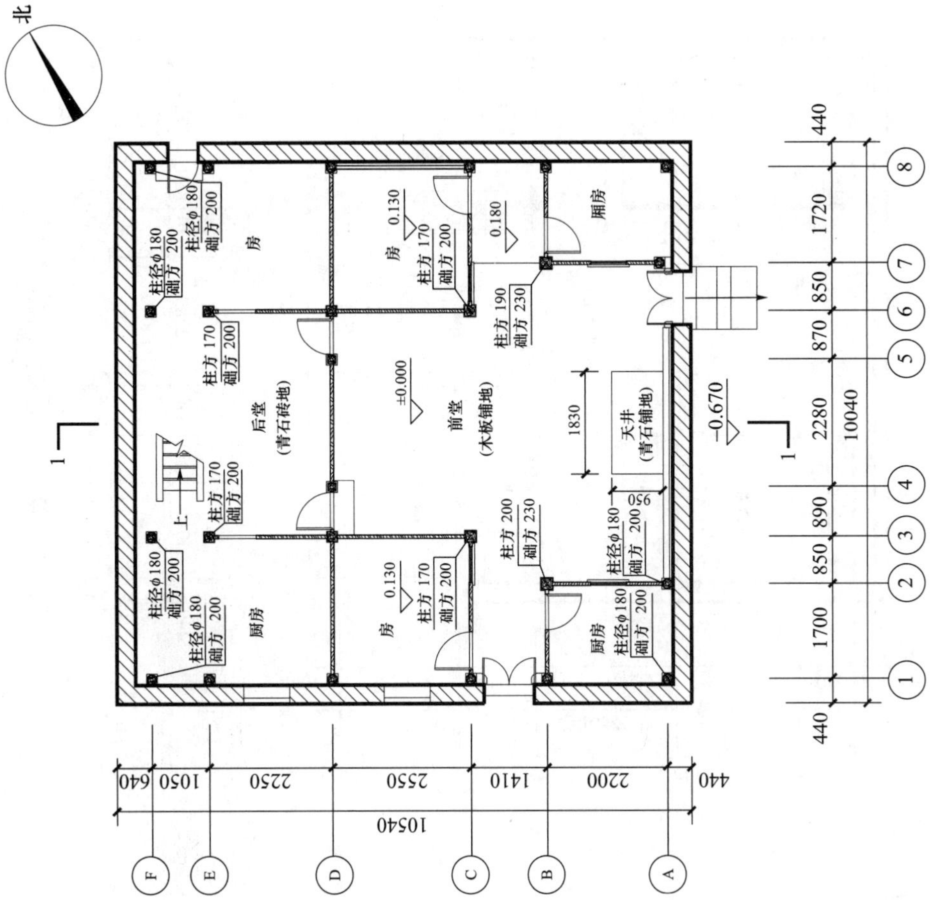
北
房
(木板铺地)
3.840
后堂
(青石砖地)
前堂
(木板铺地)
厨房
厢房
天井
(青石铺地)
±0.000
−0.670
10540
10040

戴村程志炎宅二层平面图

戴村程志炎宅一层平面图

戴村程志炎宅

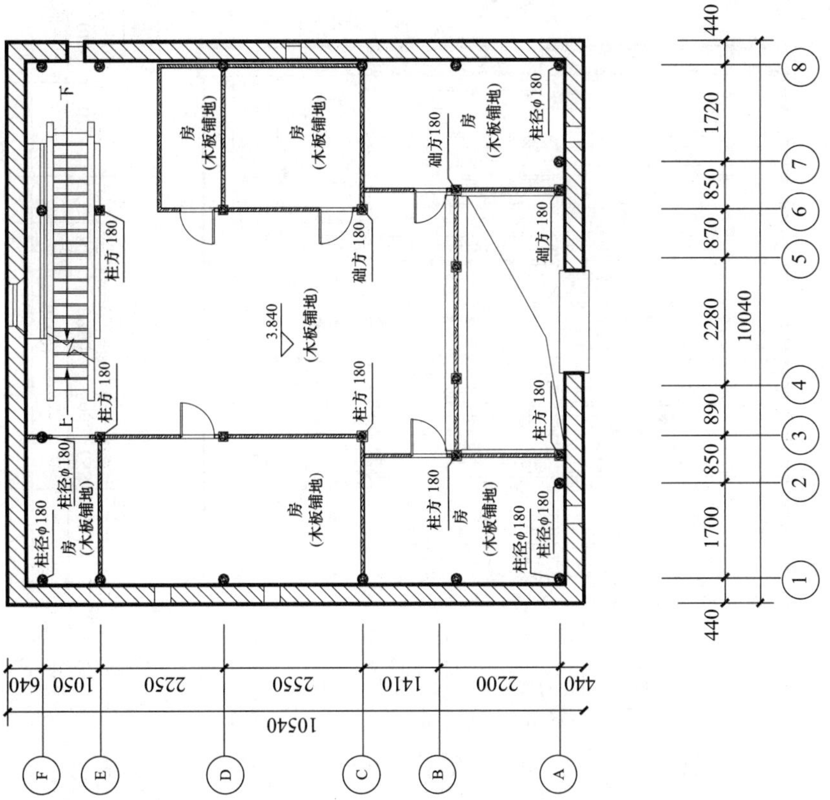

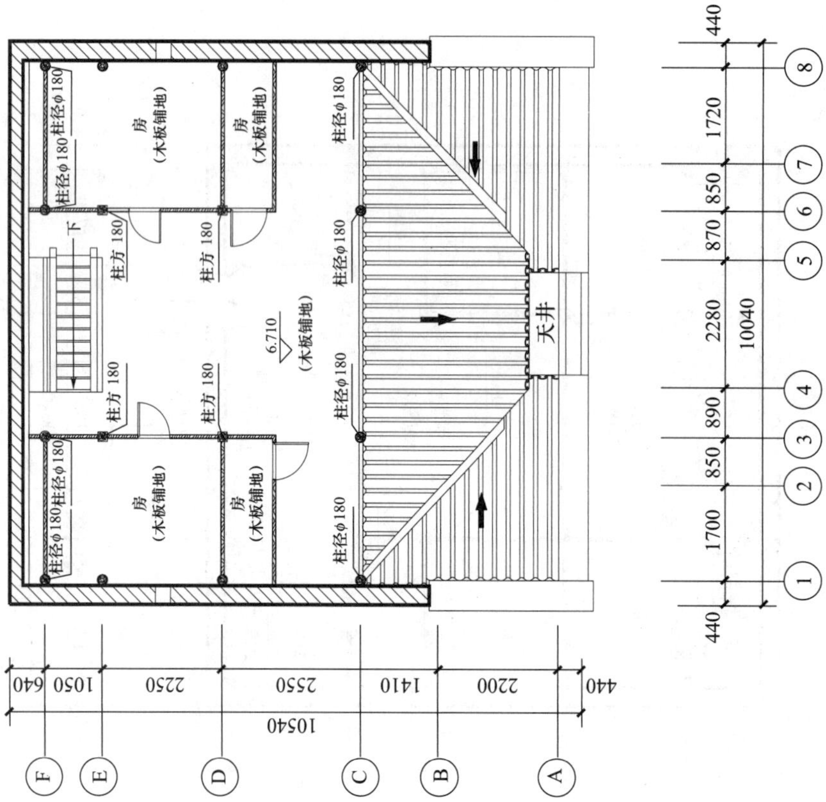

戴村志炎宅三层平面图

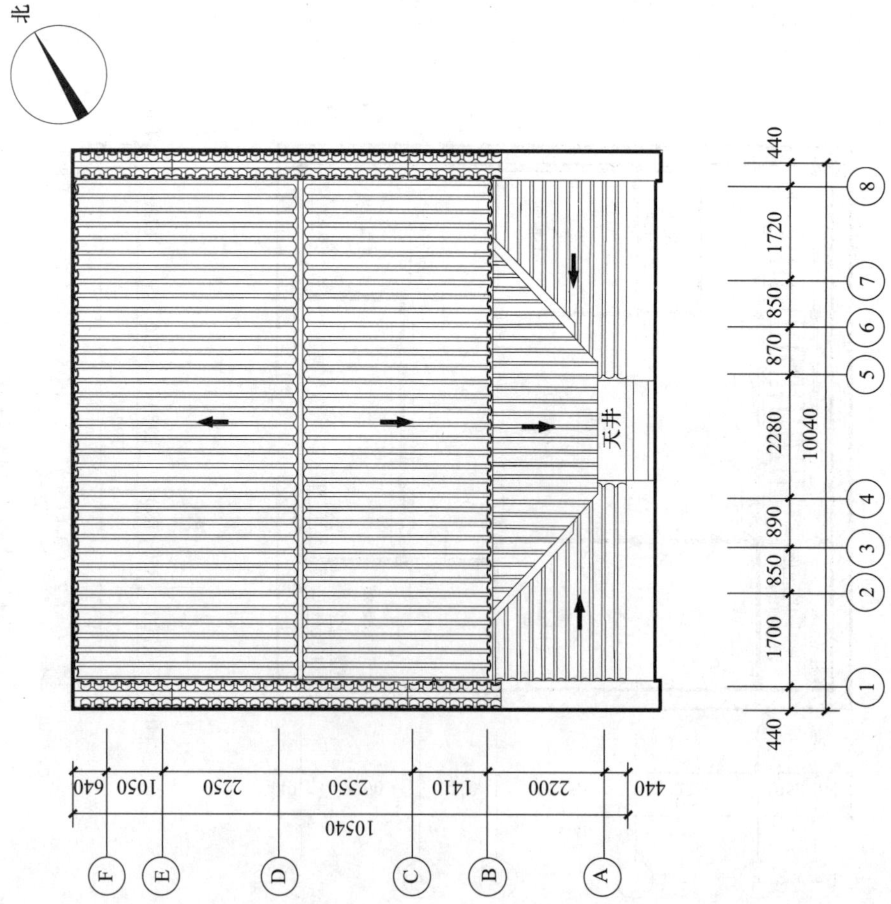

戴村志炎宅屋顶平面图

9.870 第一叠马头墙
9.465 正脊
7.650 第三叠马头墙
4.220 门罩
2.380 门梁
2.245 门洞
0.160 门槛
−0.670 室外地坪
粉墙
405
1815
3430
1840
135
2085
830
10540
500
500
440
1700
850
890
2280
870
850
1720
440
10040
1
2
3
4
5
6
7
8

戴村志炎宅南立面图

7115
400
1295
1250
1120
1125
1050
870
9.870 第一叠马头墙
7.805 檐口
6.710 三层楼板
3.840 二层楼板
±0.000 室内地坪
−0.450 室外地坪
第三叠马头墙 7.780
8.000
外墙 4.565
室内地坪 ±0.000
室外地坪 −0.670
2065
1095
2870
10320
3840
450
3215
8460
4560
685
440
2200
1410
1300
1250
2250
1050
640
10540
A
B
C
D
E
F

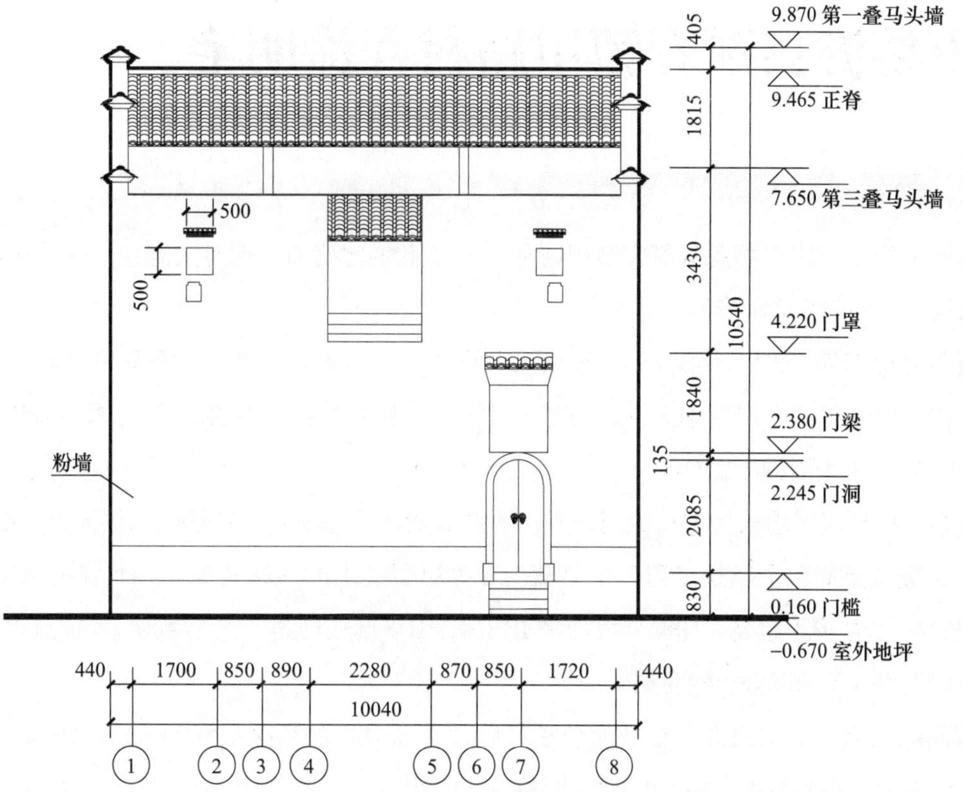

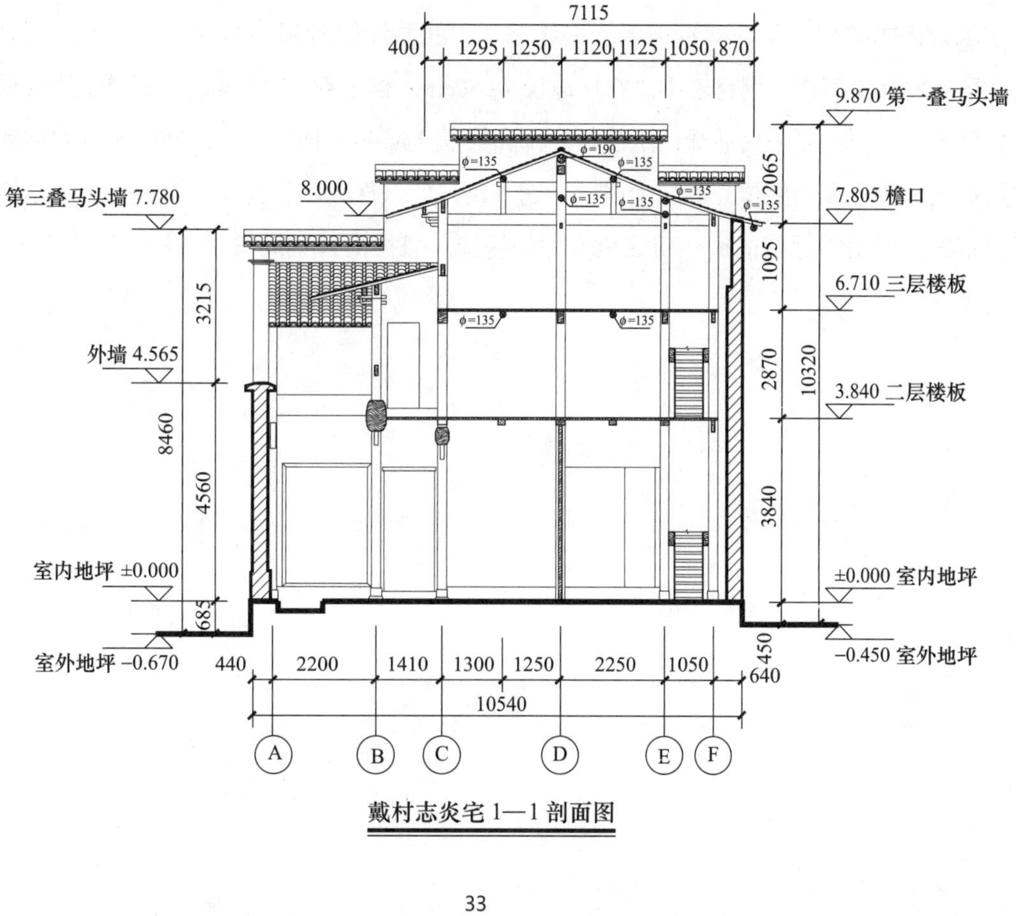

戴村志炎宅 1—1 剖面图

上饶市婺源县赋春镇甲路村程淦明宅

程淦明宅位于上饶市婺源县赋春镇甲路村，大体上坐北朝南。现有人居住，保护情况良好，梁柱结构稳定，外部墙体没有明显开裂。

建筑平面形制为“日”字形，即一进两天井形式，入口为侧入式。建筑呈中轴对称式布局，中轴线上由南至北依次布局有前天井、正堂、后天井。砖木结构，两层。建筑总面阔约 12.12m，总进深 12.55m，占地面积 152.11m^2。

该建筑入口形式采用较为常见的门罩式，为贴墙式砖雕门罩。门罩横向构件为上下额枋，上下额枋间用竖柱支撑。上额枋上置三个梁驮，支撑层层挑出的线脚装饰，共七层叠涩出檐，也叫“七路沿线”，屋檐不起翘。建筑外墙均采用粉墙，山墙形式均为“一”字形，局部点缀小窗洞，每个小窗口上设计了两层叠涩的窗楣。

建筑面阔三间，正堂由太师壁分为前堂和后堂两部分。前堂面积为 11.33m^2（面阔 × 进深：4.12m×2.75m），后堂面积为 16.07m^2（面阔 × 进深：4.12m×3.90m）。屋脊高 8.60m，外墙高 9.10m；前天井净尺寸为 1.79m×1.12m，后天井净尺寸为 1.43m×0.94m。正房与厢房屋面等高。建筑第一进为双坡屋面，两坡屋面坡度相等。正房与厢房屋面围合，形成两个完整的“三水归堂”。

建筑为砖木结构，穿斗式木构架，主体建筑明间两侧的构架为六柱、十一檩，部分檩条设置为方形。木构架简洁，用材较小，方柱边长 18.50cm，檩径约 13.00cm。二层楼板用楼楞支撑。

建筑入口门罩主要采用砖雕，上额枋中部和梁驮上雕刻了植物花卉图案。天井两侧厢房的额枋和走檐梁为重点雕刻部位，额枋上雕“一鹭（路）莲（连）科”图案，栩栩如生。走檐梁采用冬瓜梁形式。厢房靠近墙的檐柱用鳌鱼支撑外檐柱，檐柱与月梁间设丁头拱。厢房上设雕花窗，图案精美。

北
柱方 185
础方 220
柱径ϕ185
房
0.270
（木板铺地）
上
下
天井
-0.050
±0.000
0.625
1790
1430
0.170
前堂
后堂
（水泥铺地）
1120
940
柱径ϕ185
础方 220
-0.310
285
1375
930
630
890
1090
1940
1090
940
610
1270
785
12115
3160
1400
1390
1360
765
1200
2700
12545
M
L
K
J
H
G
F
E
D
C
B
A
1
2
3
4
5
6
7
8

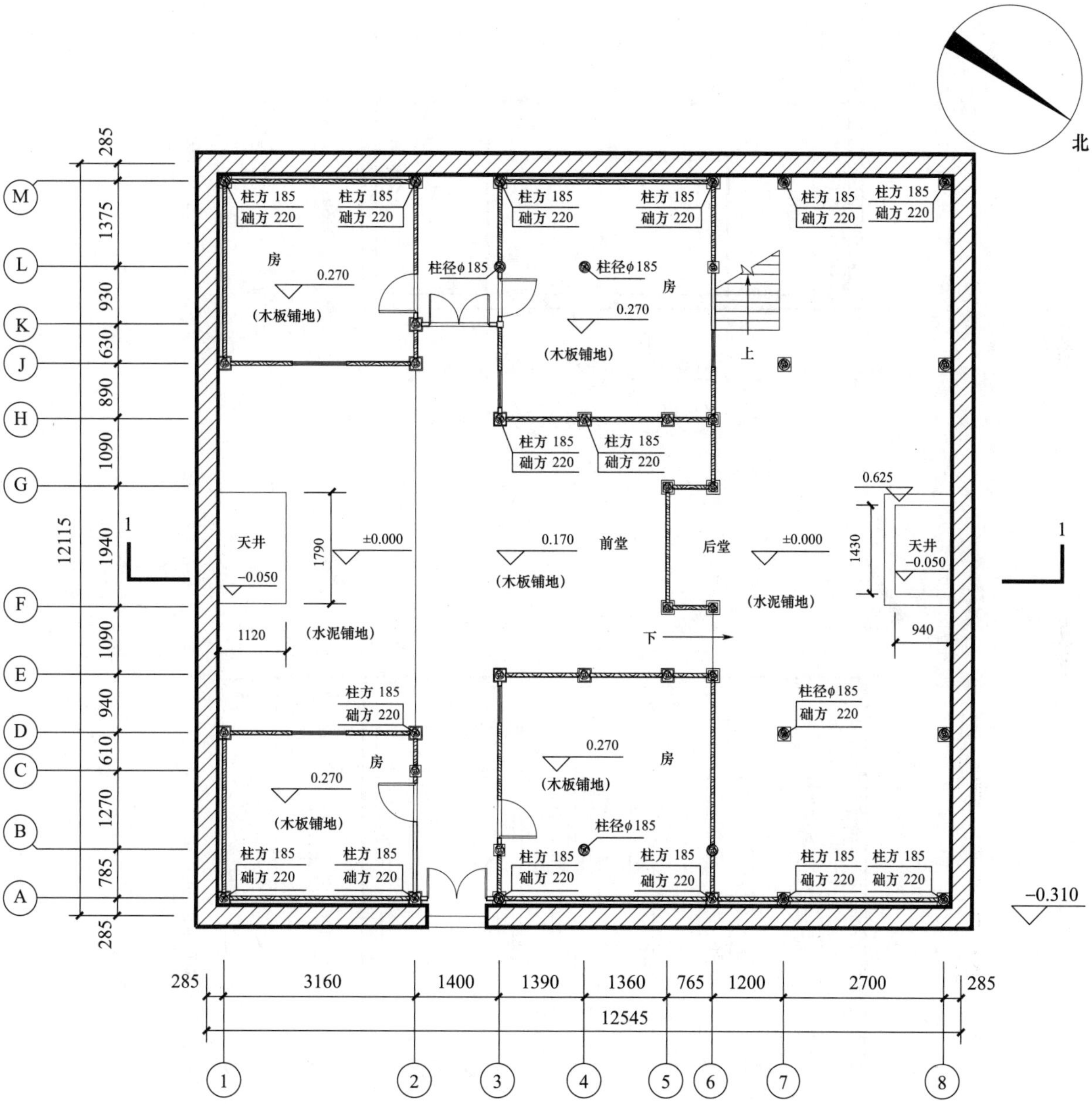

甲路村程淦明宅一层平面图

一层上空
(木楼板)
4.290
下
12545
12115

甲路村程淦明宅二层平面图

北

天井
12545
12115

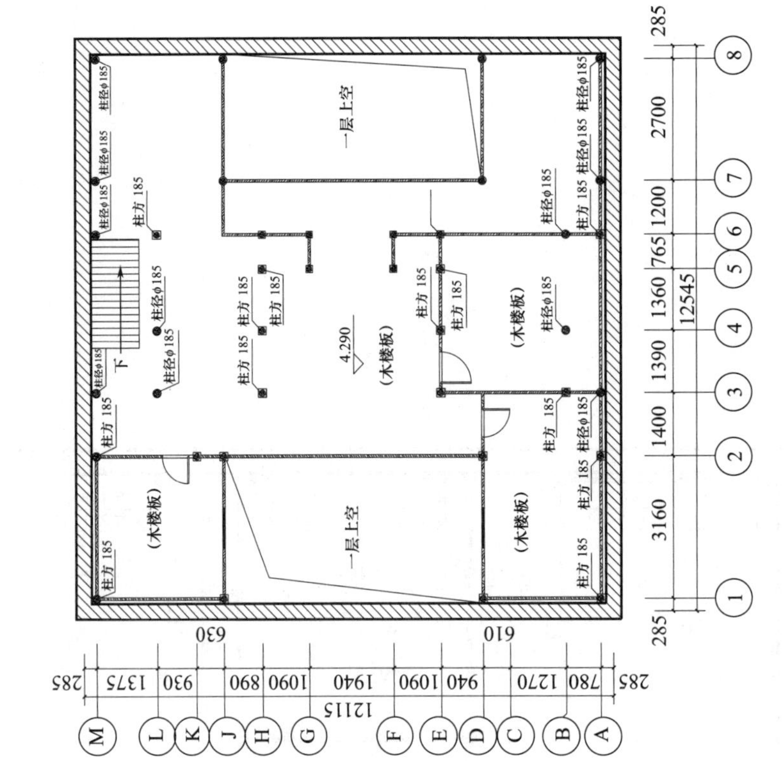

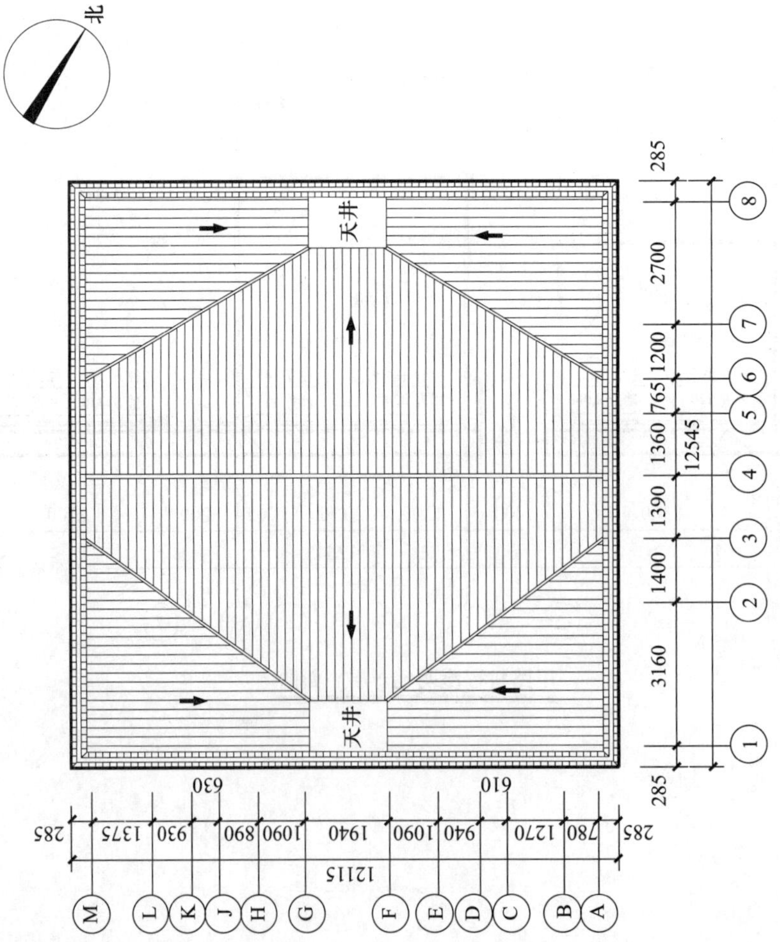

甲路村程淦明宅屋顶平面图

侧立面外墙 9.100
门罩 3.080
门洞 2.410
室内地坪 ±0.000
室外地坪 −0.310
粉墙
大面积被遮挡
6020
9410
670
2410
310
285
3160
1400
1390
1360
765
1200
2700
285
12545
1
2
3
4
5
6
7
8

甲路村程淦明宅正立面图

9715
1610
1400
700
690
685
675
765
1200
1990
侧立面外墙 9.100
屋脊最高点 8.600
二层楼板 4.290
室内地坪 ±0.000
室外地坪 −0.310
500
4310
9410
4290
310
ϕ150
ϕ100
ϕ160
ϕ120
ϕ130
ϕ180
285
3160
1400
1390
1360
765
1200
2700
285
12545
1
2
3
4
5
6
7
8

甲路村程淦明宅 1—1 剖面图

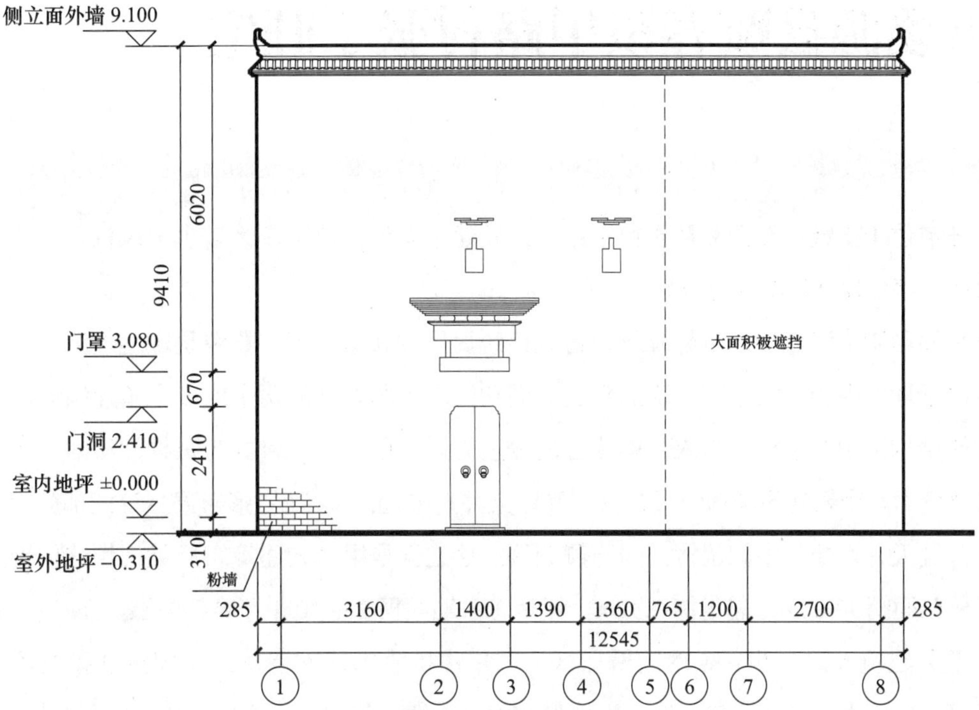

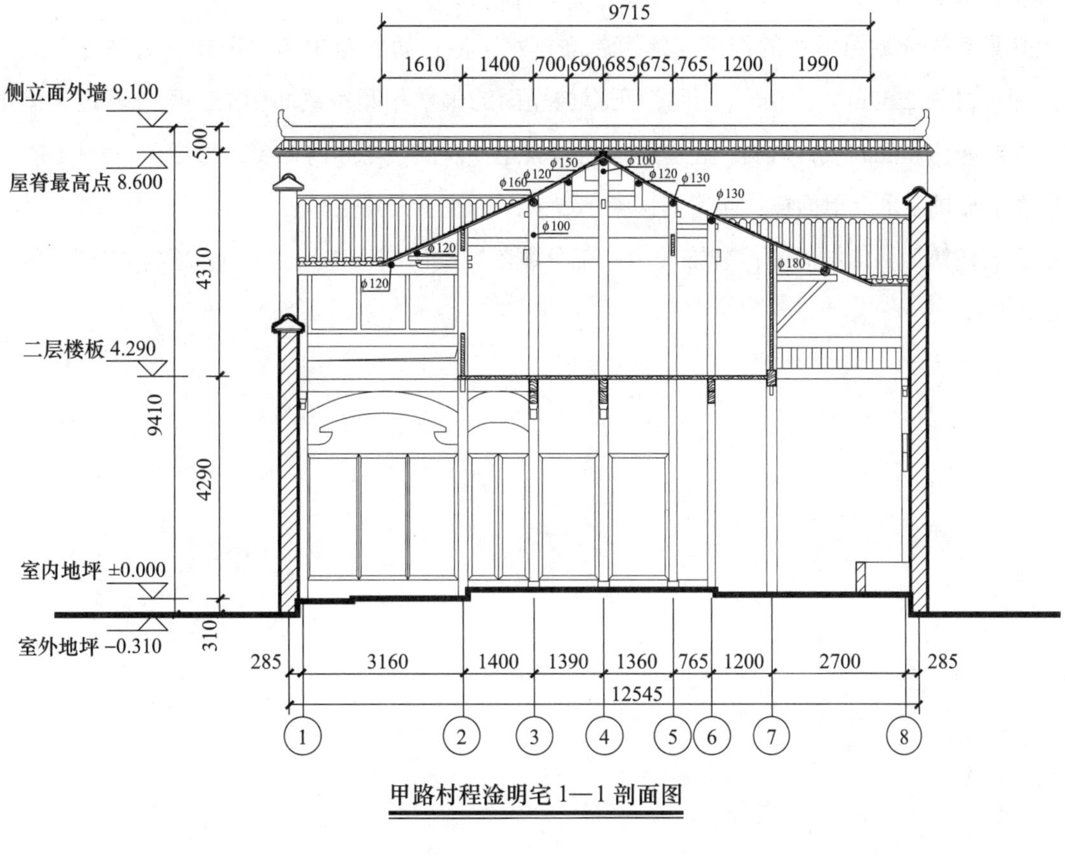

上饶市婺源县赋春镇甲路村张丁旺宅

张丁旺宅位于上饶市婺源县赋春镇甲路村，始建于明代，建筑装饰较少，风格简洁。目前房屋有人居住，整体保存状况相对较好。

建筑平面形制为组合型，是婺源县组合式传统民居的典型代表。婺源是山地地区，历史上地狭人稠。由于地形限制，该地区建筑通常由不同功能、不同朝向的两个或多个单元组合而成。该建筑从功能结构上由 3 个部分组成，由北至南分别为居住用房、附属厨房杂物间和附房猪圈。第一和第二部分为两个朝向不同的半天井（即吸壁天井）单元，呈“L”形布局。这两部分由于功能布局需要，其天井均处于中间位置，向一侧偏移，这也正是组合式建筑布局灵活性的体现。该建筑居住部分总面阔 13.80m，总进深 7.32m。建筑总占地面积 266.10m^2，局部两层。

居住部分建筑入口为侧入式木门罩形式。门罩由挑手木插入墙体，支撑童柱和檐檩，形成批檐。建筑入口立面为“一”字形墙，山墙形式为马头墙叠落式。建筑外墙整体为石灰粉墙。

该建筑布局独特，居住部分为五开间，侧入式入口设在北端，门厅正对檐下通道，门厅两侧为房间。南端的一开间为楼梯间和连接附属厨房部分的交通空间。建筑采用穿斗式结构形式。正堂（明间）构架为四柱、六檩，相对简洁。柱梁交接处使用丁头拱。

天井具有采光通风排水的作用，建筑屋面排水采用传统的自由落水形式。天井为“土”形天井，净尺寸为 2.50m×1.19m。同时，正堂坡屋面的雨水和厢房屋面相交，雨水通过天沟排至天井。建筑厢房屋面向天井倾斜。正堂屋面为双坡屋顶，前坡与厢房相接，形成“三水归堂”式。正堂出檐依靠挑手木支承檐檩。厢房侧移半个步架，拓宽了天井空间。

该建筑建筑风格简洁朴素，装饰较少。部分雕刻图案出现于窗扇、支承二层悬挑部分的走檐梁和挑檐枋上。

北
猪圈
±0.000
猪圈
±0.000
柱径φ190 础方 220
0.205
(木板铺地)
厨房
±0.000
天井
上
±0.000
房
正堂
(木板铺地)
(条石铺地)
−0.320

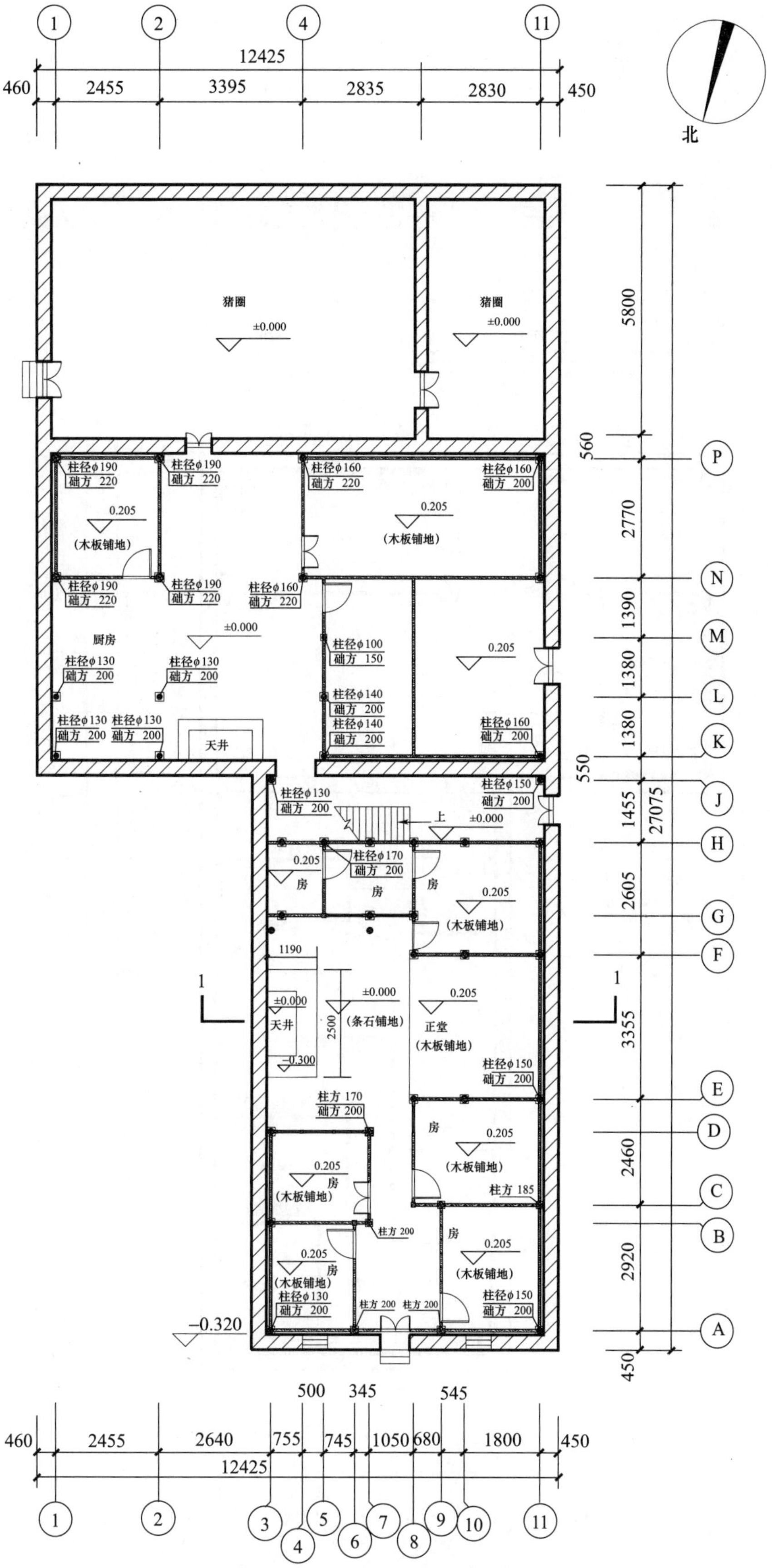

甲路村张丁旺宅一层平面图

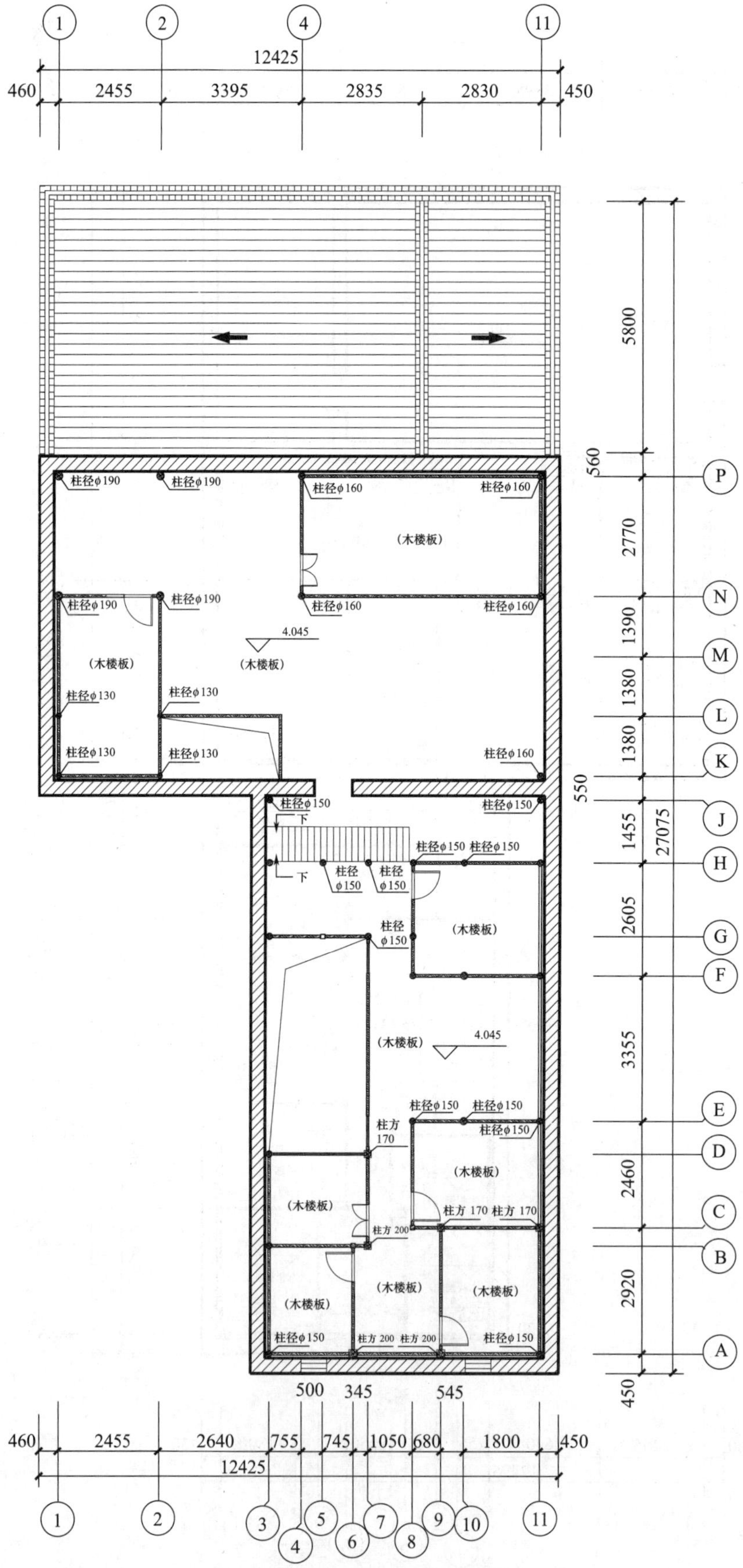

甲路村张丁旺宅二层平面图

1
2
4
11
12425
460
2455
3395
2835
2830
450
北
5800
560
P
2770
N
1390
M
1380
L
1380
K
550
J
1455
27075
H
2605
G
F
3355
E
D
2460
C
B
2920
A
450
天井
天井
500
345
545
460
2455
2640
755
745
1050
680
1800
450
12425
1
2
3
4
5
6
7
8
9
10
11

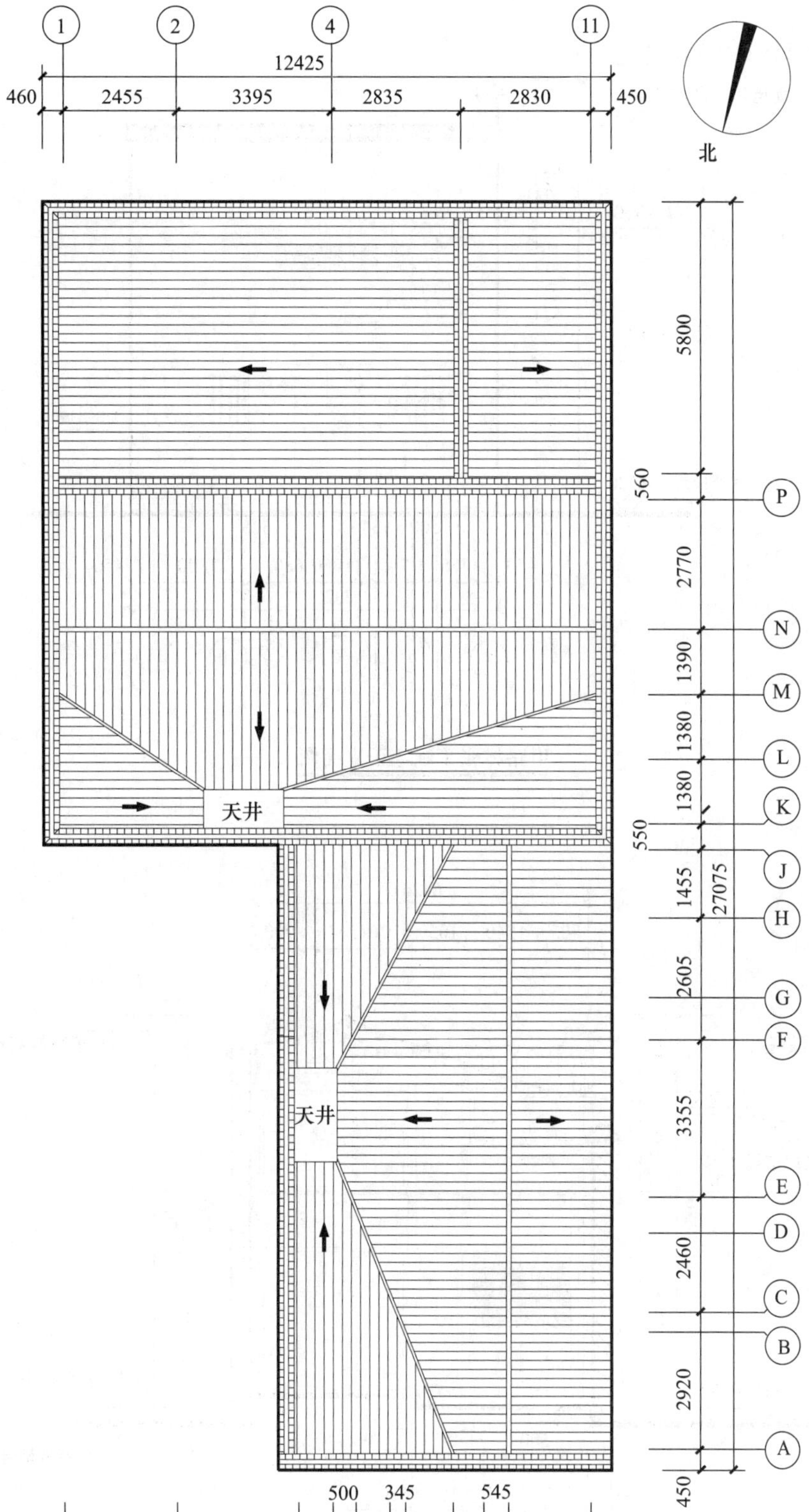

甲路村张丁旺宅屋顶平面图

正立面马头墙 8.165
正立面墙体最高点 7.265
门罩 4.960
门洞 2.680
室外地坪 −0.320
900
2305
2280
3000
8485
510
420
1480
120
950
760
粉刷砖墙
500 345 545
450 755 745 1050 680 1800 450
7320
3
4
5
6
7
8
9
10
11

甲路村张丁旺宅正立面图

6420
805 1540 1050 610 615 610 290 900
ϕ130
ϕ120
ϕ120
ϕ120
ϕ130
正脊最高点 7.360
檐口 5.925
二层楼板 4.045
室外地坪 −0.320
1435
1880
4365
7680
7.360 正脊最高点
7360
7680
±0.000 室内地坪
320
−0.320 室外地坪
500 345 545
450 755 745 1050 680 1800 450
7320
3
4
5
6
7
8
9
10
11

甲路村张丁旺宅 1—1 剖面图

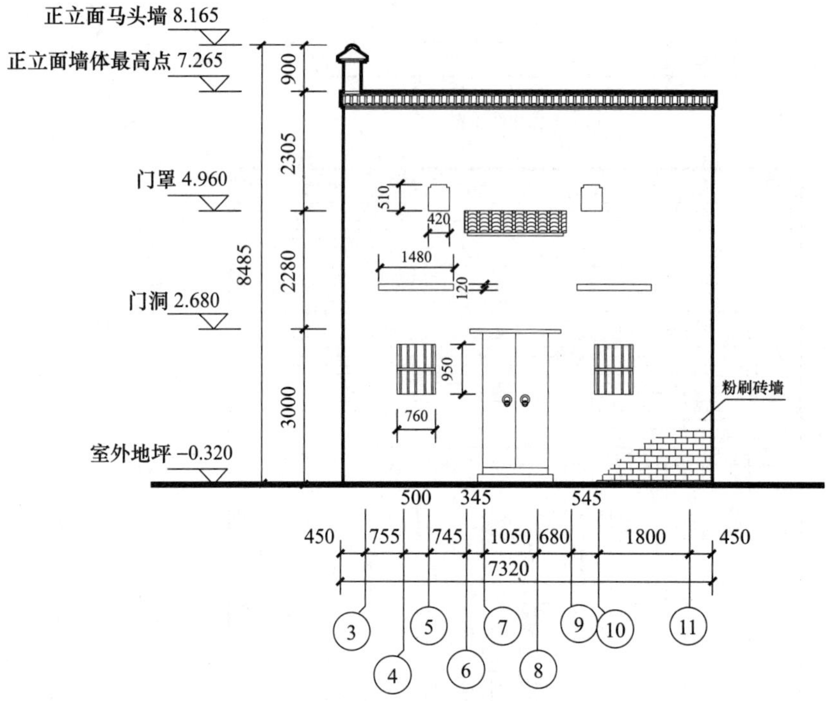

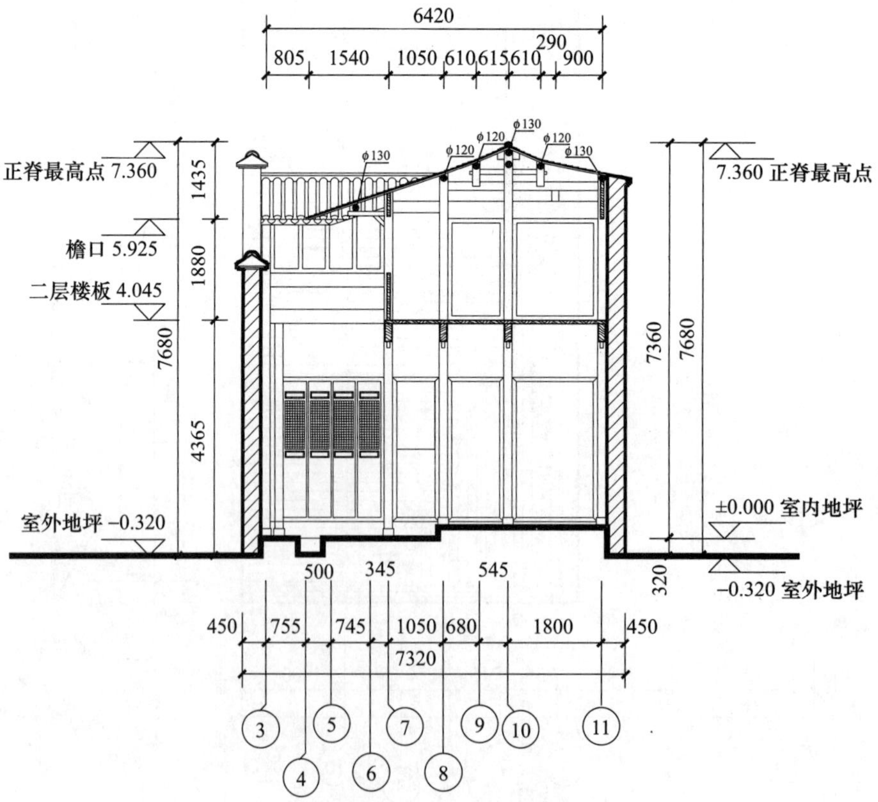

上饶市婺源县赋春镇甲路村张建华宅

张建华宅位于上饶市婺源县赋春镇甲路村，建于清代，现仍有人居住，保护状况良好。建筑内部木构架、梁柱结构稳定，外墙没有开裂情况。

该建筑入口立面已被翻新，入口形式改建为水泥砌筑的雨棚。建筑外墙整体为石灰粉墙，下部为条石墙裙。建筑由两面跌落式马头墙围合，前后屋面均为坡屋顶向外排水。

建筑平面形制为南北向组合型，由两个半天井式串联，中间一堵墙隔开。两部分都是砖木结构，局部两层。其中，入口侧（北）部分内部木结构体系大致呈现中轴对称式布局，中轴线上由北至南依次布局正堂和天井。南侧部分也呈中轴对称式布局，由北到南依次布局天井、正堂。两部分的楼梯均设置在西侧厢房靠墙处。建筑整体总面阔 11.57m，总进深 20.87m，占地面积 241.47m^2。

入口侧（南）单元的建筑面阔三间，穿斗式木构架，五柱、四骑、十檩。堂屋南侧（前堂）作为门厅使用，面积为 34.04m^2（面阔 × 进深：10.67m×3.19m），穿过太师壁后为后堂和天井。天井净尺寸为 1.55m×0.94m。屋脊高 8.68m，外墙高 9.01m。

北侧单元建筑面阔三间，与南侧部分仅一墙之隔，隔墙为“凹”字形，墙上开门相互联系。穿斗式木构架，三柱、四骑、七檩。其中一层厅堂由太师壁一分为二，前堂面积为 14.47m^2（面阔 × 进深：4.11m×3.52m），后堂面积为 12.74m^2（面阔 × 进深：4.11m×3.10m）。天井净尺寸为 1.55m×0.94mm。屋顶屋脊高 8.68m，外墙高 9.46m。

建筑雕刻图案丰富，主要位于天井界面、厢房的额枋、平板枋和正堂的走檐梁和关口梁上。厢房檐柱靠近墙体的方柱上置鳌鱼（梁驮）。雕刻主题多样，多为人物故事与祥瑞植物（缠枝莲等），蕴含深厚的文化内涵。

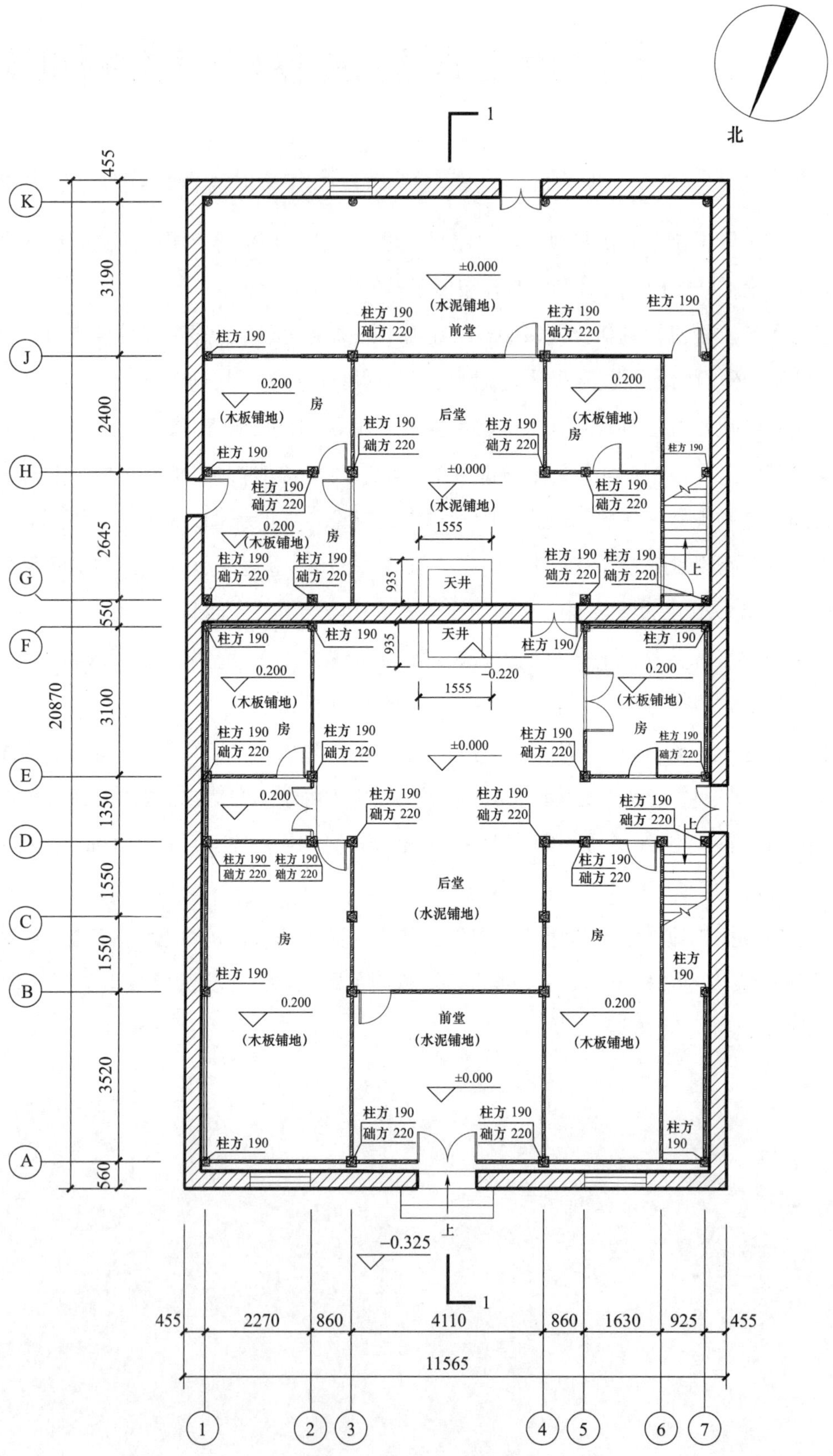
北
前堂
(水泥铺地)
±0.000
后堂
房
(木板铺地)
0.200
天井
柱方 190
础方 220
−0.220
−0.325
上
455
3190
2400
2645
550
3100
1350
1550
1550
3520
560
20870
2270
860
4110
860
1630
925
455
11565
1555
935
A
B
C
D
E
F
G
H
J
K
1
2
3
4
5
6
7

甲路村张建华宅一层平面图

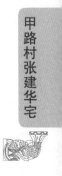

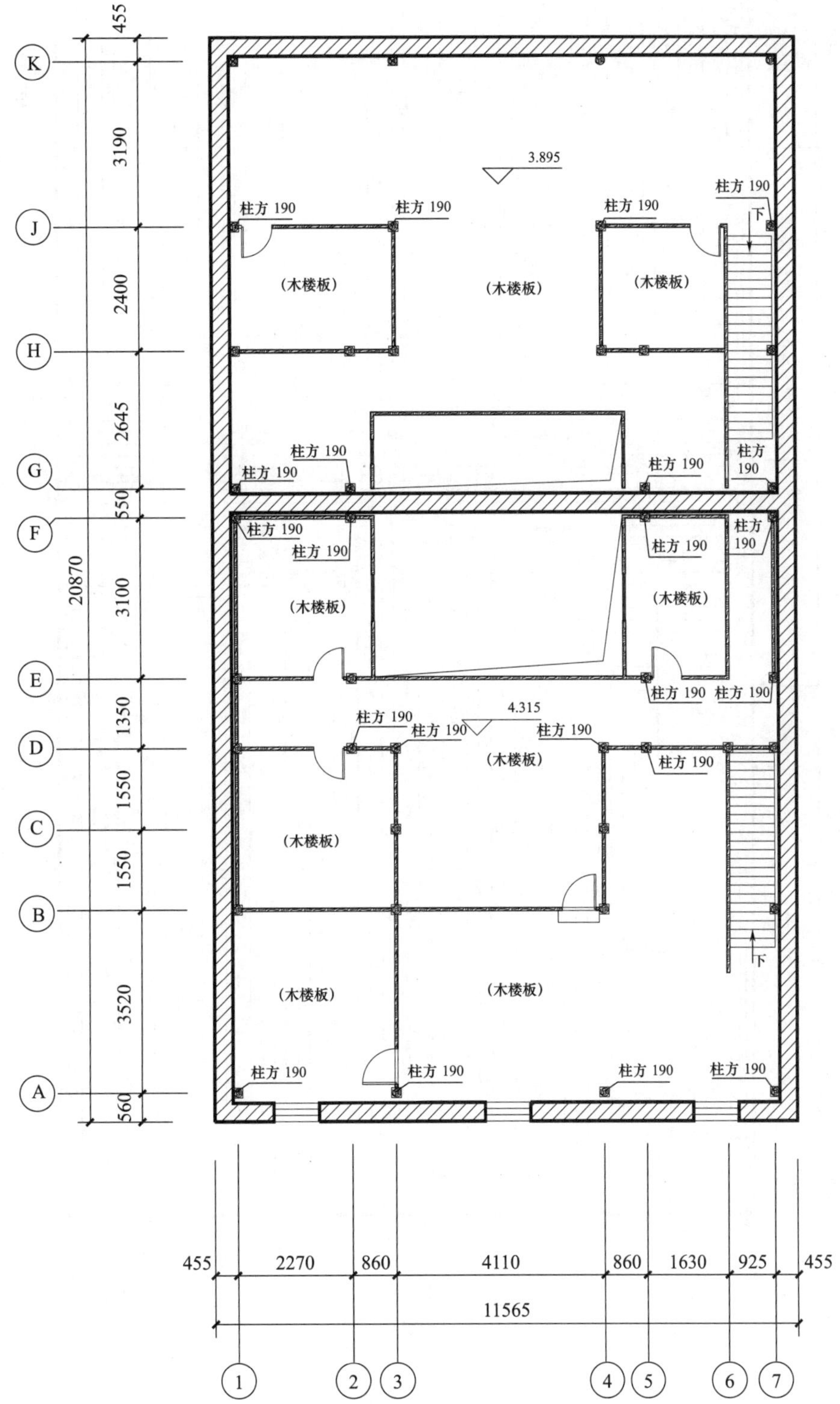
3.895
4.315
柱方 190
（木楼板）
下
20870
455
3190
2400
2645
550
3100
1350
1550
1550
3520
560
2270
860
4110
860
1630
925
455
11565
A
B
C
D
E
F
G
H
J
K
1
2
3
4
5
6
7

甲路村张建华宅二层平面图

455
3190
2400
2645
550
3100
1350
1550
1550
3520
560
20870
K
J
H
G
F
E
D
C
B
A
天井
天井
北
455
2270
860
4110
860
1630
925
455
11565
1
2
3
4
5
6
7

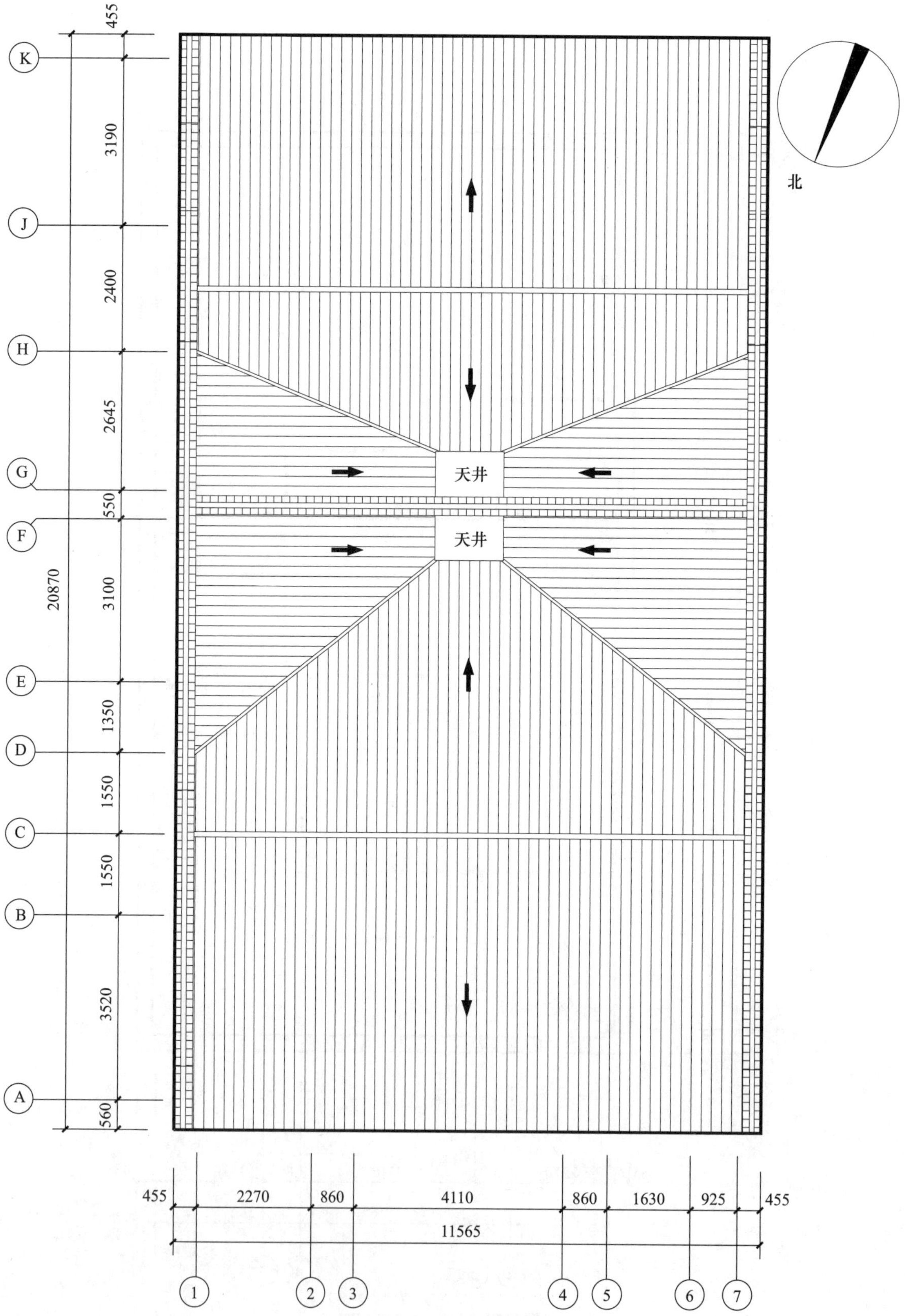

甲路村张建华宅屋顶平面图

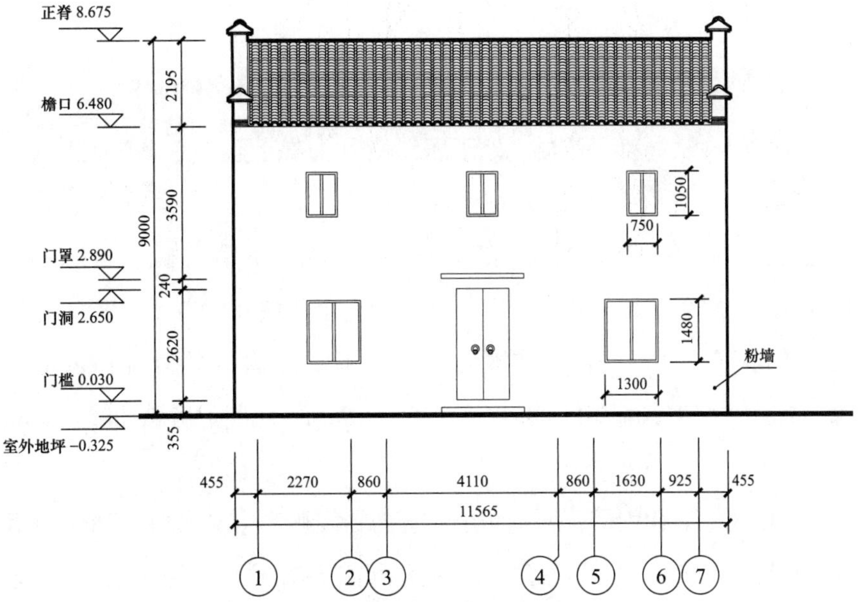
正脊 8.675
檐口 6.480
门罩 2.890
门洞 2.650
门槛 0.030
室外地坪 -0.325
2195
3590
240
2620
355
9000
1050
750
1480
1300
粉墙
455
2270
860
4110
860
1630
925
455
11565
1
2
3
4
5
6
7
甲路村张建华宅正立面图

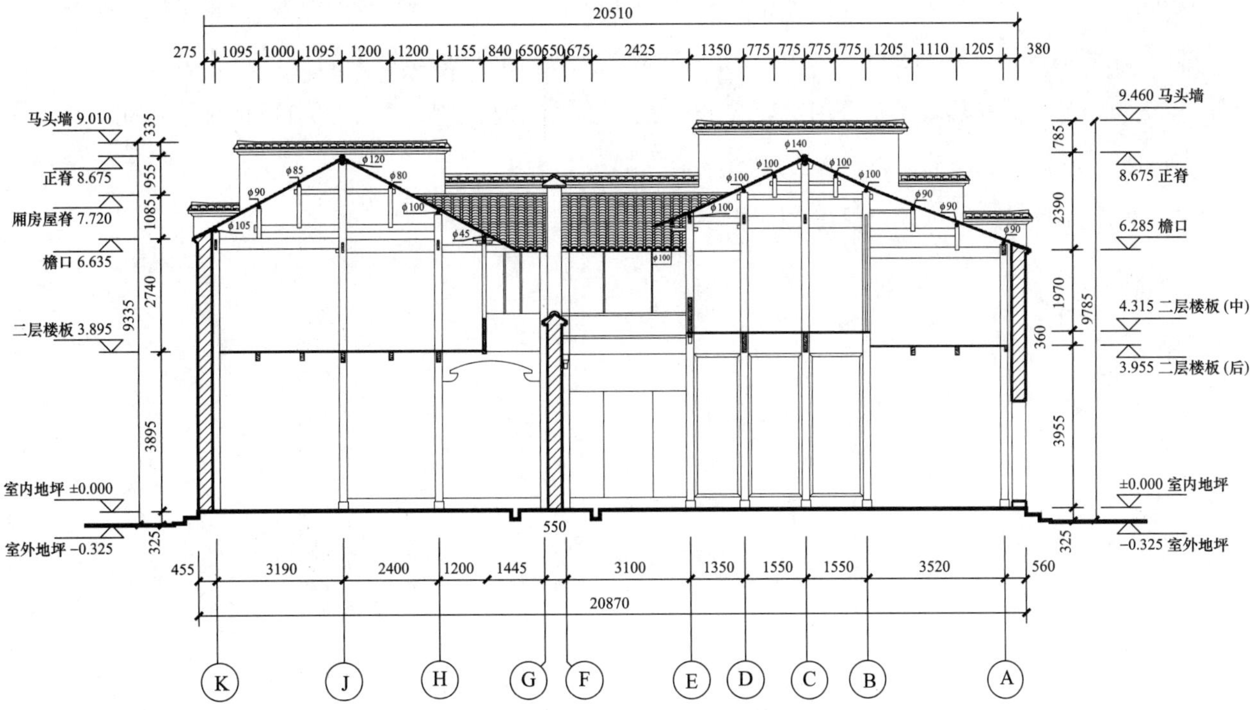
20510
275
1095
1000
1095
1200
1200
1155
840
650
550
675
2425
1350
775
775
775
775
1205
1110
1205
380
马头墙 9.010
正脊 8.675
厢房屋脊 7.720
檐口 6.635
二层楼板 3.895
室内地坪 ±0.000
室外地坪 -0.325
335
955
1085
2740
9335
3895
325
9.460 马头墙
8.675 正脊
6.285 檐口
4.315 二层楼板 (中)
3.955 二层楼板 (后)
±0.000 室内地坪
-0.325 室外地坪
785
2390
1970
9785
360
3955
325
550
455
3190
2400
1200
1445
3100
1350
1550
1550
3520
560
20870
K
J
H
G
F
E
D
C
B
A
甲路村张建华宅 1—1 剖面图

上饶市婺源县赋春镇甲路村张雄兆宅

张雄兆宅位于上饶市婺源县赋春镇甲路村，处于居住使用状态，保护状况较为良好。主房内部木结构构架保存状态较好。入口所在附房部分为后期改建。

建筑平面形制为主房加附房模式。建筑主入口位于附房部分，为侧入式。主入口穿过附房门厅，正对正堂檐下通道。主房为半天井式，面阔三间外加有个楼梯间通道。主房大致呈中轴对称式布局，中轴线上依次布局有天井、正堂。砖木结构，局部两层。建筑总面阔 15.86m，总进深 11.94m，占地面积 189.37m^2；主房总面阔 11.00m，总进深 11.94m；北侧附房总面阔 4.84m，总进深 11.94m。

该建筑入口为“一”字形，现利用屋顶檐口伸出部分形成雨棚。入口门梁和门框均采用青石。入口两侧采用磨砖对缝工艺砌筑，突出入口形象。入口上方开设横向洞口以加强采光。建筑外墙上部施以石灰粉墙，局部石灰粉层有脱落现象。

建筑主体部分面阔三间、进深一进，前堂承担了大部分起居功能，明间面阔与通面阔之比为 5.09m ∶ 11.94m，面积为 23.52m^2；后堂作为储物空间，面积为 17.61m^2。屋脊高 9.66m，外墙高 10.20m。天井处较为开阔，天井净尺寸为 3.13m×1.66m。正堂檐口高于厢房檐口，正堂坡屋面雨水排向厢房屋面后，再排到天井之中。正堂为双坡屋顶，厢房为单坡屋面，天井靠墙设置，形成“三水归堂”式布局。正堂采用穿斗式木构架，七柱、四骑、十二檩。部分檐柱采用方柱，部分为圆柱。柱础有石质的，也有木质的。

建筑风格简洁，装饰少，仅在太师壁两侧月形穿枋上有少量雕刻。

房
前堂
后堂
天井
猪圈
厨房
北
柱径φ180 础方 300
柱径φ220 础方 300
柱径φ160 础方 300
柱径φ170 础方 300
柱径φ200 础方 300
柱方 160 础方 300
柱方 170
柱方 220 础方 300
±0.000
0.320
−0.350
−0.180
上
下
15860
11940
500
2710
1210
2670
2725
1340
3170
325
2960
1500
1570
970
1090
1280
1660
3130
A
B
C
D
E
F
G
H
1
2
3
4
5
6
7
8

甲路村张雄兆宅一层平面图

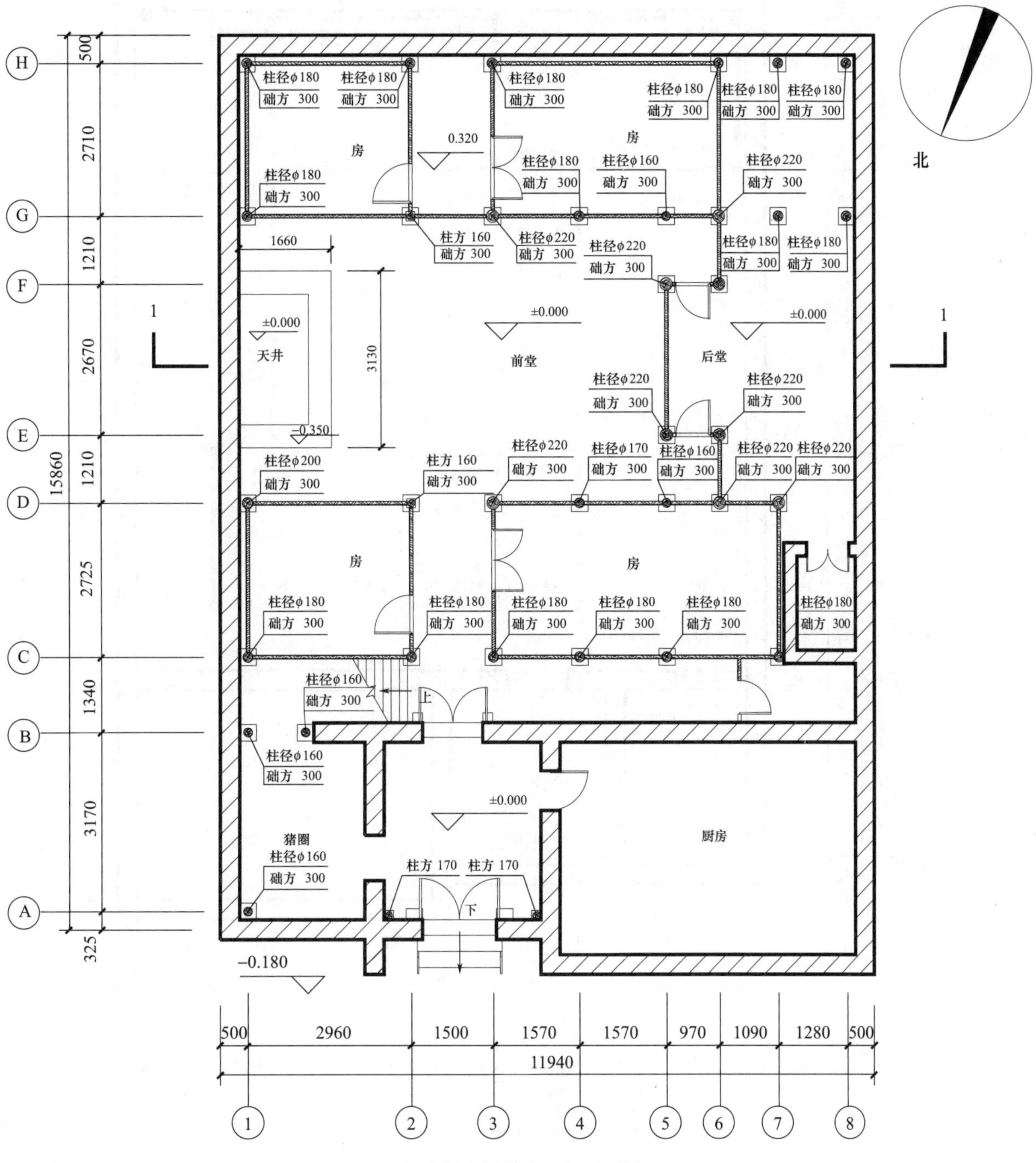

H
G
F
E
D
C
B
A
500
2710
1210
2670
1210
2725
1340
3170
325
15860
柱径φ180
柱径φ180
柱径φ180
柱径φ180
柱径φ180
柱径φ180
柱方 160
柱径φ180
柱径φ160
柱径φ220
柱径φ220
柱径φ180
柱径φ180
天井上空
4.660
一层上空
柱径φ220
柱方 160
柱径φ220
柱径φ170
柱径φ220
柱径φ220
柱径φ160
柱径φ180
柱径φ180
柱径φ180
柱径φ180
柱径φ180
柱径φ180
柱径φ160
一层上空
上
柱径φ160
下
4.630
厨房上空
柱径φ160
柱方 170
柱方 170
500
2960
1500
1570
1570
970
1090
1280
500
11940
1
2
3
4
5
6
7
8

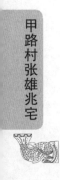

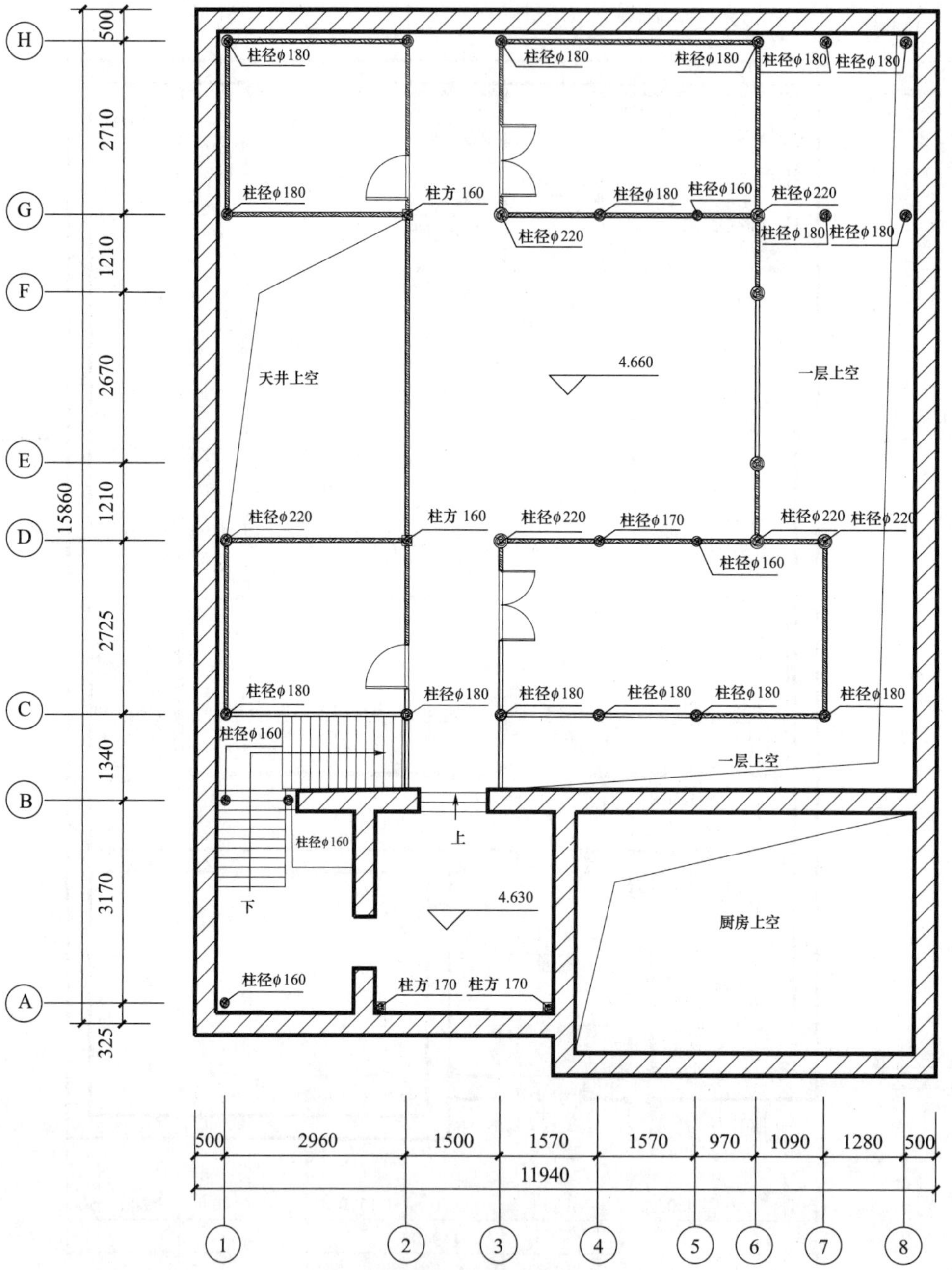

甲路村张雄兆宅二层平面图

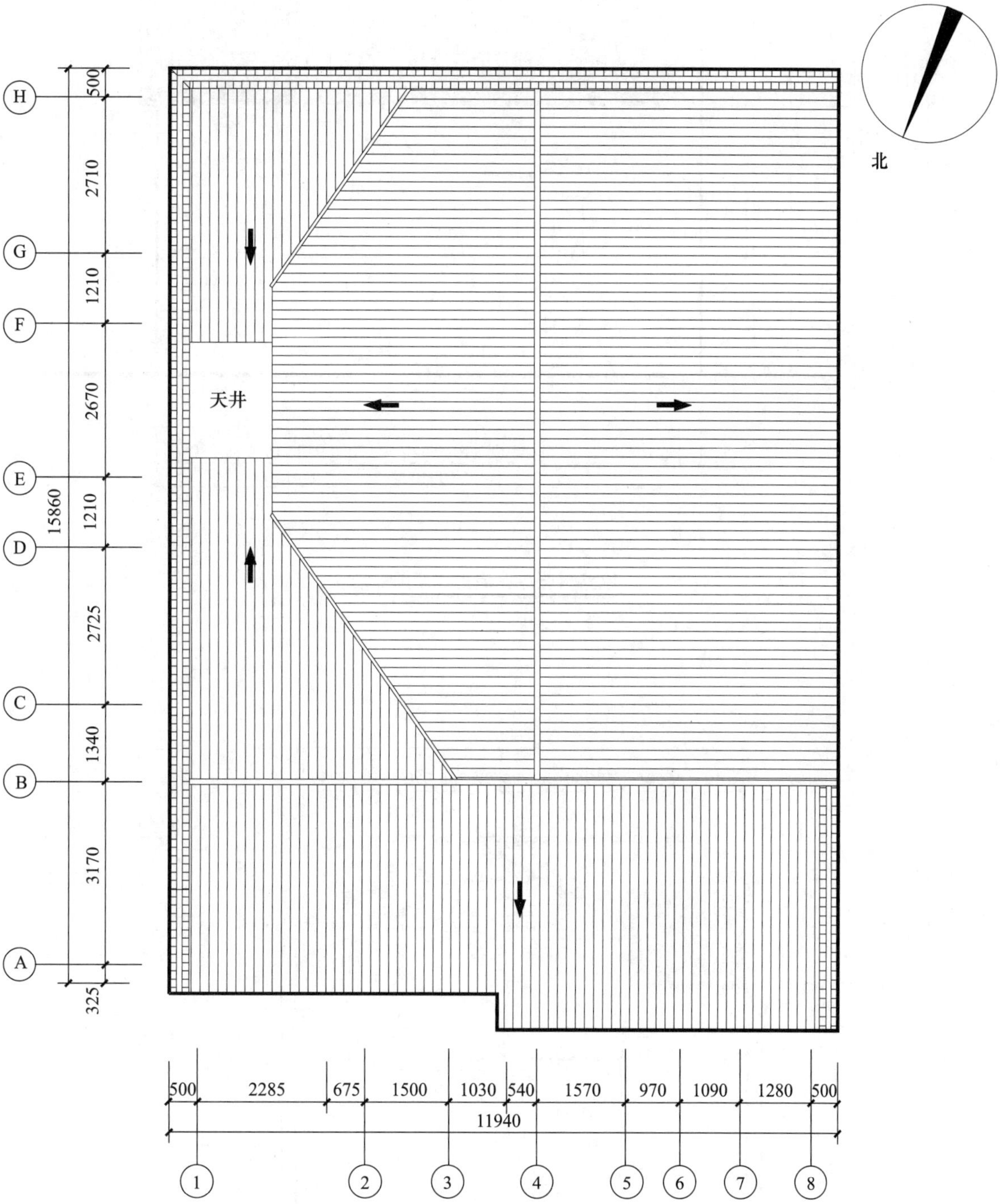

甲路村张雄兆宅屋顶平面图

正脊 9.660
檐口 5.695
窗洞 4.640
叠涩 4.180
室外地坪 −0.180
3965
1055
460
4360
9840
900
600
1300
1060

500
2285
675
1500
1030
540
1570
970
1090
1280
500
10940
1
2
3
4
5
6
7
8

甲路村张雄兆宅正立面图

10940
545
1010
1950
750
750
785
785
785
785
970
545
1280
正脊 9.660
厢房正脊 8.700
檐口 7.275
二层楼板 4.660
室内地坪 ±0.000
室外地坪 −0.180
960
1425
2615
4840
9840
9.660 正脊
8.065 侧立面马头墙
4.660 二层楼板
−0.180 室外地坪
1595
3405
500
2960
1500
1570
1570
970
1090
1280
500
11940
1
2
3
4
5
6
7
8

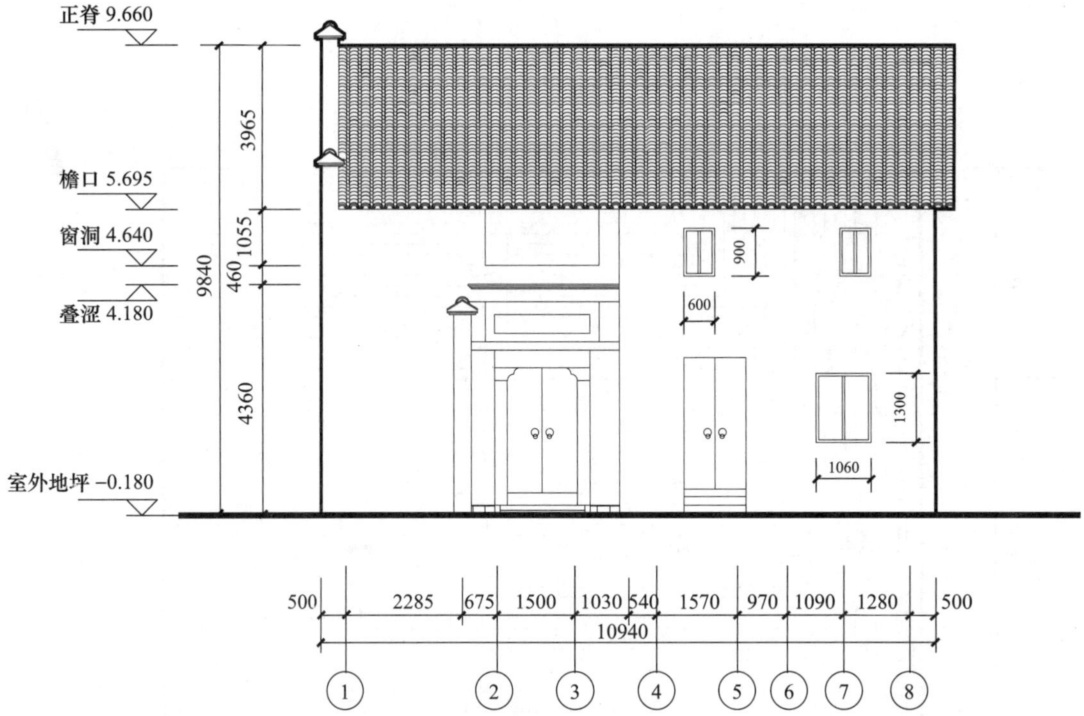

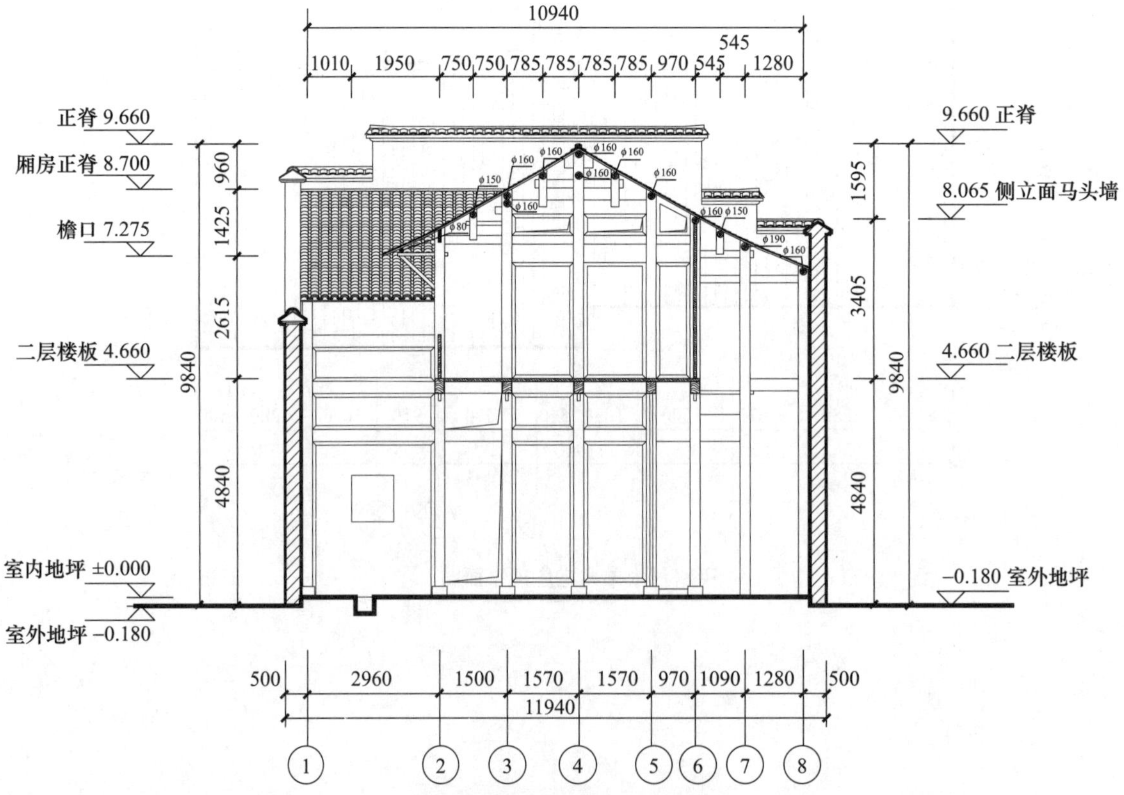

甲路村张雄兆宅 1—1 剖面图

景德镇市乐平市何家台历史文化街区彭氏府宅

彭氏府宅位于景德镇市乐平市区何家台历史文化街区，始建于清代。目前房屋处于半空置的状态，保护状况一般。建筑格局较为完整，主体结构较牢固。但建筑内部局部围护构件有所损坏，其中窗户损毁较为严重，有的甚至完全缺失；建筑外部门罩损毁严重，窗户被改建。

建筑平面形制为两进两天井形式，建筑呈现严格的中轴布局，中轴线上依次布局下堂（门厅）、前天井、正堂、后天井。砖木结构，局部两层（第二层为两侧的阁楼）。建筑总面阔 13.02m，总进深 19.23m，占地面积为 250.37m^2。

该建筑入口采用较为常见的门罩形式，但已完全损毁。建筑外观为石灰粉墙。轮廓为平直形，整体轮廓呈方盒状，这种形制在当地被称为“禾斛兜”。禾斛为传统农业时代打谷用的农具，外观方正，“禾斛兜”式建筑由此得名。

该建筑三开间两进两天井，下堂作为门厅使用，屋脊高 7.70m，外墙高 8.53m；正堂采用草架做法，位于后檐金柱的太师壁将正堂分为前堂和后堂。前堂和后堂假屋面形成两个“人”字形。前堂室内屋脊处高 6.70m，后堂室内屋脊处高 6.15m。屋顶正脊高 8.16m。次间两层，第一层净高 3.65m、第二层至最高点为 4.13m。上下房为卧室；由于房间增多，两厢作为楼梯、通廊和次要空间使用。建筑采用穿斗式木构架，下堂外观为单坡顶，室内靠墙体一侧作假屋面，形成“人”字形视觉效果，四柱、二骑、七檩。正堂同样采用草架做法，外观实为双坡屋面，内部的装饰效果分为 3 个部分：靠近檐口的轩顶、太师壁前的前堂“人”字顶和太师壁后的后堂“人”字顶，使得建筑室内的空间层次清晰，创造了较好的视觉空间效果。每个“人”字顶连接中柱和童柱都用一个尺度较大的月枋，既起到拉结作用，也起到装饰作用。正堂明间采用六柱、四骑、十一檩。

下堂及正堂的主体建筑与厢房的檐口同高，交圈，这也是乐平地区天井构造的特点。前天井尺度开阔，尺寸为 3.55m×1.16m；后天井为吸壁天井，尺寸为 2.36m×0.80m。

该建筑工艺考究，用材较大。门窗隔扇、穿枋、雀替、走檐等部分构件采用了精美的木雕，使得建筑具有华贵的艺术气质。该建筑呈现出乐平地区典型的地域性特征，同时又是赣徽文化交融背景下的赣派建筑作为主体特征且汲取了徽派建筑特色的珍贵案例。

北
1
3
2
440
1350
1660
1660
2210
2210
1360
2850
1220
1910
1910
450
19230
L
K
J
H
G
F
E
D
C
B
A
柱径ϕ220
础方 260
柱径ϕ170
础方 210
柱径ϕ180
础方 220
柱径ϕ230
础方 270
柱径ϕ200
础方 240
柱径ϕ270
础方 310
柱径ϕ240
础方 280
柱径ϕ210
础方 250
柱径ϕ250
础方 290
−0.120
(条石铺地)
±0.000
(水泥铺地)
后堂
前堂
下堂
房
0.220
(木板铺地)
0.120
−0.340
天井
−0.850
385
2490
960
5350
13020
1
2
3
4
5
6

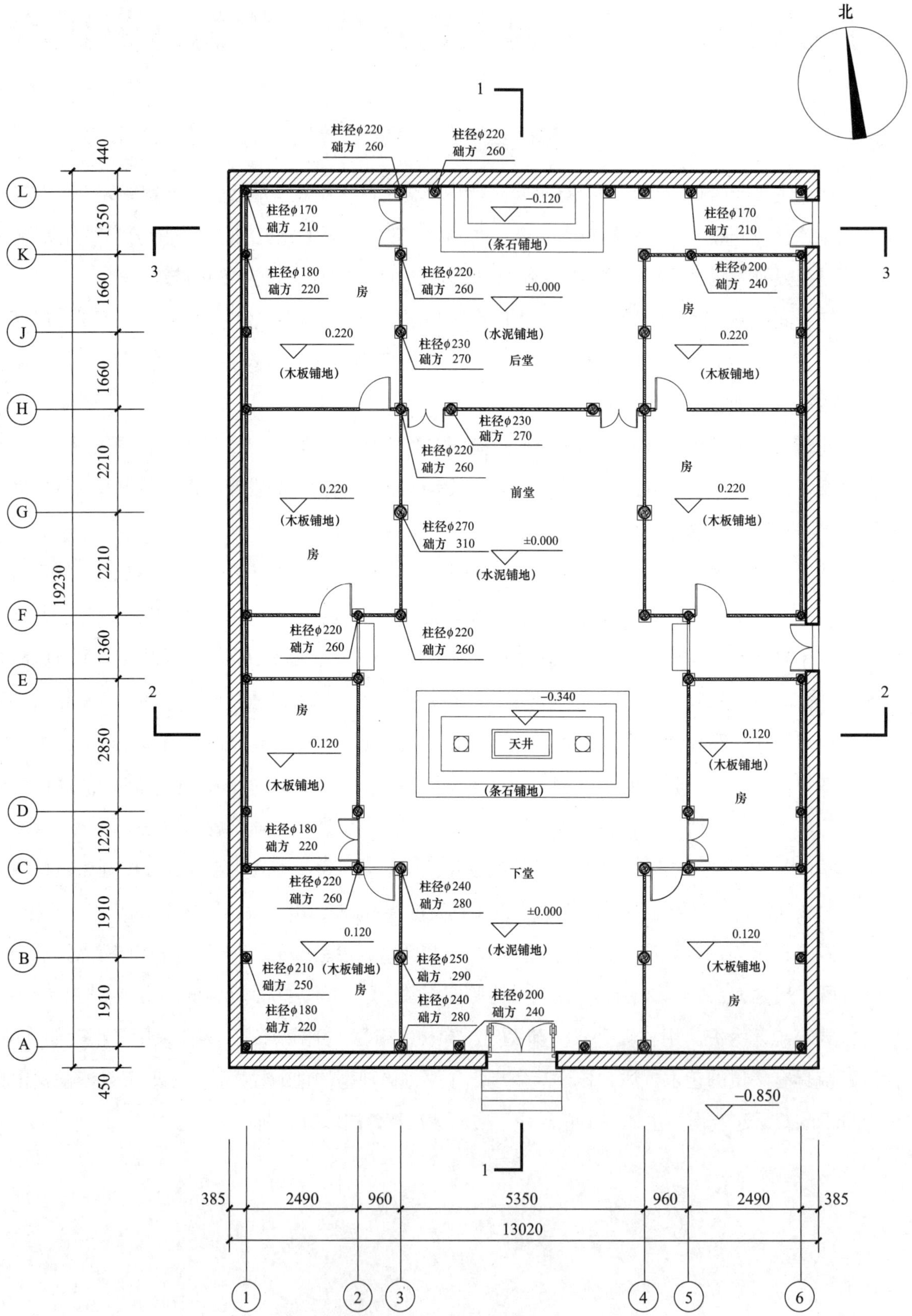

乐平市何家台历史文化街区彭氏府宅一层平面图

L
K
J
H
G
F
E
D
C
B
A
440
1350
1660
1660
2210
2210
1360
2850
1220
1910
1910
450
19230
柱径φ170
柱径φ180
柱径φ180
柱径φ180
柱径φ180
柱径φ180
柱径φ180
柱径φ180
柱径φ210
柱径φ180
柱径φ220
柱径φ220
柱径φ220
柱径φ230
柱径φ220
柱径φ270
柱径φ220
柱径φ220
柱径φ220
柱径φ220
柱径φ220
柱径φ240
柱径φ250
柱径φ240
柱径φ200
柱径φ230
3.640
（木楼板）
3.640
（木楼板）
（木楼板）
（木楼板）
385
2490
960
5330
930
2490
385
13020
1
2
3
4
5
6

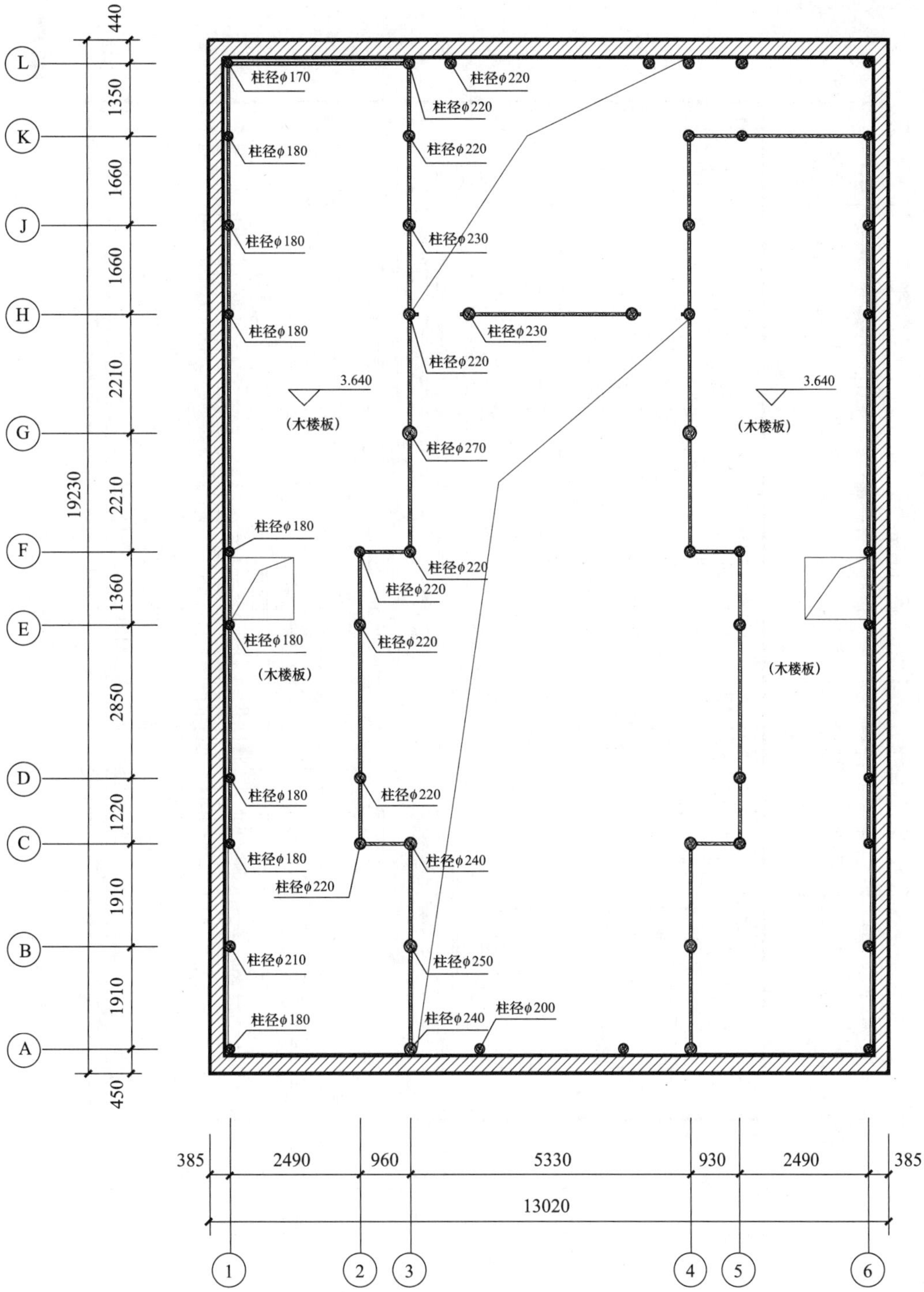

乐平市何家台历史文化街区彭氏府宅二层平面图

北

天井
天井
L
K
J
H
G
F
E
D
C
B
A
440
1350
1660
1660
2210
2210
1360
2850
1220
1910
1910
450
19230
385
2490
960
5350
960
2490
385
13020
1
2
3
4
5
6

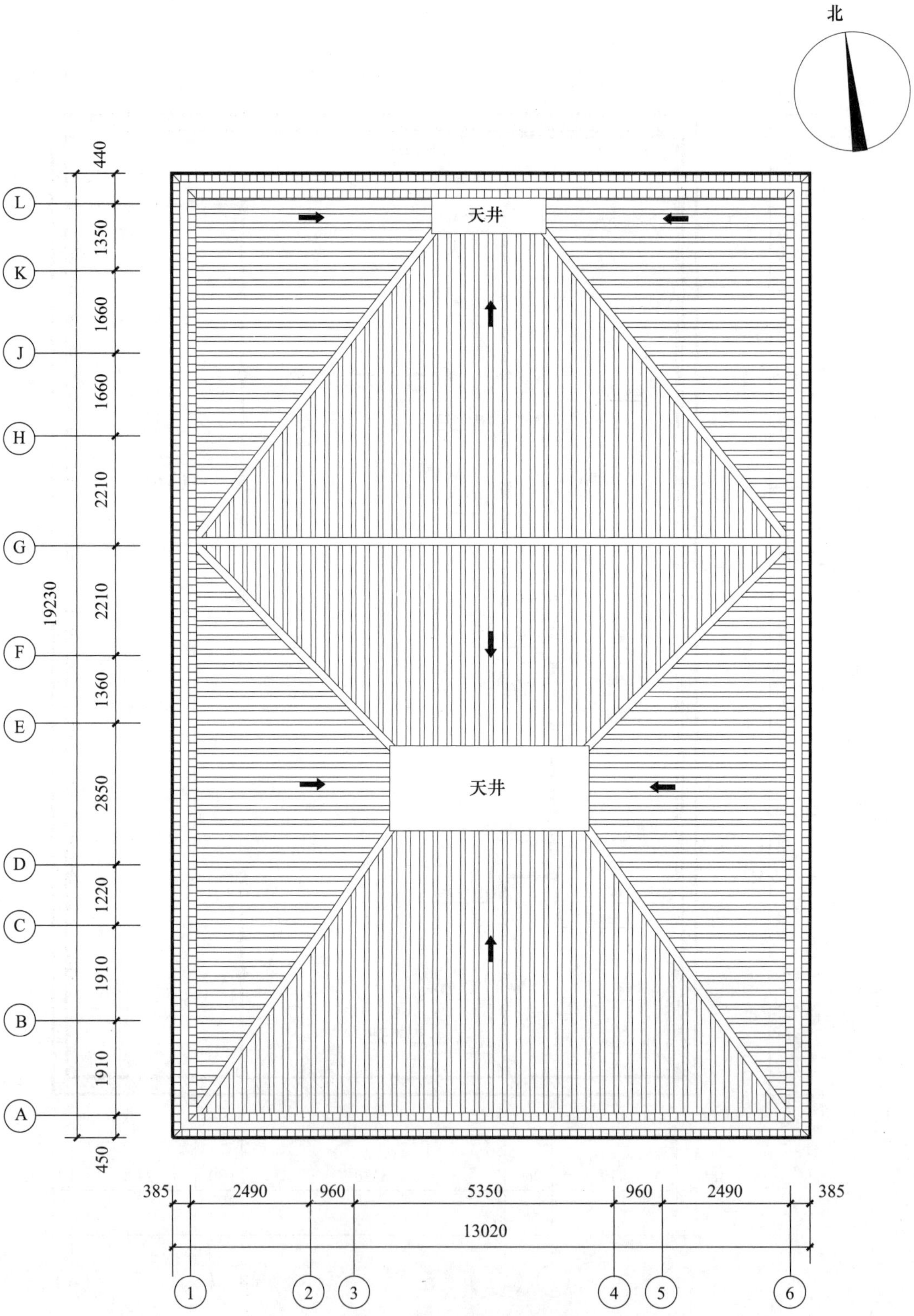

乐平市何家台历史文化街区彭氏府宅屋顶平面图

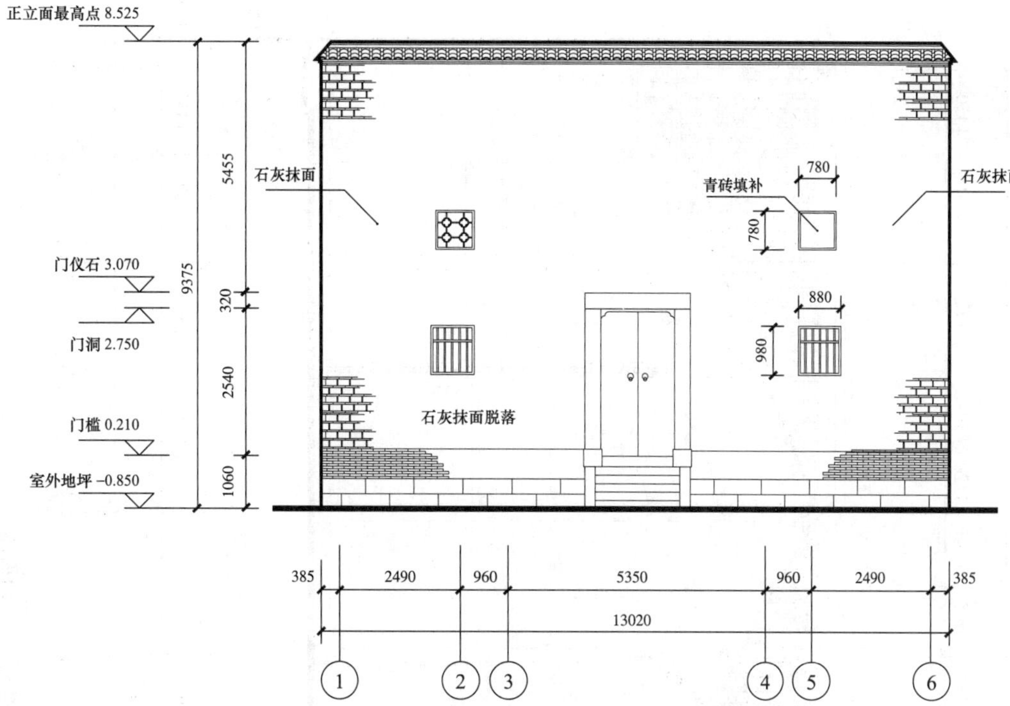

乐平市何家台历史文化街区彭氏府宅正立面图

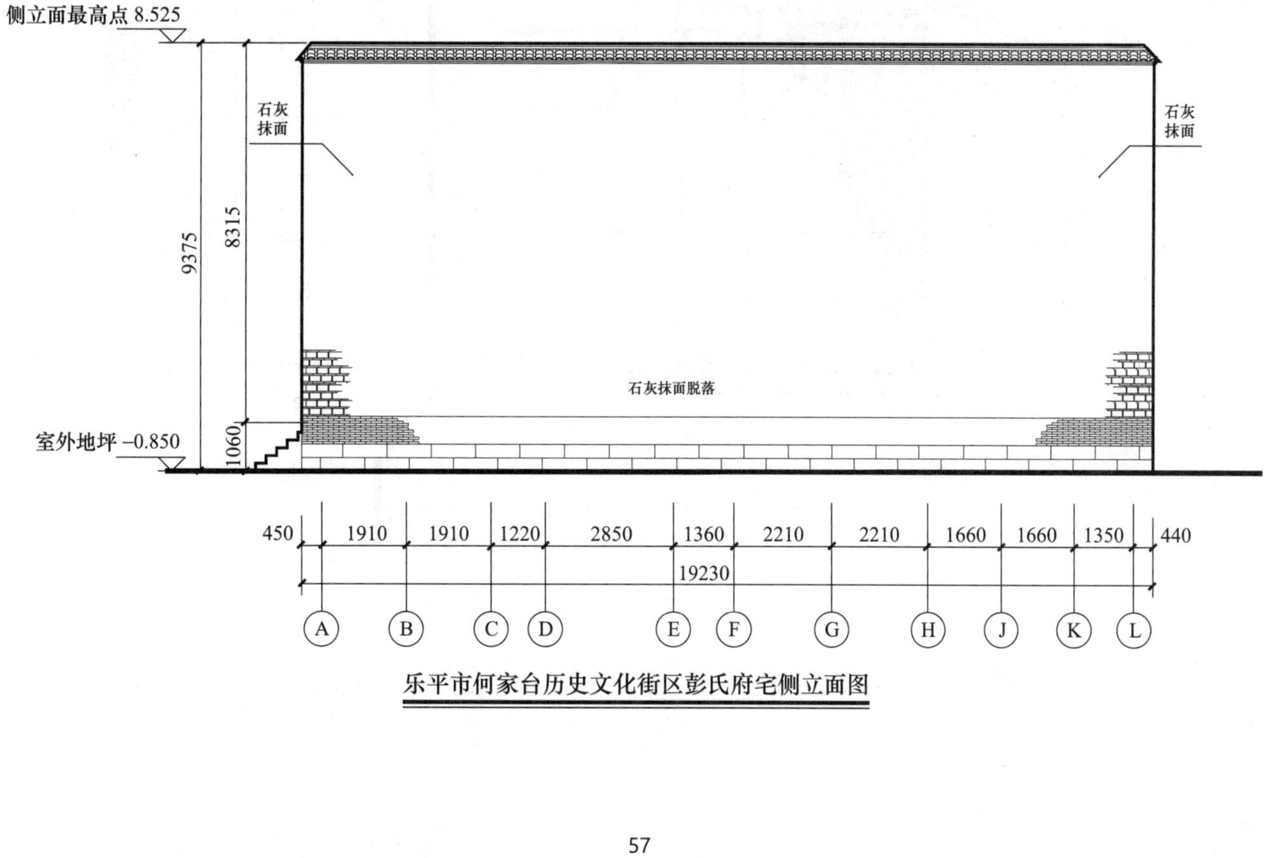

乐平市何家台历史文化街区彭氏府宅侧立面图

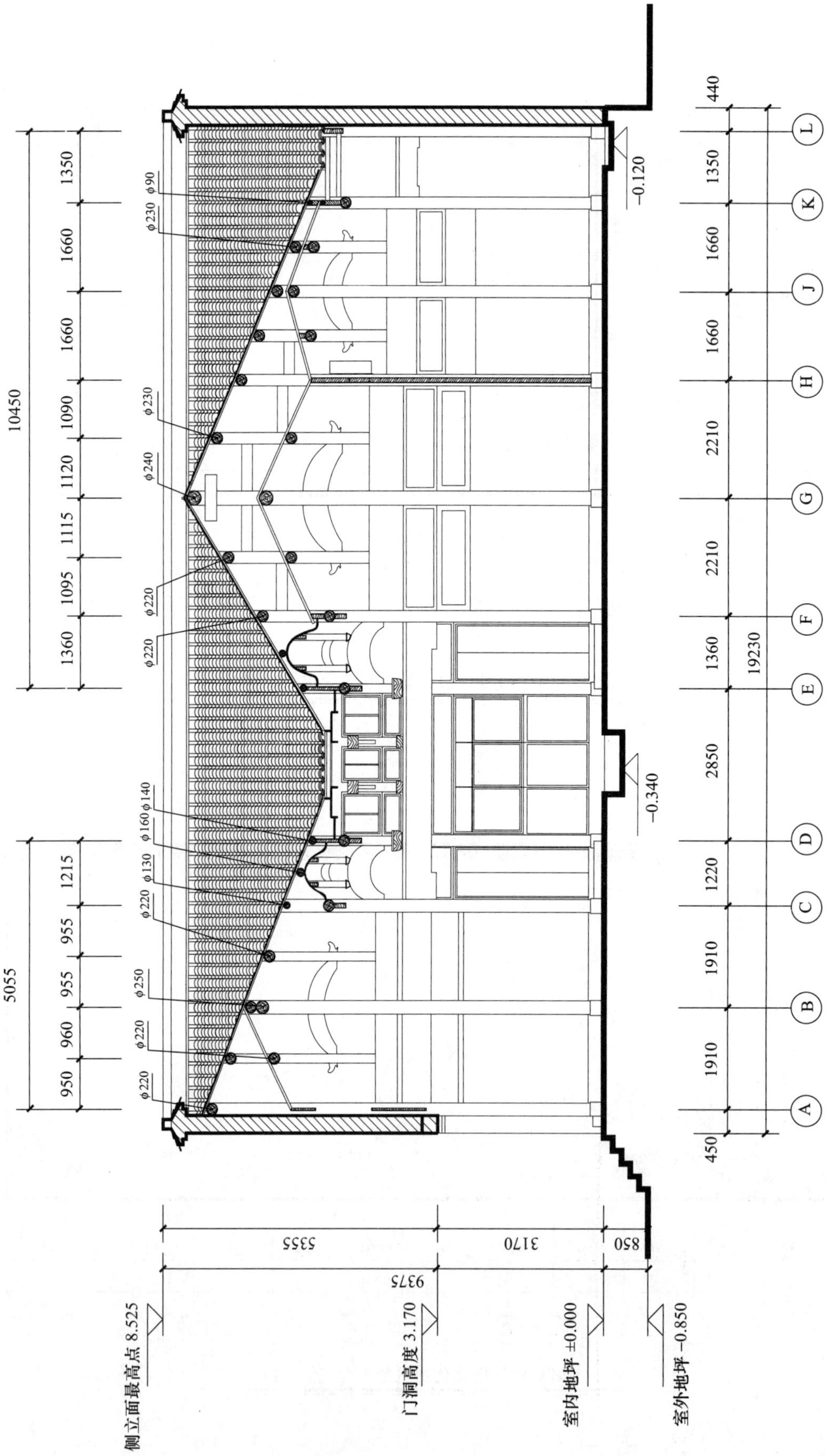
10450
5055
1350
1660
1660
1090
1120
1115
1095
1360
1215
955
955
960
950
φ90
φ230
φ230
φ240
φ220
φ220
φ140
φ160
φ130
φ220
φ250
φ220
φ220
440
1350
1660
1660
2210
2210
1360
2850
1220
1910
1910
450
19230
A
B
C
D
E
F
G
H
J
K
L
-0.120
-0.340
5355
3170
850
9375
侧立面最高点 8.525
门洞高度 3.170
室内地坪 ±0.000
室外地坪 -0.850

乐平市何家台历史文化街区彭氏府宅1—1剖面图

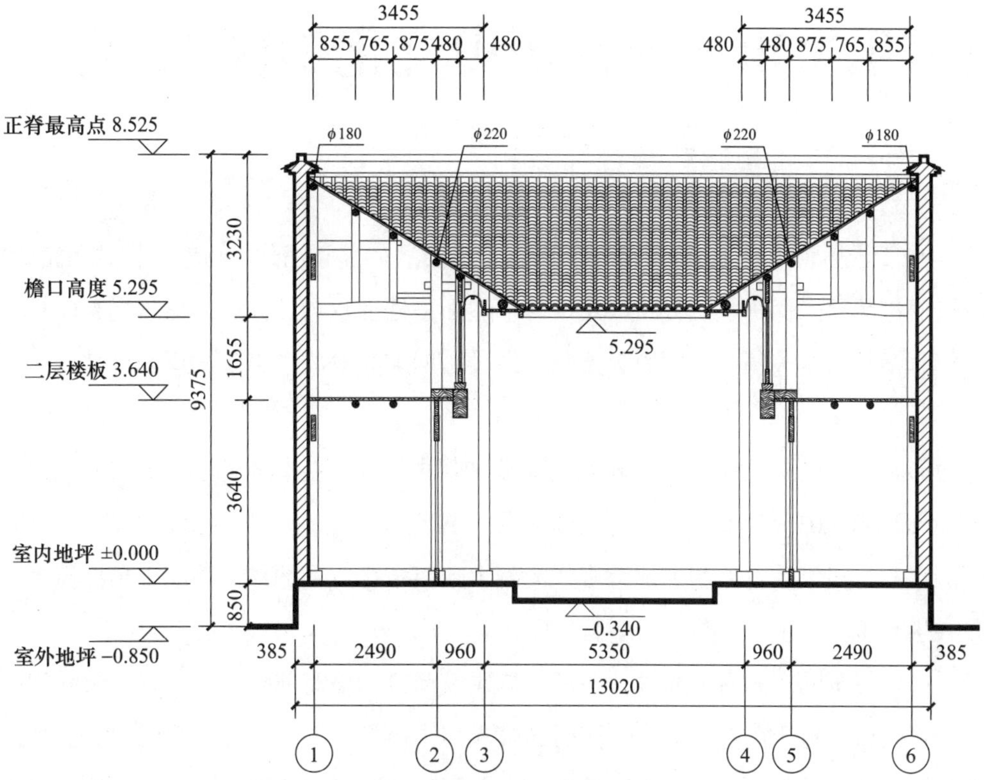

乐平市何家台历史文化街区彭氏府宅 2—2 剖面图

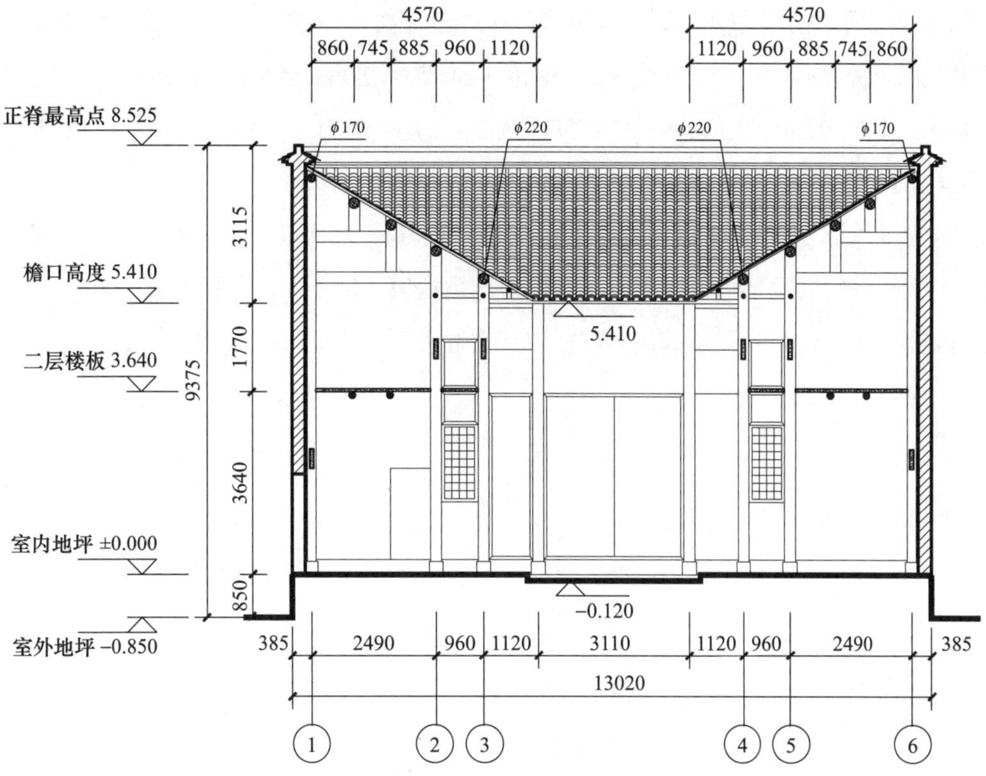

乐平市何家台历史文化街区彭氏府宅 3—3 剖面图

何家台历史文化街区彭氏府宅

景德镇市乐平市何家台历史文化街区 16 号

16 号民居位于景德镇市乐平市区何家台历史文化街区，始建于清代。目前房屋处于空置状态，建筑后期改造痕迹明显，保护状况较差。建筑背部屋面多处漏水导致局部二层木构架腐朽，底层潮湿加重，部分梁柱结构失稳，北面原有天井，经过后期加建变成了封闭式屋面，室内多处板壁损毁。

建筑平面形制为一进无天井形式，建筑主体部分中轴布局。主体建筑总面阔 12.07m，总进深 15.33m，占地面积 185.03m^2。砖木结构，局部两层。建筑前方带有院落，由东侧侧向入口进入。建筑前院西侧走廊、建筑后堂后房加建有现代混凝土建筑结构以及墙体，功能上局部重置，原有建筑格局有一些改变。

该建筑入口较传统的民居有所差异，由于主体建筑前方加设有前院，因此它一改常规中轴式入口的做法，将入口设置于前院东南角。同时建筑入口采用外八字门楼，设有凸出式竖柱，石质门框上方施以墨绘置于匾额处，上方为双坡人字山花屋顶。除了墙裙以及屋檐外建筑立面均施以石灰粉墙。该建筑左侧山墙形式为跌落式马头墙，右侧因地形限制仅设有“人”字形屋檐形式，建筑正立面为坡屋顶，背立面半边马头墙仍旧存在，另一侧为坡屋顶。

建筑面阔三间、前设院落。前院面积为 60.59m^2（面阔 × 进深：12.07m×5.05m）；前堂既作为门厅又兼起居会客使用，面积为 23.38m^2（面阔 × 进深：4.63m×5.05m），明间与通面阔之比为 4.63m ∶ 12.07m；太师壁后的后堂作为厨卫功能使用，面积为 15.44m^2（面阔 × 进深：3.50m×4.41m）。建筑屋脊高 5.92m、前檐高 4.20m、后檐高 2.40m。

建筑为穿斗式木构架，草架双坡屋顶，八柱、五骑、十四檩，三穿为月枋。除正堂梁架设置草架外，太师壁后的梁架也设置草架。檐口通过挑檐檩、挑手木、斜撑承重。

建筑内部装饰简洁，仅见斜撑、月枋，其余部位不设雕刻。因后期改建，内部空间地面已填充混凝土，柱础不可见。

北
1
2
2
1
J
H
G
F
E
D
C
B
A
410
1510
1440
1460
840
1080
1970
1160
1330
1960
1760
410
15330
(改建厕所)
(水泥铺地)
房
0.080
厨房
±0.000
(水泥铺地)
0.080
房
柱径φ180
正堂
(水泥铺地)
±0.000
(水泥铺地)
0.050
房
(水泥铺地)
0.050
−0.110
庭院
(水泥铺地)
−0.290
410
3310
1130
950
1420
1130
3310
410
12070
1
2
3
4
5
6

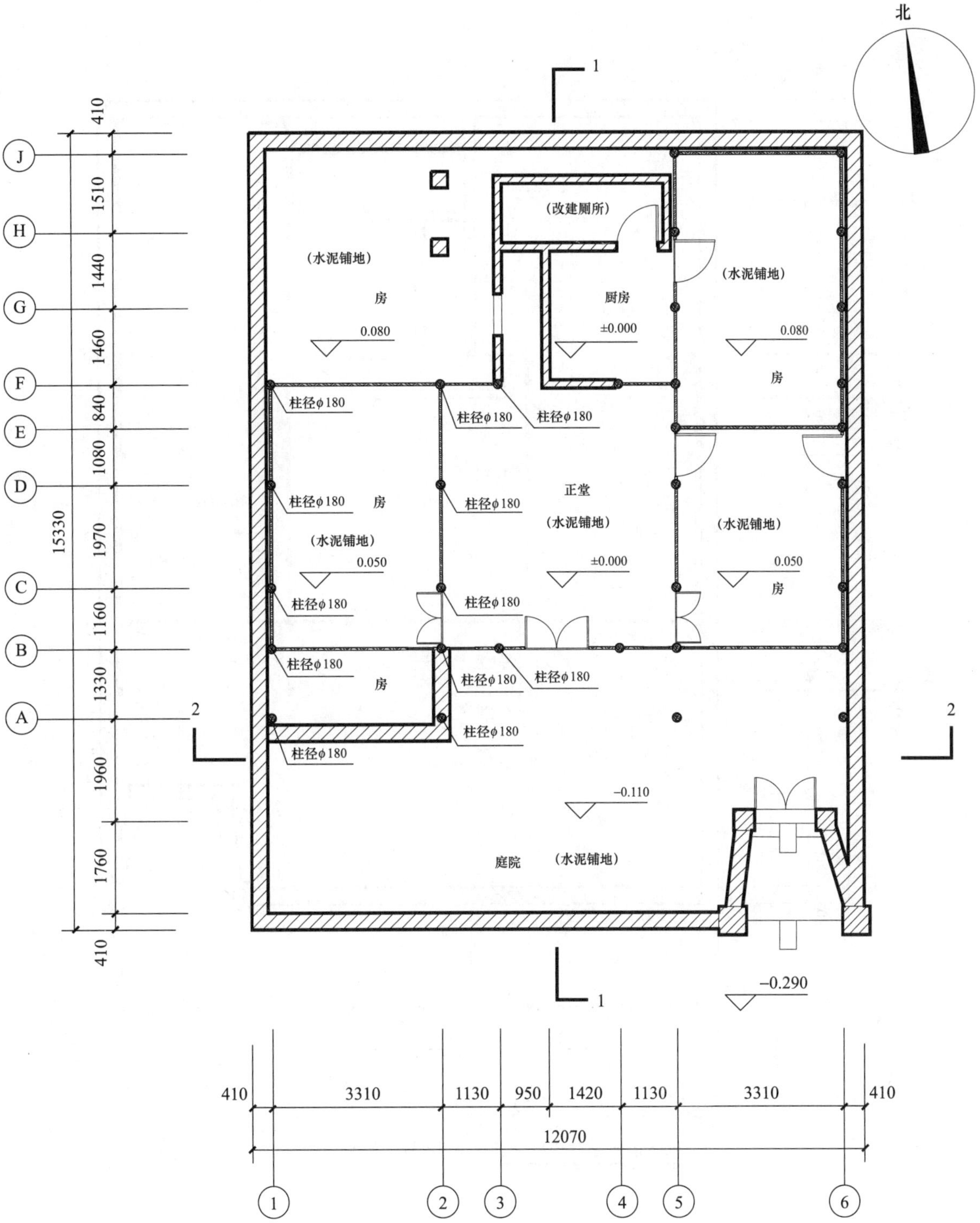

乐平市何家台历史文化街区 16 号一层平面图

J
H
G
F
E
D
C
B
A
410
1510
1440
1460
840
1080
1970
1160
1330
1960
1760
410
15330
2.560
（木楼板）
柱径φ180
柱径φ180
柱径φ180
柱径φ180
柱径φ180
柱径φ180
柱径φ180
柱径φ180
柱径φ180
柱径φ180
柱径φ180
柱径φ180
2.560
（木楼板）
410
3310
1130
950
1420
1130
3310
410
12070
1
2
3
4
5
6

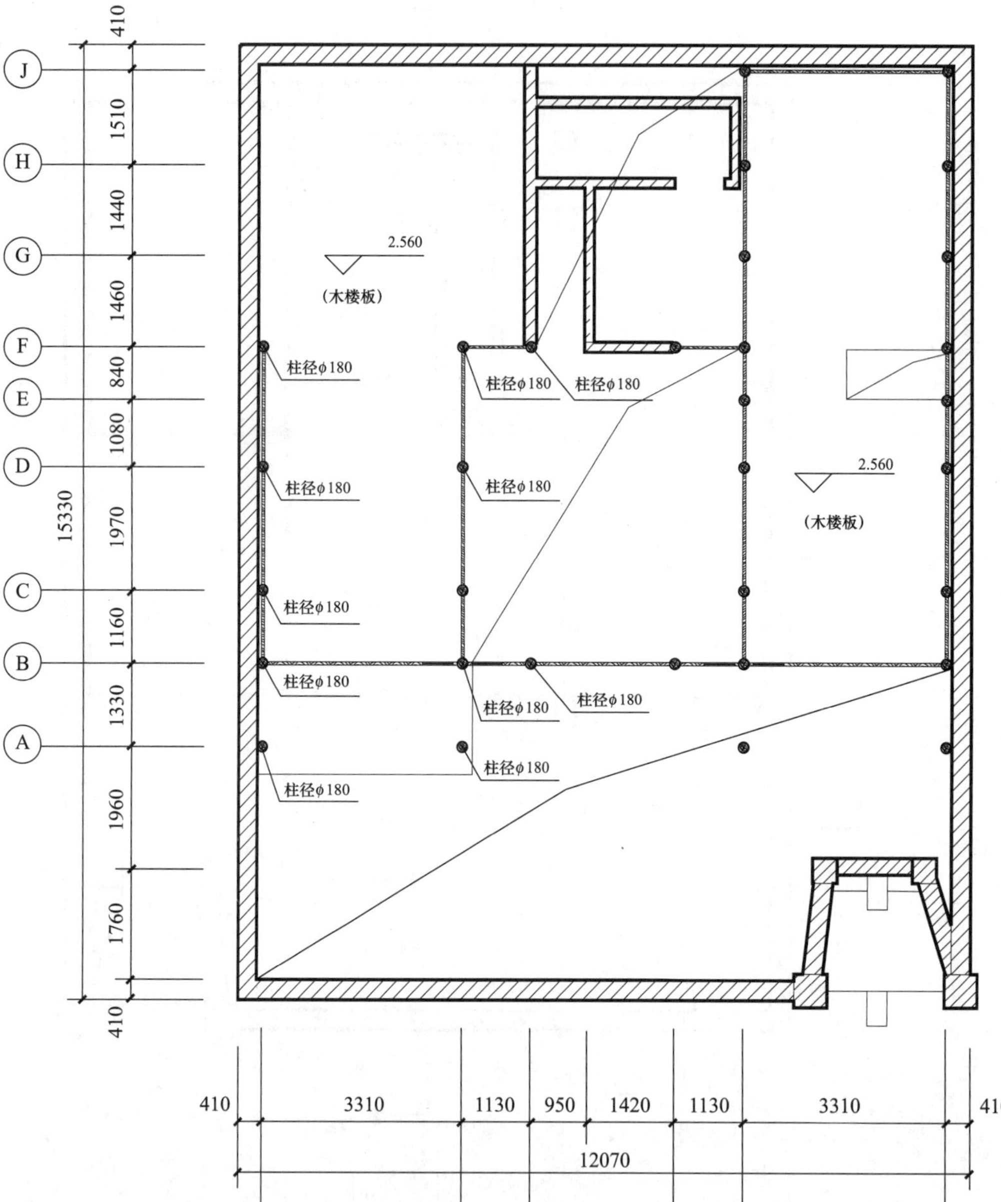

乐平市何家台历史文化街区 16 号二层平面图

北
410
J
1510
H
1440
G
1460
F
840
E
1080
D
1960
15330
C
1160
B
1330
A
1960
1760
410
(庭院)
410
3310
1130
950
1420
1130
3310
410
12070
1
2
3
4
5
6

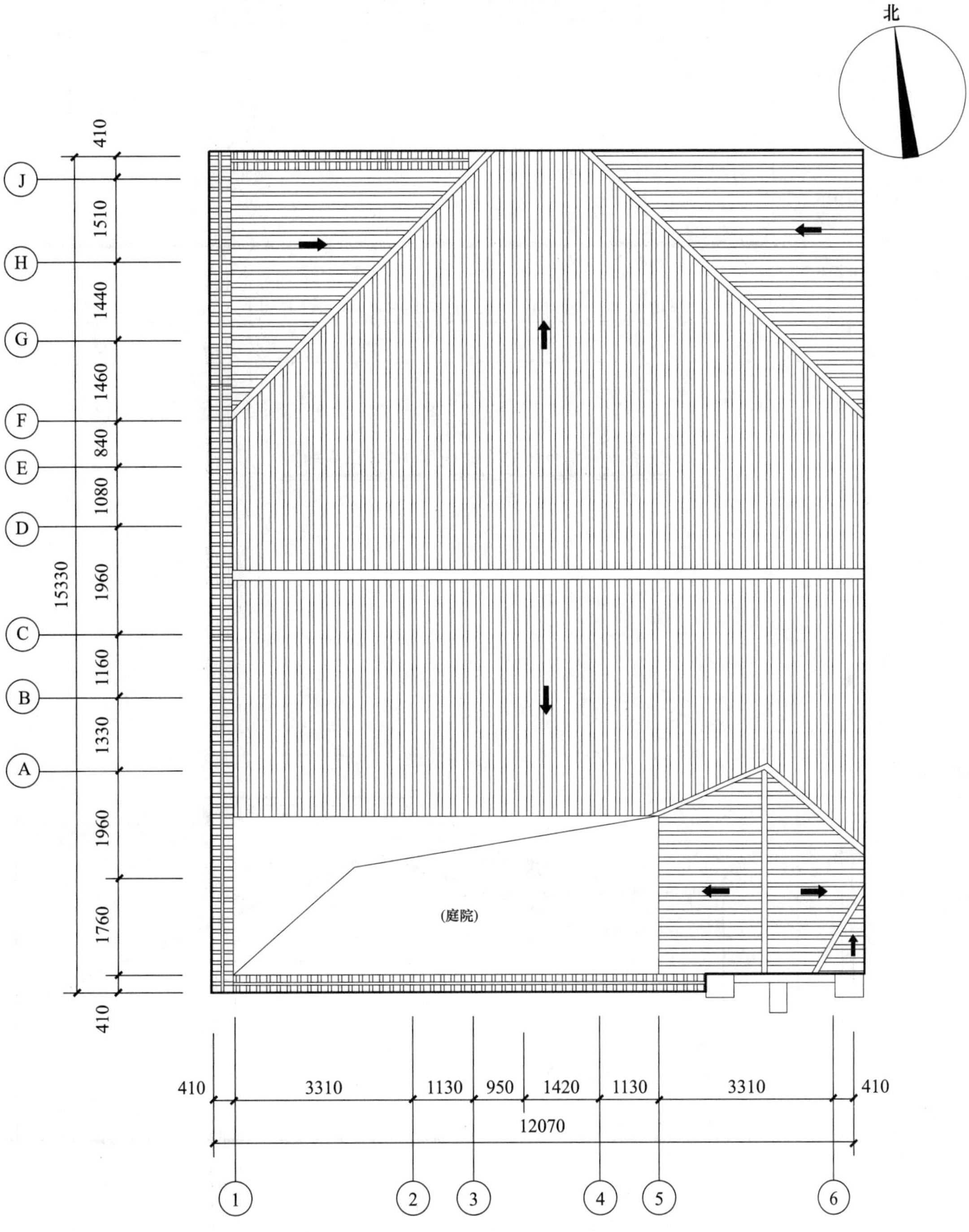

乐平市何家台历史文化街区 16 号屋顶平面图

马头墙最高点 7.175
屋脊最高点 5.850
院墙最高点 4.655
门洞 2.425
门槛 0.040
室外地坪 -0.290
1325
1195
2230
2385
330
7465
石灰抹面
石灰抹面脱落
410
3310
1130
950
1420
1130
3310
410
12070
1
2
3
4
5
6

乐平市何家台历史文化街区 16 号正立面图

第一叠马头墙 7.175
第二叠马头墙 6.545
入口立面最高点 5.670
入口立面马头墙 4.420
室外地坪 -0.290
630
875
1250
4710
7465
石灰抹面
石灰抹面脱落
2170
1960
1330
1160
1970
1080
840
1460
1440
1510
410
15330
A
B
C
D
E
F
G
H
J

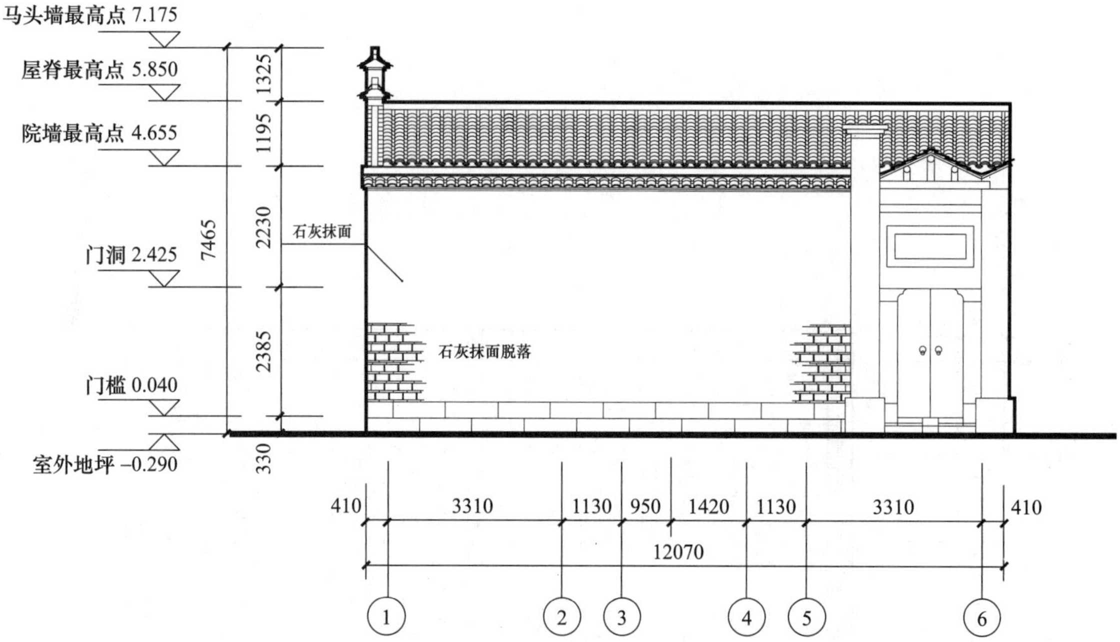

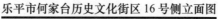

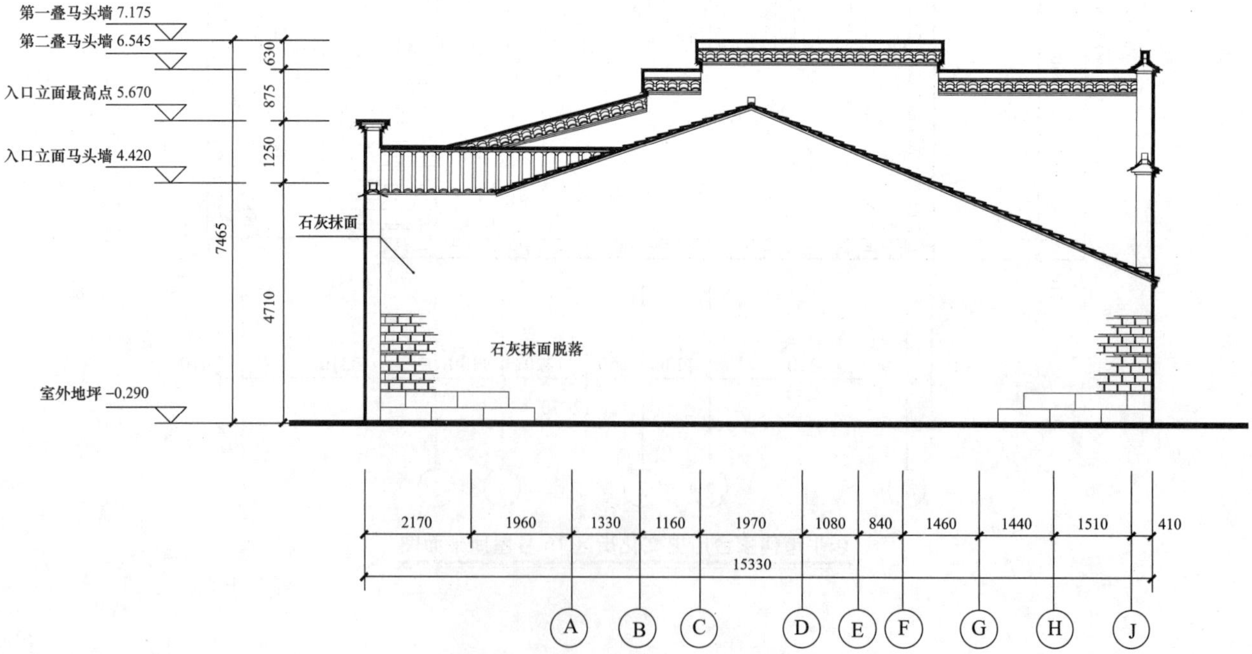

乐平市何家台历史文化街区 16 号侧立面图

11440
1510 1440 1460 840 1080 1970 1160 1330 650
正脊最高点 5.915
檐口高度 2.495
室内地坪 ±0.000
室外地坪 −0.080
ϕ180
ϕ140
ϕ230
ϕ180
ϕ140
ϕ140
ϕ180
ϕ180
ϕ180
ϕ180
ϕ180
3420
5595
2575
5.735 入口门最高点
4.655 院墙最高点
1080
4945
6025
3.860
−0.290 室外地坪
410 1510 1440 1460 840 1080 1970 1160 1330 1960 1760 410
15330
J H G F E D C B A

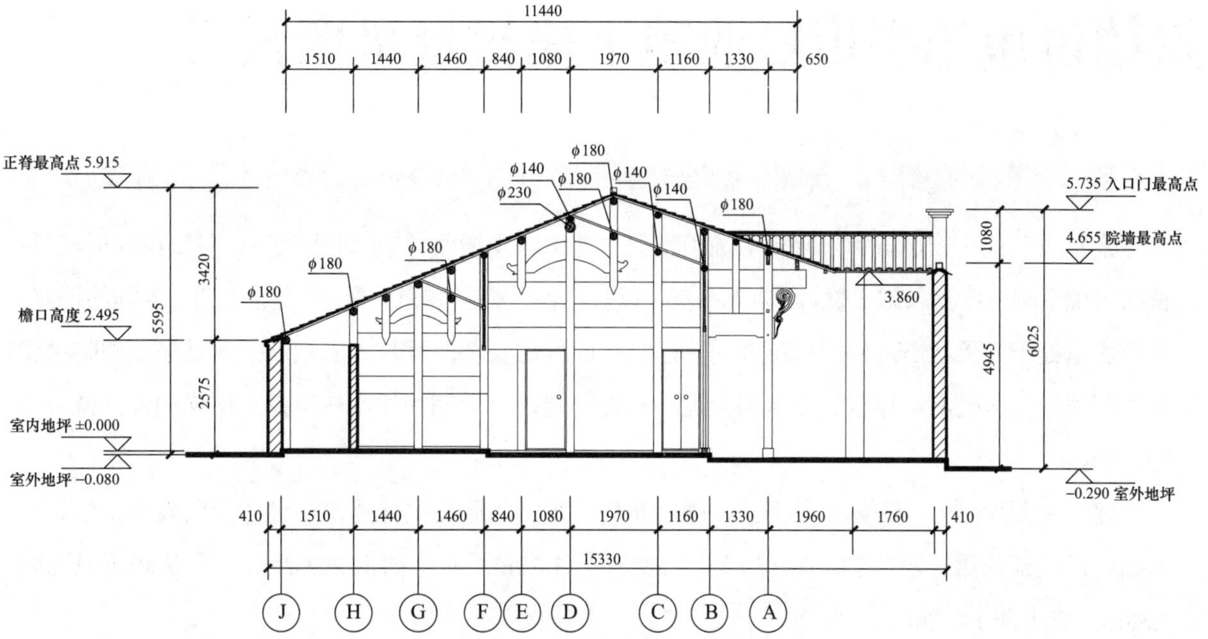

乐平市何家台历史文化街区 16 号 1—1 剖面图

3150
1180 980 990
侧立面马头墙最高点 7.175
侧立面第二叠马头墙 6.315
侧立面第三叠马头墙 4.800
二层楼板 2.560
室内地坪 ±0.000
室外地坪 −0.290
860
1515
2240
7465
2560
290
ϕ130
ϕ130
3.860
5.835 正脊最高点
5.035 侧房正脊最高点
800
5035
6125
±0.000 室内地坪
−0.290 室外地坪
290
410 3310 1130 950 1420 1130 3310 410
12070
1 2 3 4 5 6

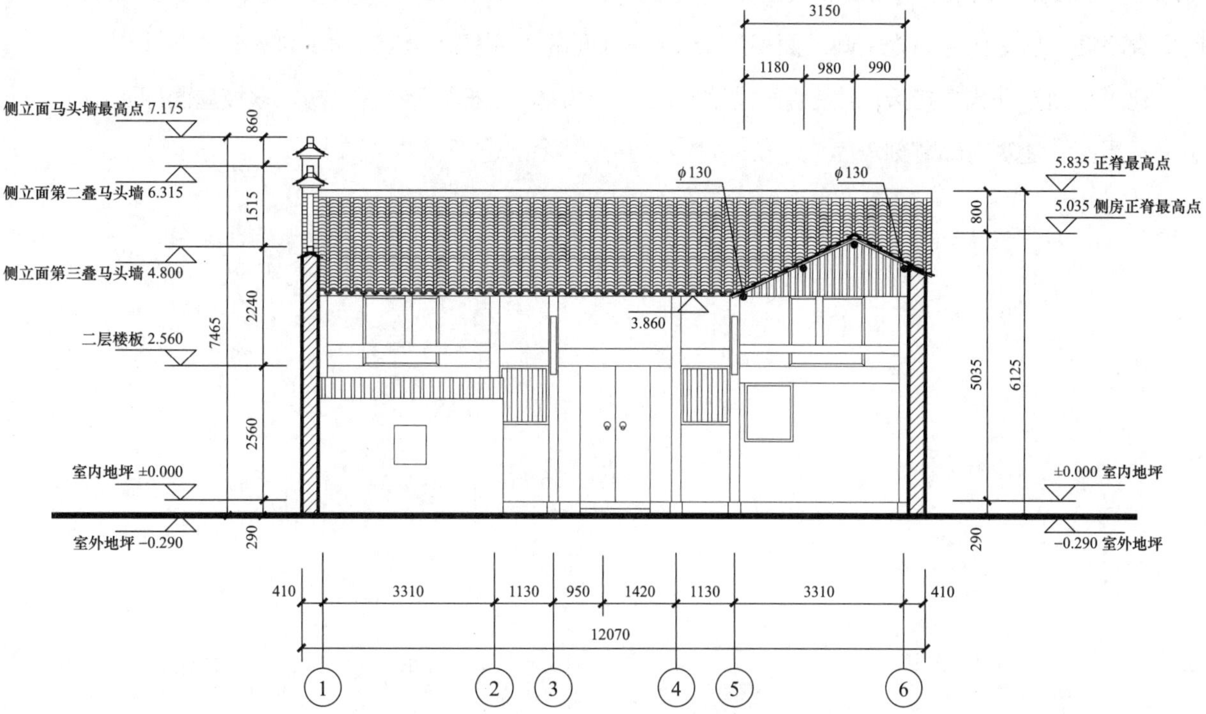

乐平市何家台历史文化街区 16 号 2—2 剖面图

景德镇市乐平市塔前镇下徐村景星庆云

景星庆云位于景德镇市乐平市塔前镇下徐村，始建于清代。“景星庆云”一名取自汉语成语，首次出现于明方孝孺《御书赞》:“惟天不言，以象示人，锡羡垂光，景星庆云。”即为吉祥的征兆。目前房屋处于空置状态，保护状况较差。建筑屋面早已长草、瓦片大多松动，尤其是东侧陪屋屋顶局部坍塌，多处漏水导致许多木构架近乎腐朽，周边靠后期加建木桩支撑，楼梯损毁、楼板多处坍塌。

建筑平面形制为一进无天井形式，中轴布局，东设陪屋。主体建筑中轴线上仅设有正堂。砖木结构，局部两层。建筑总面阔 13.93m，总进深 11.72m，占地面积 163.26m^2。东边陪屋总面阔 3.38m，总进深 11.72m。

该建筑入口采用匾额门罩形式，在大门上方 30cm 处设置匾额“景星庆云”，上有墨绘匾额。上架小披檐，檐角起翘的翼角部分完好。立面施以石灰粉墙，但下部多有脱落。入口两侧各设置一个窗洞采光。正立面山墙形式为“一”字形墙，通过排水孔向外排水；侧立面山墙为“一”字形与单坡顶组合形式，背立面为坡屋顶。

建筑主体部分面阔三间、进深一进，前堂承担了大部分起居功能，明间面阔与通面阔之比为 4.48m ∶ 13.93m，面积为 16.76m^2（面阔 × 进深：4.48m×3.74m），屋脊高 6.70m，外墙高 6.32m，比屋脊略矮；后堂作为储物空间，面积为 15.64m^2（面阔 × 进深：4.48m×3.49m）。

建筑采用穿斗式木构架，正堂明间设草架，五柱、五骑、十檩，三穿为月枋。双坡屋面，硬山顶，小青瓦屋面。建筑内部雕刻较简洁，仅在月枋设置，其余部位无过多装饰。

北
1
柱径φ130
础径φ160
(木板铺地)
房
柱径φ130
础径φ160
0.090
(三合土铺地)
房
(木板铺地)
后堂
柱径φ160
础径φ190
柱径φ160
础径φ190
柱径φ160
础径φ190
0.210
0.210
0.130
前堂
柱径φ210
础径φ300
房
柱径φ210
础径φ300
柱径φ180
础径φ210
±0.000
(三合土铺地)
房
(陪屋)
柱径φ180
础径φ210
柱径φ180
础径φ210
柱径φ180
础径φ210
柱径φ180
础方 210
(木板铺地)房
房
(木板铺地)
(素土铺地)
柱径φ150
础径φ180
柱径φ150
础方 220
柱径φ150
础径φ270
−0.180
330
860
2630
1870
1870
1050
2775
330
11715
650 2050 660 870 770 1200 770 870 660 2050 2900 480
13930
A B C D E F G
1 2 3 4 5 6 7 8 9

下徐村景星庆云一层平面图

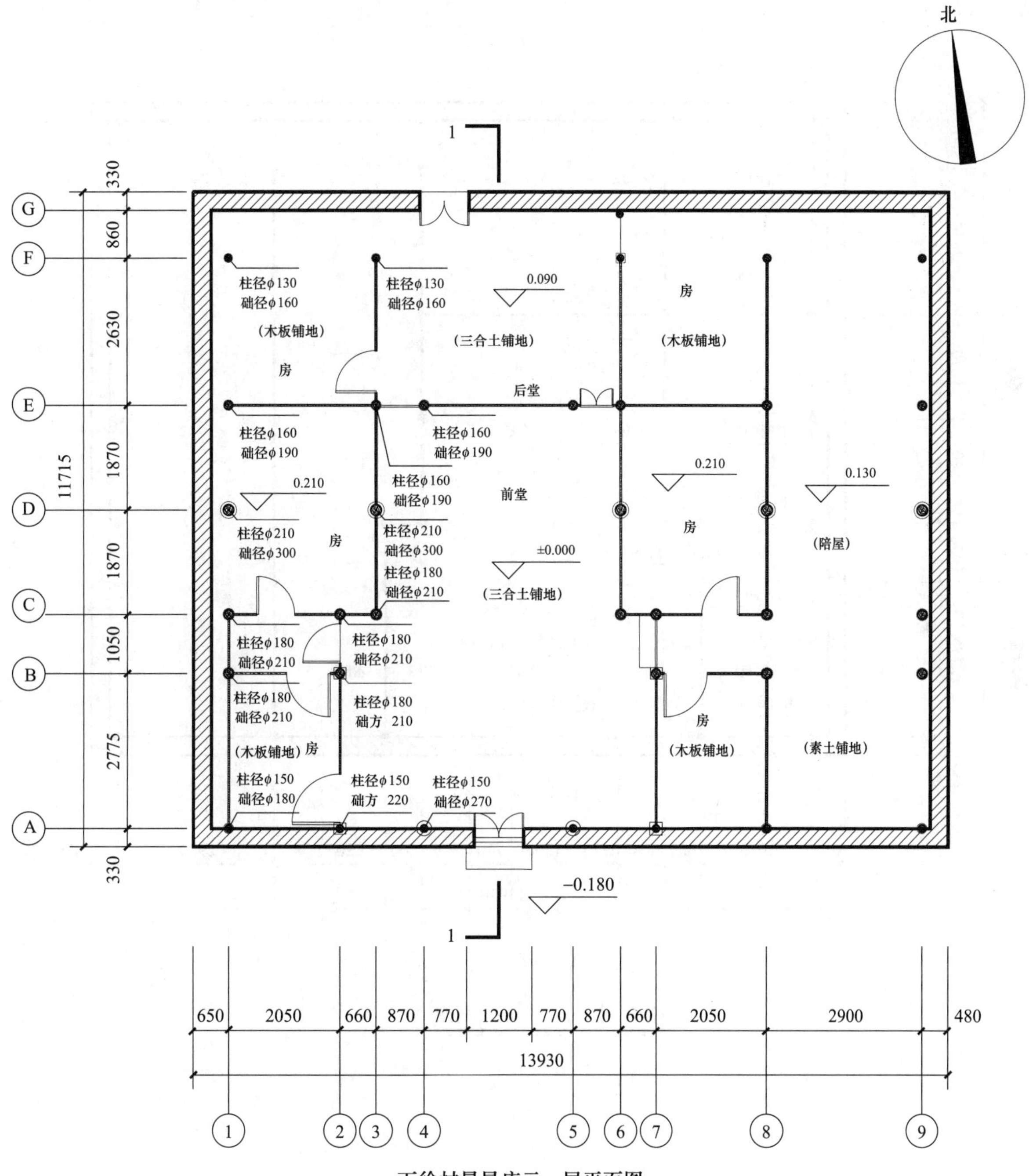

330
G
860
F
2630
E
11715
1870
D
1870
C
1050
B
2775
A
330

柱径φ130
柱径φ130
3.590
（木楼板）
柱径φ160
柱径φ160
柱径φ160
3.590
（木楼板）
柱径φ210
柱径φ210
柱径φ180
柱径φ180
柱径φ180
柱径φ180
（木楼板）
（木楼板）
柱径φ150
柱径φ150
柱径φ150
650
2050
660
870
770
1200
770
870
660
2050
2900
480
13930
1
2
3
4
5
6
7
8
9

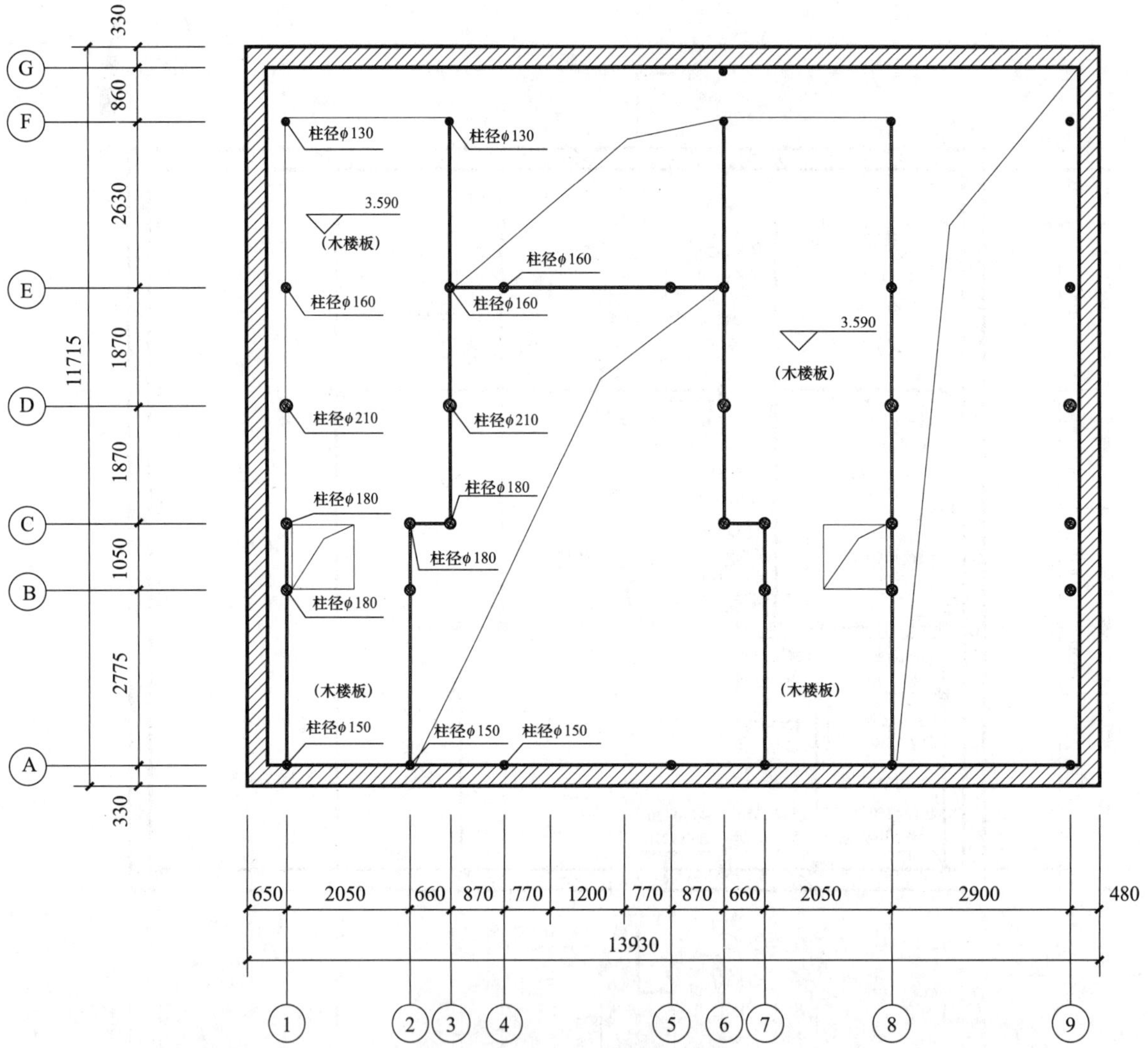

下徐村景星庆云二层平面图

北

330
G
860
F
2630
E
11715
1870
D
1870
C
1050
B
2775
A
330
650
2050
660
870
770
1200
770
870
660
2050
2900
480
13930
1
2
3
4
5
6
7
8
9

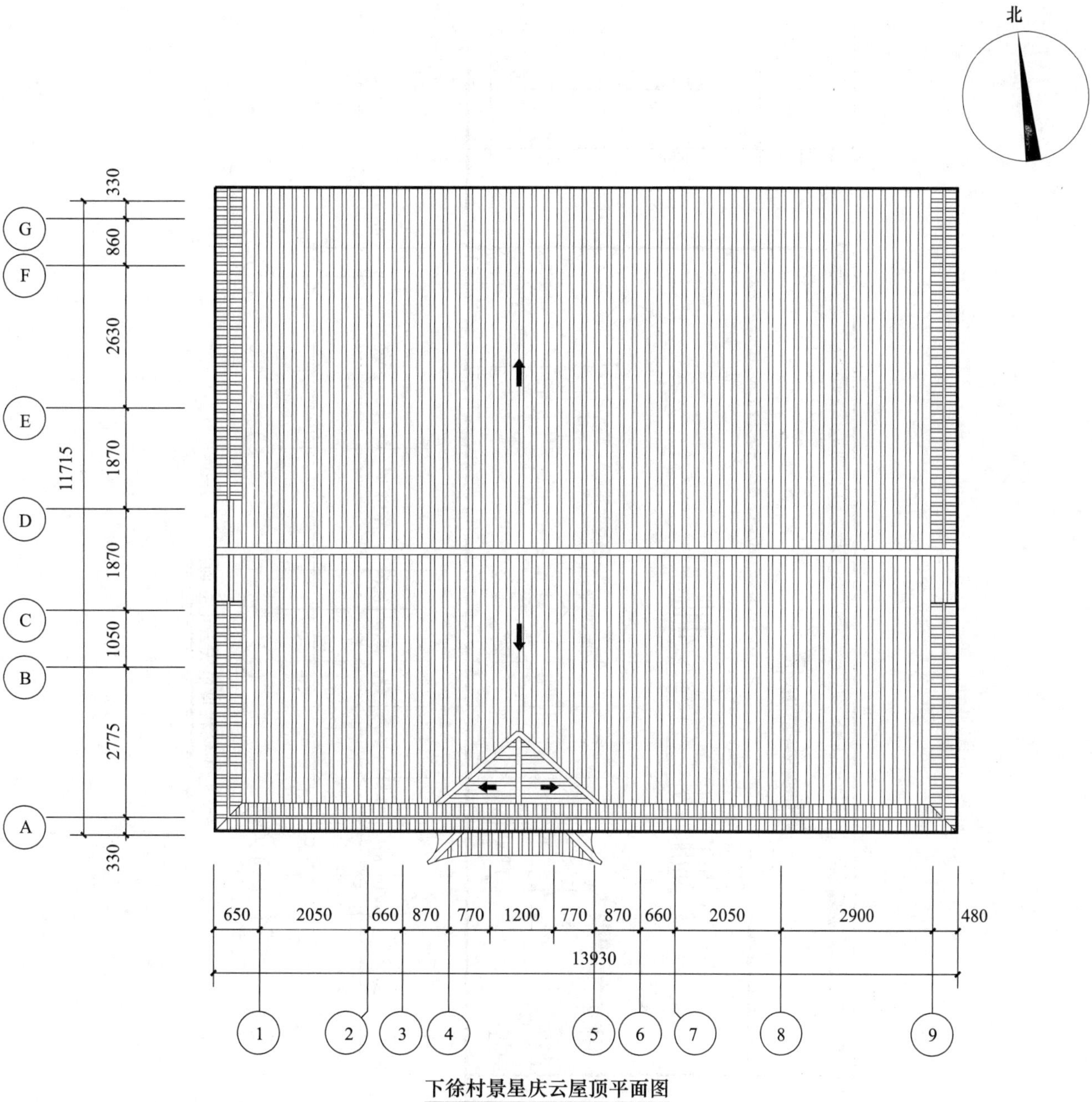

下徐村景星庆云屋顶平面图

正脊最高点 6.730
排水孔 4.800
门梁 2.900
门洞 2.250
门槛 0.200
室外地坪 -0.180
1930
1900
650
2050
380
6910
730
700
红砖填补
1000
800
石灰抹面
2650
1950
6.730 正脊最高点
4.800 排水孔
2.150 门洞
0.200 门槛
-0.180 室外地坪
650
2050
660
870
770
1200
770
870
660
2050
2900
480
13930
1
2
3
4
5
6
7
8
9
下徐村景星庆云正立面图

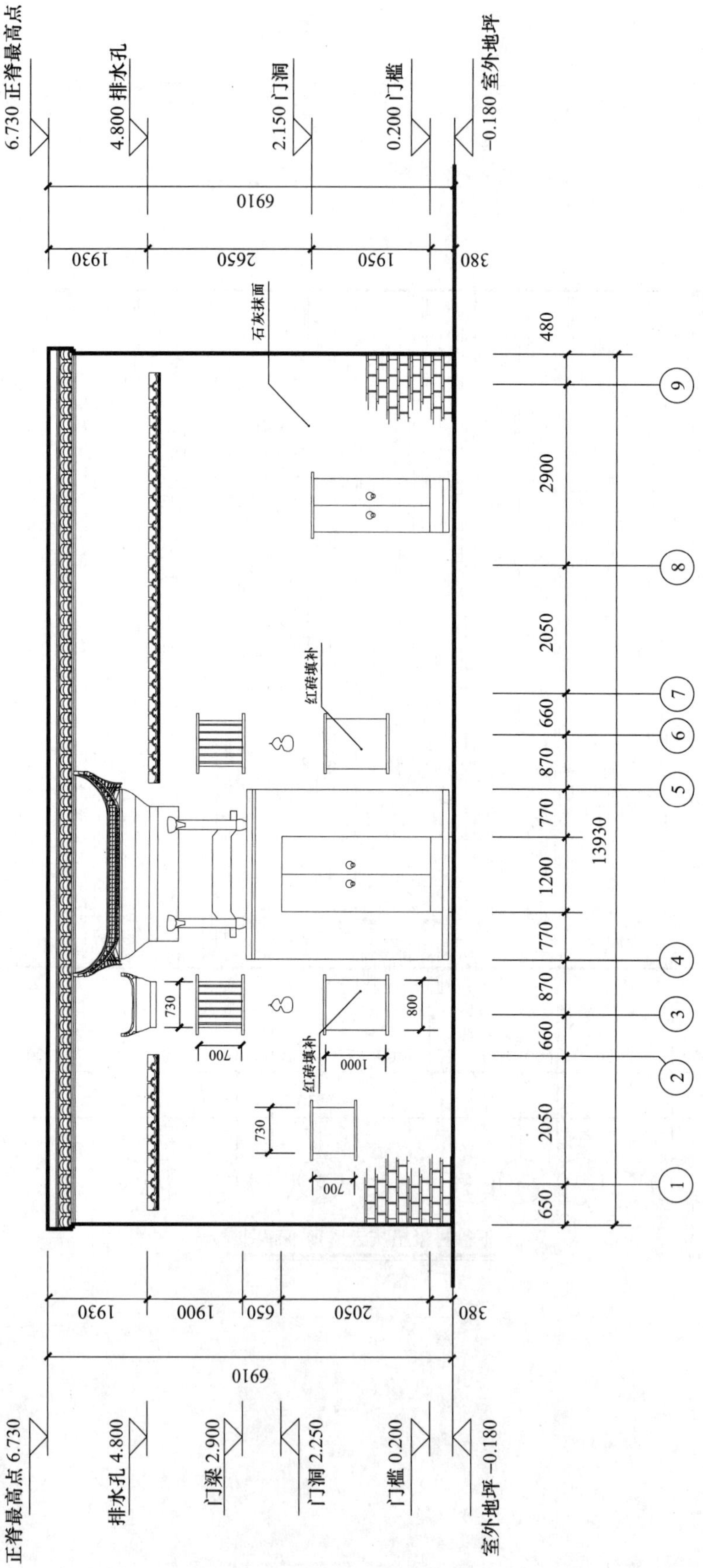

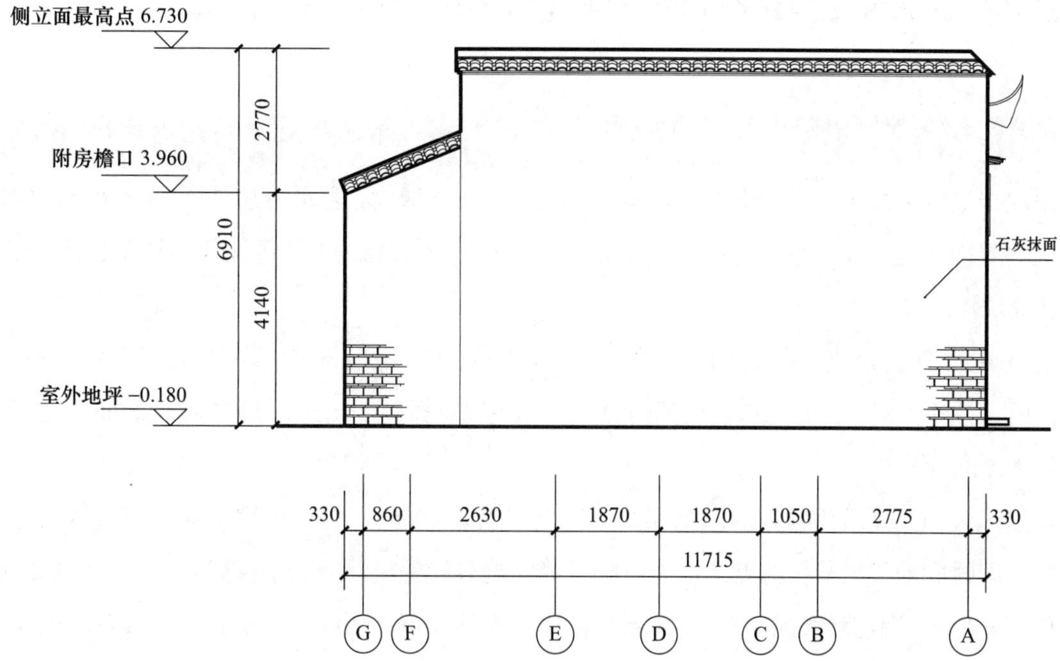
侧立面最高点 6.730
附房檐口 3.960
室外地坪 −0.180
2770
6910
4140
石灰抹面
330
860
2630
1870
1870
1050
2775
330
11715
G
F
E
D
C
B
A

下徐村景星庆云侧立面图

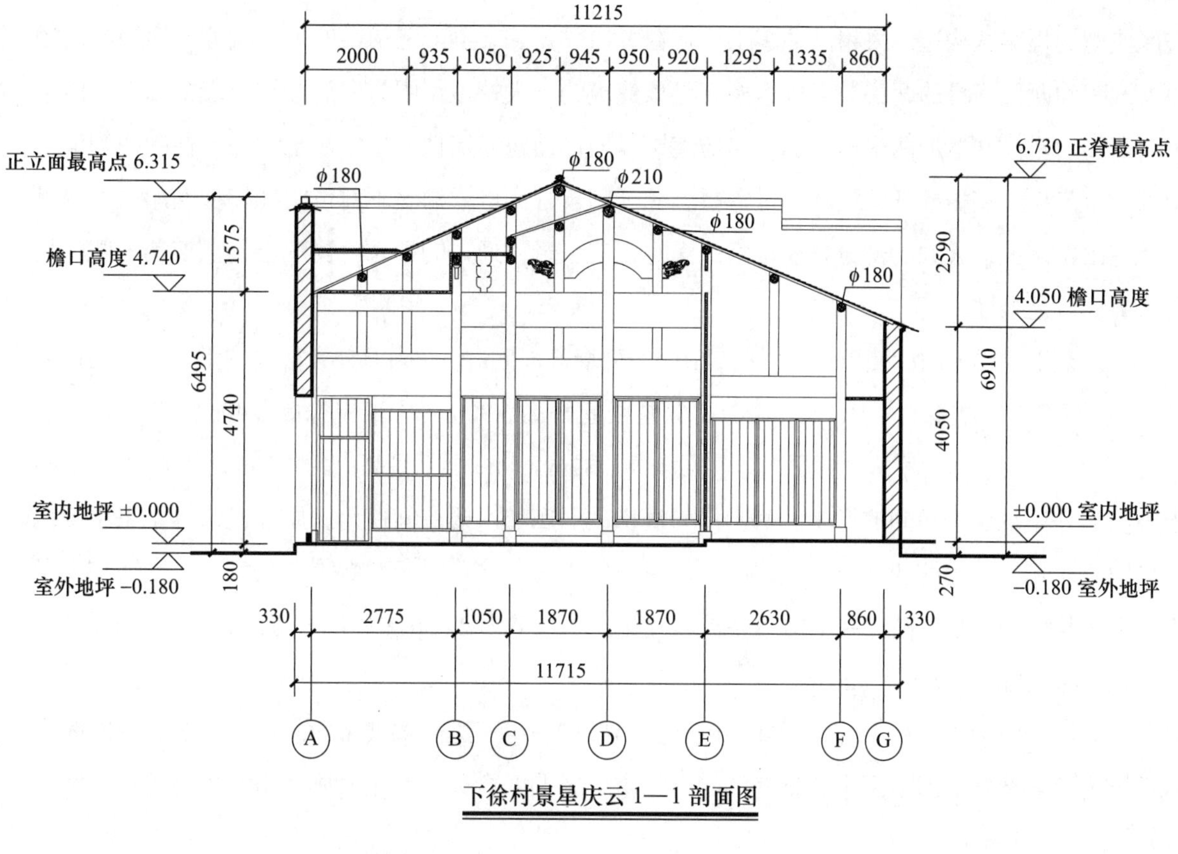
11215
2000
935
1050
925
945
950
920
1295
1335
860
正立面最高点 6.315
檐口高度 4.740
室内地坪 ±0.000
室外地坪 −0.180
1575
6495
4740
180
ϕ180
ϕ180
ϕ210
ϕ180
ϕ180
6.730 正脊最高点
4.050 檐口高度
±0.000 室内地坪
−0.180 室外地坪
2590
6910
4050
270
330
2775
1050
1870
1870
2630
860
330
11715
A
B
C
D
E
F
G

下徐村景星庆云 1—1 剖面图

景德镇市乐平市塔前镇下徐村徐八妹宅

徐八妹宅位于景德镇市乐平市塔前镇下徐村，始建于清代。目前房屋处于空置状态，保护状况堪忧。屋面多处漏水，导致木构架大量腐朽。梁柱结构失稳，天井周边靠后期加建木桩支撑，楼板多处坍塌。

建筑平面形制为典型的三进两天井形式，中轴布局，中轴线上依次布局下堂（门厅）、前天井、中堂、后天井和上堂。砖木结构，局部两层。主体建筑总面阔 11.86m，总进深 18.89m。建筑总占地面积 224.04m^2。

该建筑入口采用较为常见的门罩形式，在大门上方 40cm 左右处用挑手木从墙面伸出，上架小披檐，同时向前伸出一个跨度加以垂花柱，侧面雕有精美浅浮雕的小月梁与穿枋，但檐角起翘的翼角部分损坏，取而代之的是简易的屋盖。除了檐下和正立面施以石灰粉墙，其余部位均采用青砖砌筑的清水外墙。山墙形式为“一”字形墙与“人”字形组合形式，建筑正立面为“一”字形，背立面为坡屋顶。

江西地区民居的结构形式主要为穿斗式，祠堂和官厅采用插梁和穿斗组合式。其中堂开间采用五柱、九檩形式，构架制作简洁，为典型的草架翻脊做法，用料较小。上堂为二层，其梁架为官厅典型的插梁式构造，采用减柱造手法，在关口梁置三架梁，三架梁的另一端插入增设的后檐柱上，明间两侧增设的两榀插梁式木构架是该建筑的一大特色。中堂在后金柱上设太师壁，用于分隔开前后堂，并增加两根勇柱加以穿枋连接以增加结构稳定性。中堂和上堂的檐柱向两侧偏半个到一个步架，使檐柱开间尺寸超过堂屋金柱开间尺寸，形成檐金不对位的独特柱网形式，其目的是空出正房面向天井的部分开窗位置，满足正房采光、通风的需求，窗户上施以精美木雕，具有装饰性与艺术性。

该建筑下堂作为门厅使用，屋脊高 5.10m，外墙高 5.98m；作为对外会客的中堂，厅堂面积为 22.98m^2（面阔 × 进深：4.71m×4.88m）。假屋面屋脊高 5.90m、屋顶屋脊高 6.40m；第三进上堂作为生活起居的空间使用，共两层，第一层净高 3.82m、第二层至最高点为 3.30m、屋脊高 7.67m。上下房为卧室；由于房间的增多，两厢作为楼梯、通廊和次要空间使用。屋面檐口排水采用传统的自由落水形式，为解决雨水飞溅问题，保持正堂干燥，建筑内天井做得比较浅窄，同时加大了正堂出挑与出檐尺寸。前天井空间明显较为开阔，净尺寸为 2.75m×1.07m；后天井空间明显小于前天井，净尺寸为 1.70m×0.51m。

建筑第一进为单坡屋顶，向天井内倾斜。第二进、第三进为双坡屋面，前后两进天井的厢房屋顶皆为单坡屋面，形成两个完整的“四水归堂”式的四合天井。屋面施以小青瓦覆盖，正脊采用清水脊，第二、三进正脊采用小青瓦竖向累叠的形式，第三进正脊中部再次叠砌两层，两端略微翘起似燕尾。建筑背立面出檐采用三匹砖叠涩的形式做成小檐口向外排水。正堂的出檐则依靠挑手木来支承檩条，由于其建造年代大致在清代中期，因此在正堂处加大了出檐尺寸，尺寸达到1.10m。同时由于檐柱加大了跨度，压缩了两厢的进深，因此在第二进的厢房处架设楼梯，以便居住者与使用者能够通向第三进局部二楼与东侧阁楼。

建筑内部木雕大多采用向日葵、莲花等祥瑞植物，使用浅浮雕手法施于天井四周。其余部位无过多装饰，雕刻相对简洁，门窗隔扇花纹较为丰富，雕刻主题内容变化多样，采用斜万字、正四方和回字纹等木雕样式。

该建筑格局完整，采用插梁式结构，构造独特。其具有一定历史文化价值，是乐平地区传统民居的典型代表。

北
房
(木板铺地)
上堂
(三合土铺地)
±0.000
厢房
天井（条石铺地）
-0.300
正房
(木板铺地)
0.210
中堂
(三合土铺地)
±0.000
天井
(条石铺地)
-0.310
下堂（前厅）
下房
(木板铺地)
-0.150
11860

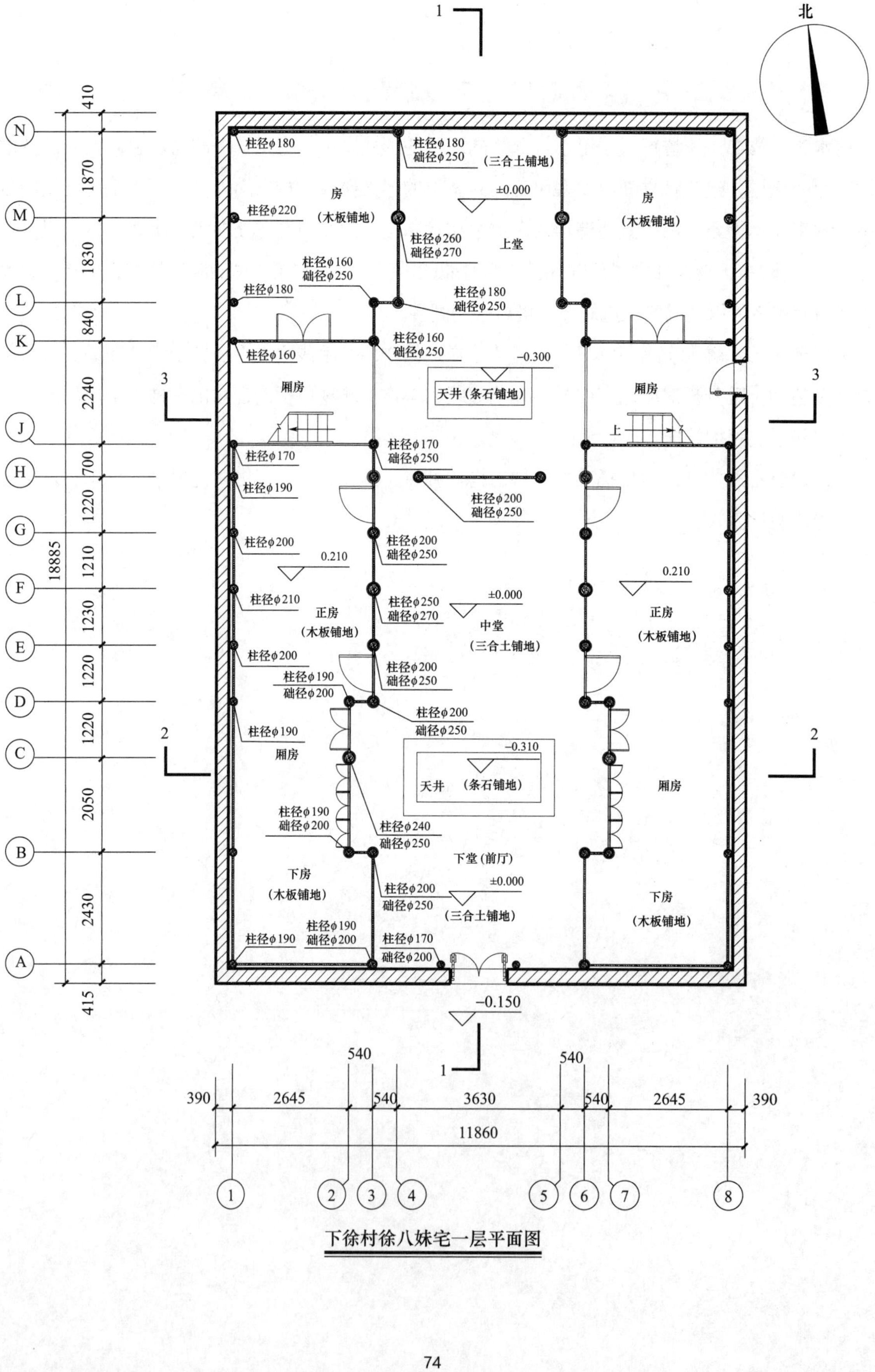

下徐村徐八妹宅一层平面图

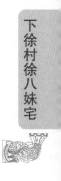

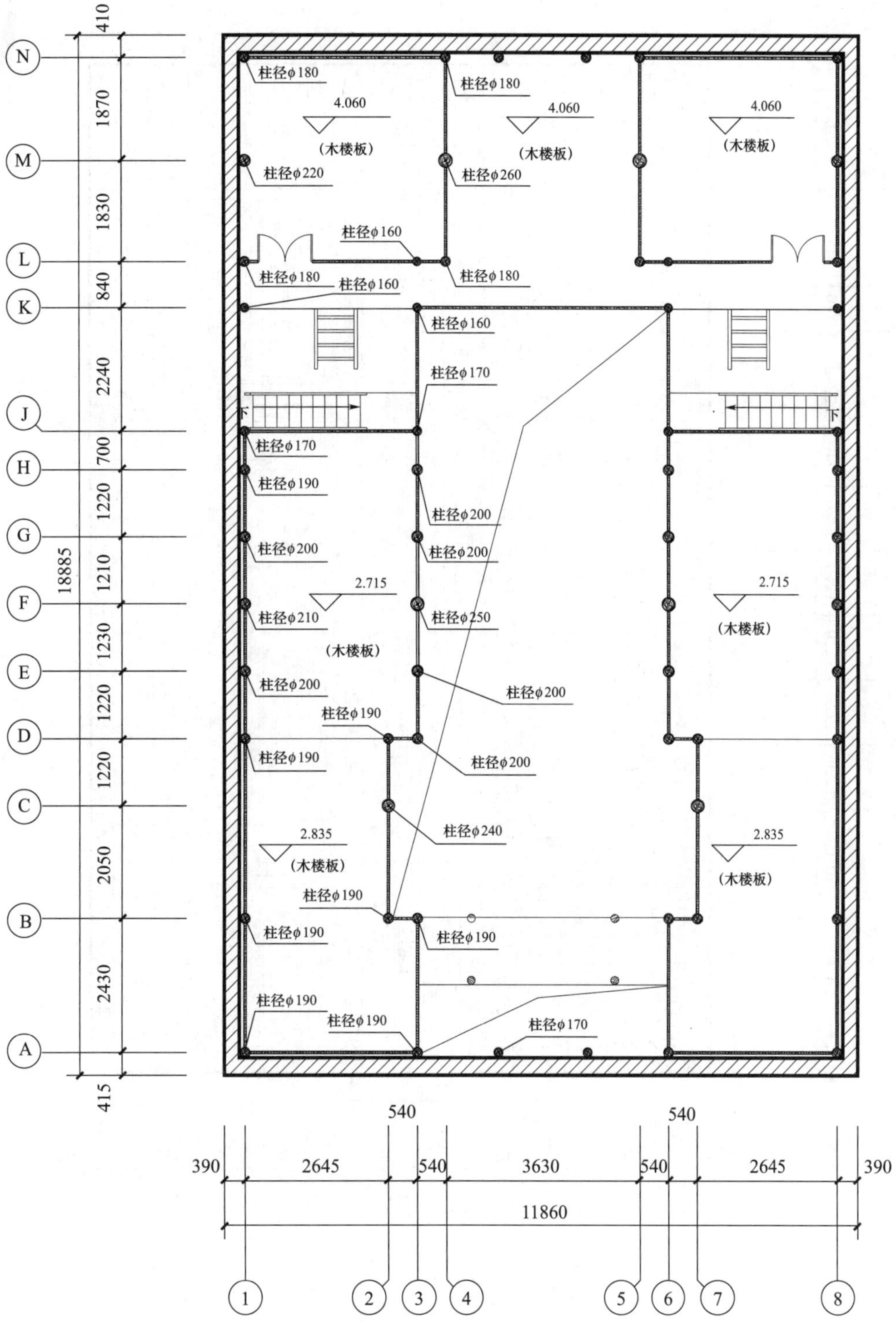
柱径φ180
柱径φ220
柱径φ260
柱径φ160
柱径φ170
柱径φ190
柱径φ200
柱径φ210
柱径φ250
柱径φ240
4.060
(木楼板)
2.715
2.835
下
N
M
L
K
J
H
G
F
E
D
C
B
A
410
1870
1830
840
2240
700
1220
1210
1230
2050
2430
415
18885
390
2645
540
3630
11860
1
2
3
4
5
6
7
8

下徐村徐八妹宅二层平面图

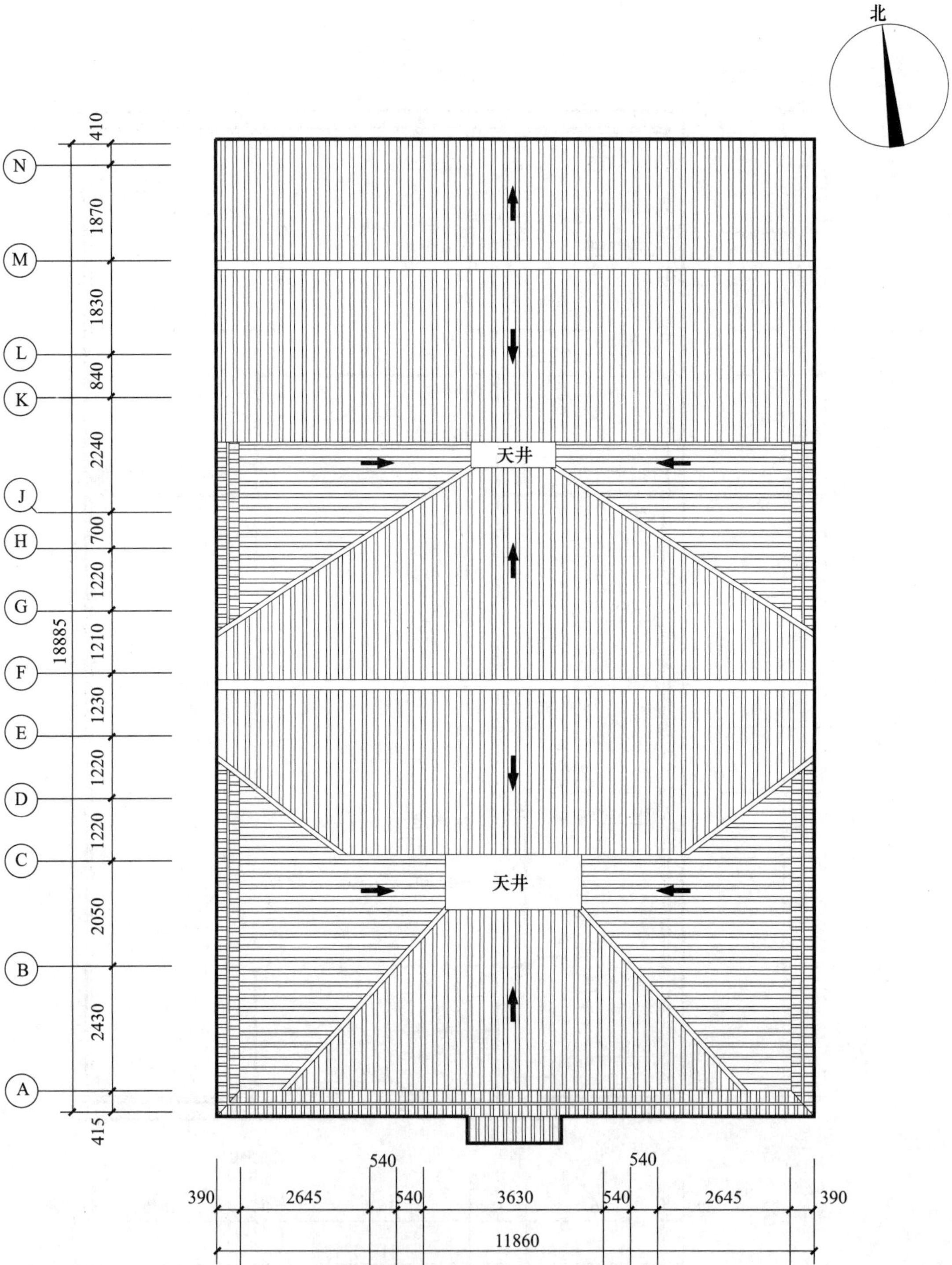
北
N
M
L
K
J
H
G
F
E
D
C
B
A
410
1870
1830
840
2240
700
1220
1210
1230
1220
1220
2050
2430
415
18885
天井
天井
540
540
390
2645
540
3630
540
2645
390
11860
1
2
3
4
5
6
7
8

下徐村徐八妹宅屋顶平面图

粉墙
部分脱落
390
2645
540
540
3630
11860
540
540
2645
390
1
2
3
4
5
6
7
8
3280
2860
6140
墙体最高点 5.990
门梁上沿 2.710
室外地坪 -0.150

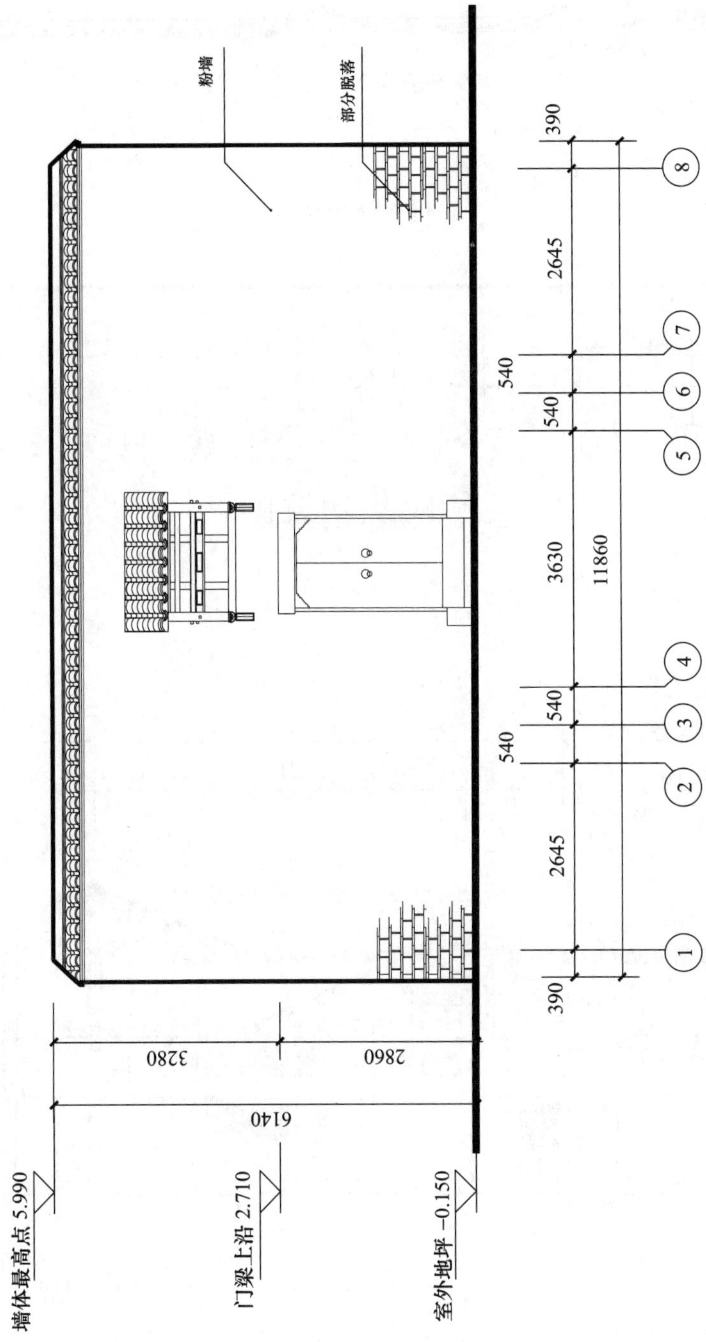

下徐村徐八妹宅正立面图

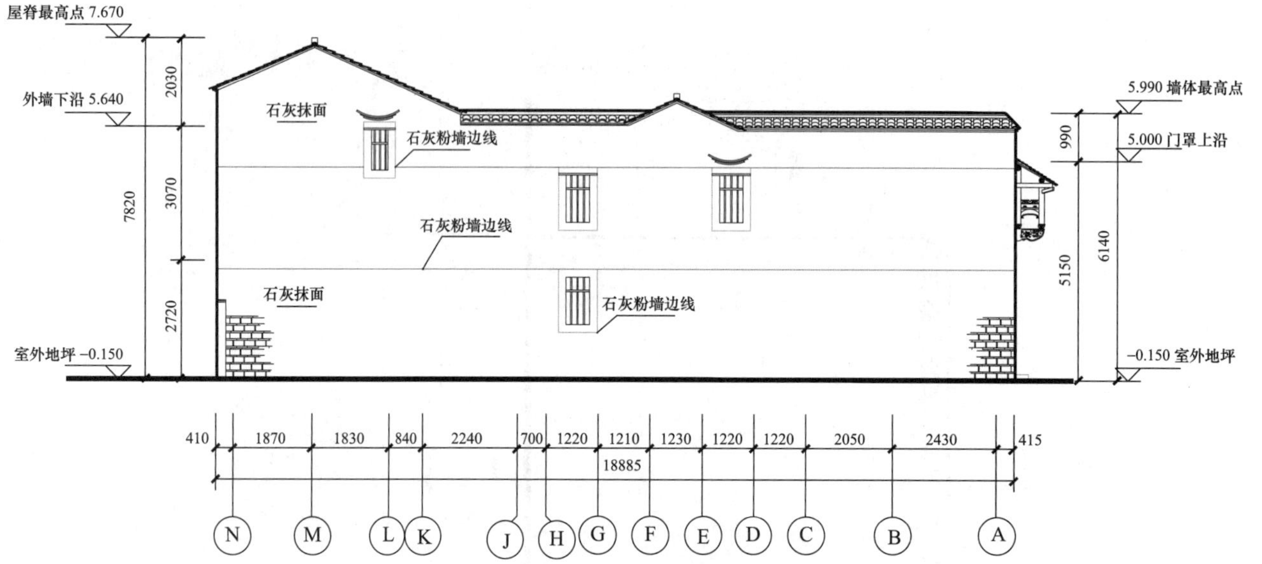

屋脊最高点 7.670

外墙下沿 5.640

5.990 墙体最高点

5.000 门罩上沿

石灰抹面

石灰粉墙边线

石灰粉墙边线

石灰抹面

石灰粉墙边线

室外地坪 −0.150

−0.150 室外地坪

2030

3070

2720

7820

990

5150

6140

410 1870 1830 840 2240 700 1220 1210 1230 1220 1220 2050 2430 415

18885

N M L K J H G F E D C B A

下徐村徐八妹宅侧立面图

2430
1190 1240

6770
1220 1210 610 595 585 630 615 605 700

4540
840 895 920 950 935

墙体最高点 5.990

7.670 屋脊最高点

6.460 檐口

3.860 二层楼板

室内地坪 ±0.000

室外地坪 −0.150

±0.000 室内地坪

−0.150 室外地坪

6140

5990

150

1210

2600

3860

7820

150

−0.310

−0.300

415 2430 2050 1220 1220 1230 1210 1220 700 2240 840 1830 1870 410

18885

A B C D E F G H J K L M N

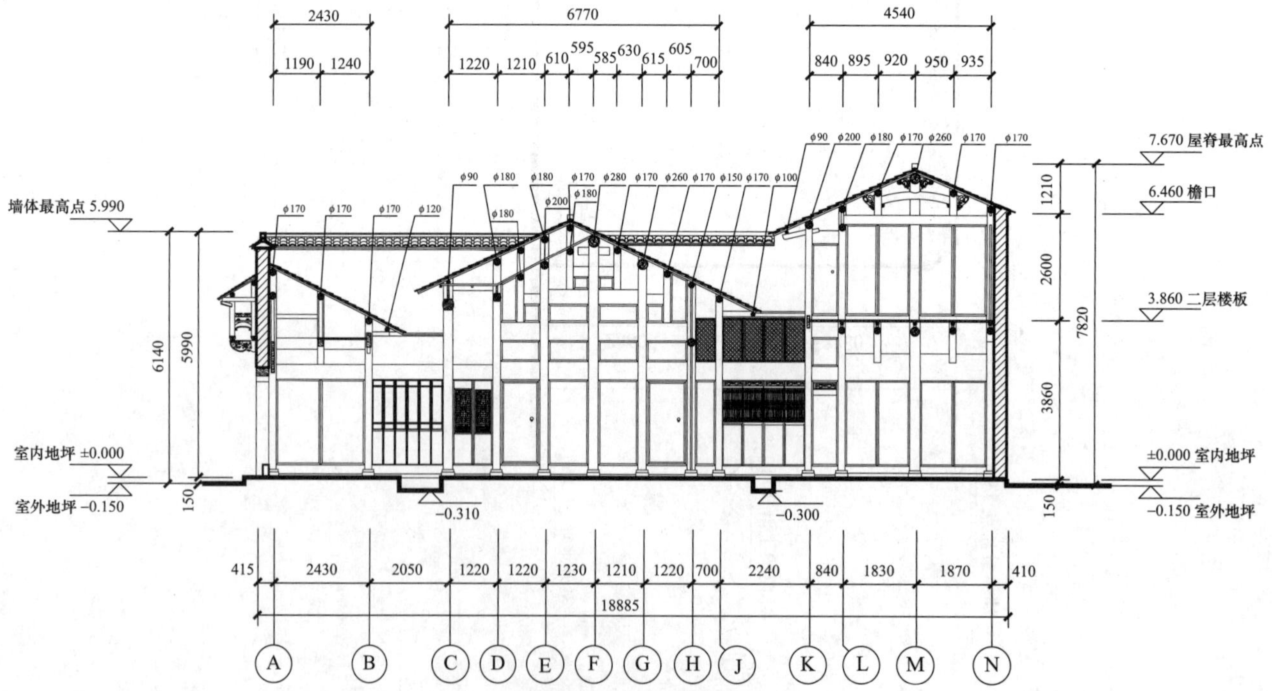

下徐村徐八妹宅 1—1 剖面图

下徐村徐八妹宅

11080
905
810
930
540
1005
2700
1005
540
930
810
905
屋脊最高点 6.560
φ190
φ180
φ240
φ240
φ180
φ190
3845
6710
二层厢房楼板 2.715
2715
室内地坪 ±0.000
室外地坪 −0.150
150
−0.310
540
540
390
2645
540
3630
540
2645
390
11860
1
2
3
4
5
6
7
8

下徐村徐八妹宅 2—2 剖面图

4265
4265
1005
1010
1090
540
620
620
540
1090
1010
1005
屋脊最高点 7.670
φ140
φ140
φ130
φ130
φ140
1405
400
3030
7820
二层厢房楼板 2.835
2835
室内地坪 ±0.000
室外地坪 −0.150
150
−0.300
540
540
390
2645
540
3630
540
2645
390
11860
1
2
3
4
5
6
7
8

下徐村徐八妹宅 3—3 剖面图

下徐村徐八妹宅

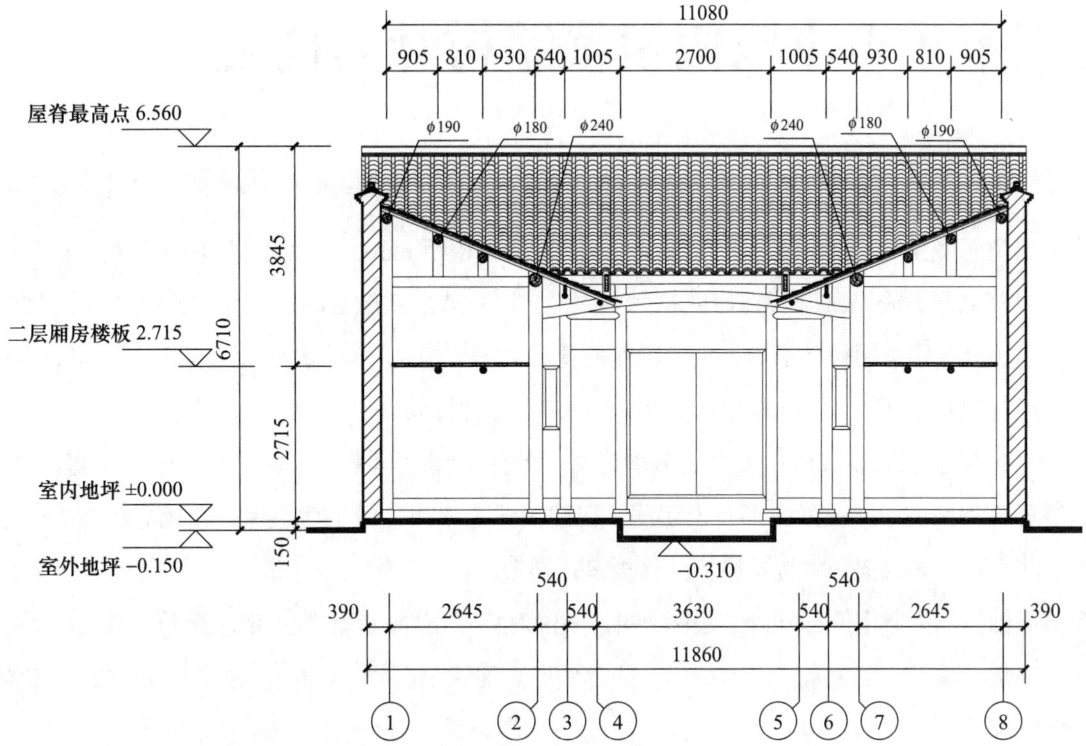

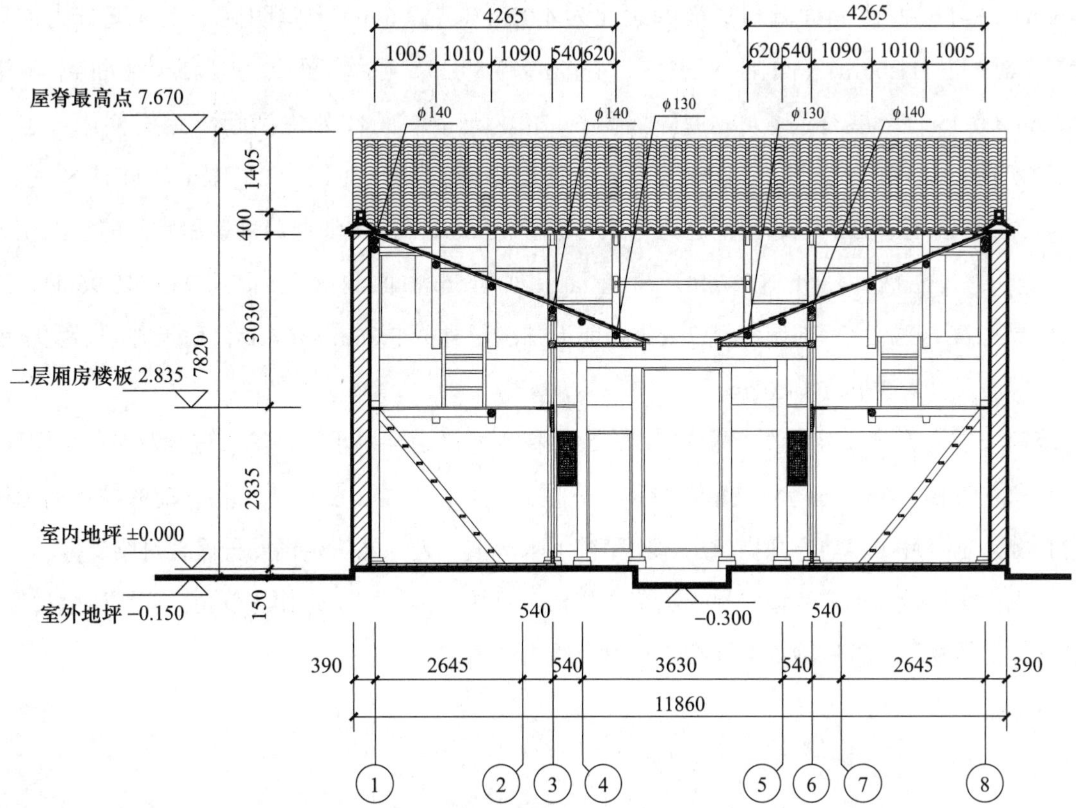

景德镇市乐平市双田镇横路村叶为树宅

横路村位于双田镇，距乐平城区 20km，与田里蔡家相距 8km，于 2013 年 8 月被列入第二批中国传统村落名录。族谱载叶氏在唐乾符六年（879 年）从徽州歙县梅林叶河村迁此立足，初名“横溪”，后因处“饶徽通衢”道上，清康熙年间便易名为“横路”。千余年来，横路一直为叶姓一脉世居，现有 1700 余户，计 7200 余人，为乐平市第二大村落。

叶为树宅位于景德镇市乐平市双田镇横路村，始建于清代早期。目前房屋处于半空置状态，仅第二进局部房间使用。虽然内部有人起居，但建筑建造年代久远，房屋保护状况堪忧。第一进屋面存在漏水点，导致部分木构架腐朽、楼板多处损毁。

建筑平面形制为典型的三开间三进两天井，中轴对称式布局，中轴线上依次布局下堂（门厅）、前天井、中堂、后天井、上堂。砖木结构，局部两层。建筑总面阔 15.66m，总进深 17.92m，占地面积 280.81m^2。

下堂作为门厅使用，面积为 7.53m^2（面阔 × 进深：4.65m×1.62m），明间面阔与通面阔之比为 4.65m ∶ 15.66m，屋脊高 5.79m，外墙高 6.30m。中堂明间总面积为 16.04m^2（面阔 × 进深：4.65m×3.45m），明间面阔与通面阔之比为 4.65m ∶ 15.66m。中堂明间由太师壁分为前后堂，前堂面积为 11.63m^2（面阔 × 进深：4.65m×2.50m）；后堂面积为 4.42m^2（面阔 × 进深：4.65m×0.95m）；屋脊高 6.49m，外墙高 6.17m。上堂明间作为生活起居空间使用，也是目前该建筑唯一使用的空间，它兼顾了老人生活的所有活动，面积为 23.36m^2（面阔 × 进深：4.95m×4.72m），明间面阔与通面阔之比为 4.95m ∶ 15.66m，由太师壁分为前后堂，前堂面积为 18.61m^2（面阔 × 进深：4.95m×3.76m），后堂面积为 4.75m^2（面阔 × 进深：4.95m×0.96m）。建筑内部假屋面高 6.02m、顶部屋脊高 7.15m。前天井净尺寸为 3.06m×0.71m；后天井明显宽于前天井，天井净尺寸为 3.06m×1.07m。

建筑第一进为单坡草架屋顶，两柱、一骑、四檩，檐口由斗拱承重；第二进为双坡草架屋顶，五柱、三骑、九檩；第三进为双坡草架屋顶，五柱、三骑、九檩，三穿为月枋。前檐柱和前金柱间设置轩廊，下有月枋。前天井檐口由斗拱和挑手木承重，天井厢房走檐部分设置月梁支撑。

建筑内部装饰较为丰富，集中见于窗扇、穿枋、月枋、挑手木、走檐等部位，主题围绕凤凰、卷草等吉祥动植物，上堂栋梁中部底端刻有鎏金动物纹样。

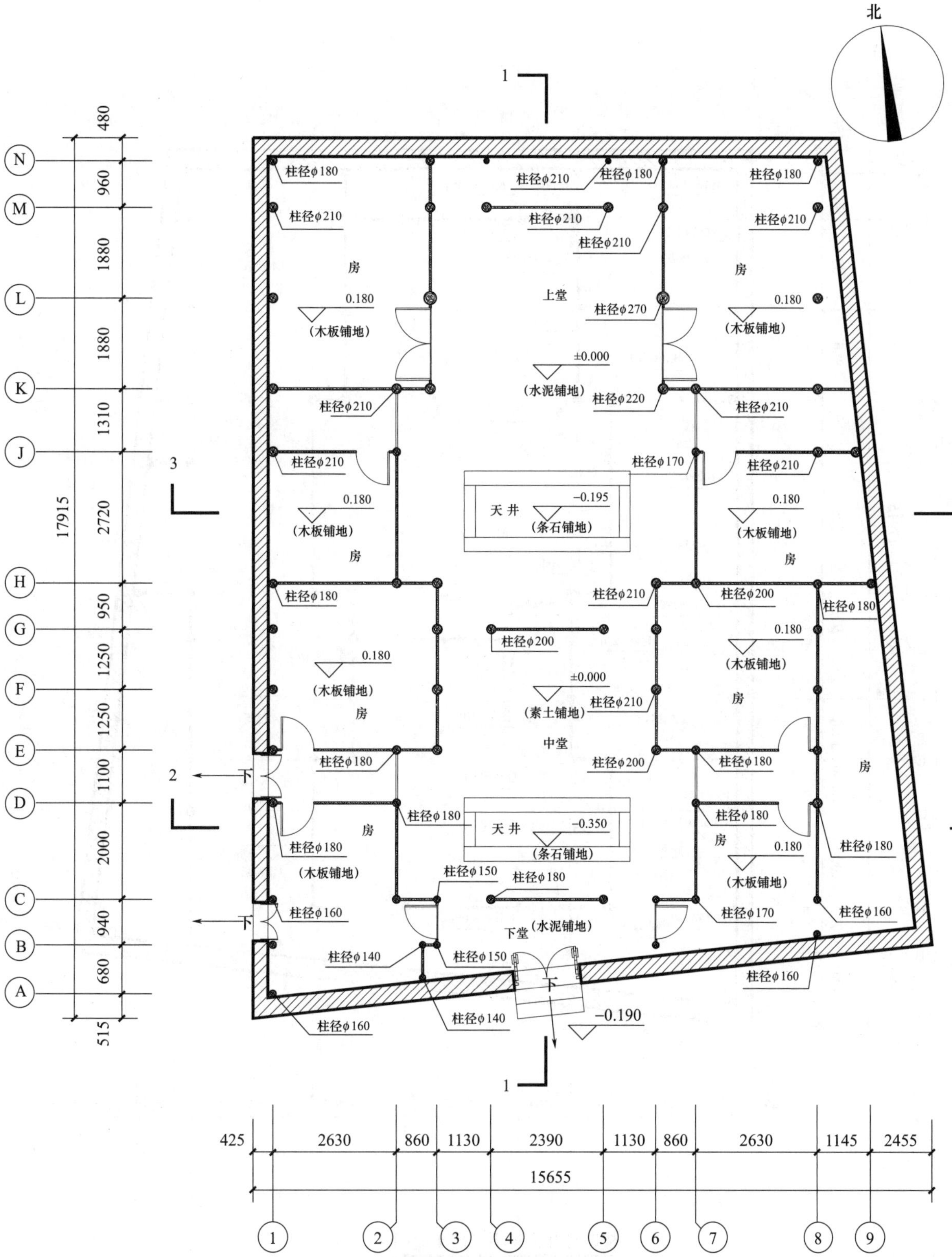

北
上堂
±0.000
(水泥铺地)
天井
-0.195
(条石铺地)
中堂
±0.000
(素土铺地)
天井
-0.350
(条石铺地)
下堂
(水泥铺地)
-0.190
房
0.180
(木板铺地)
柱径φ180
柱径φ210
柱径φ270
柱径φ220
柱径φ170
柱径φ200
柱径φ160
柱径φ150
柱径φ140
下
17915
15655
480
960
1880
1880
1310
2720
950
1250
1250
1100
2000
940
680
515
425
2630
860
1130
2390
1130
860
2630
1145
2455
A
B
C
D
E
F
G
H
J
K
L
M
N
1
2
3
4
5
6
7
8
9

横路村叶为树宅一层平面图

N
M
L
K
J
H
G
F
E
D
C
B
A
480
960
1880
1880
1310
2720
950
1250
1250
1100
2000
940
680
515
17915
柱径φ180
柱径φ180
柱径φ120
上空
柱径φ210
柱径φ210
柱径φ210
（木楼板）
（木楼板）
柱径φ270
上空
柱径φ210
柱径φ220
上空
上空
柱径φ210
柱径φ170
（木楼板）
（木楼板）
柱径φ200
柱径φ180
柱径φ210
柱径φ210
柱径φ200
上空
3.340
（木楼板）
柱径φ210
3.090
（木楼板）
上空
柱径φ200
柱径φ180
柱径φ180
2.890
（木楼板）
2.890
（木楼板）
柱径φ160
柱径φ170
柱径φ180
柱径φ150
柱径φ160
柱径φ140
425
2630
860
1130
2390
1130
860
2630
1145
2455
15655
1
2
3
4
5
6
7
8
9

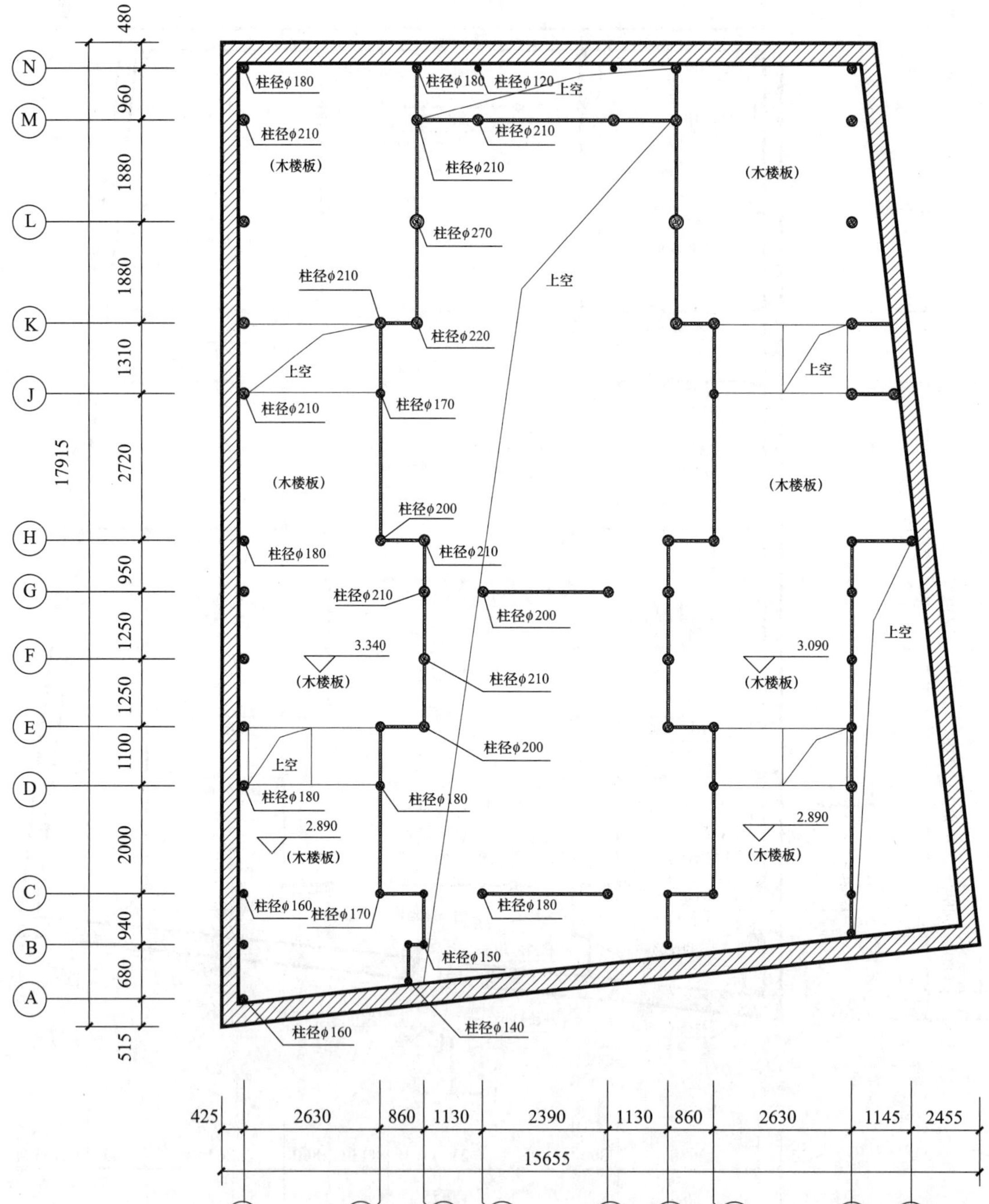

横路村叶为树宅二层平面图

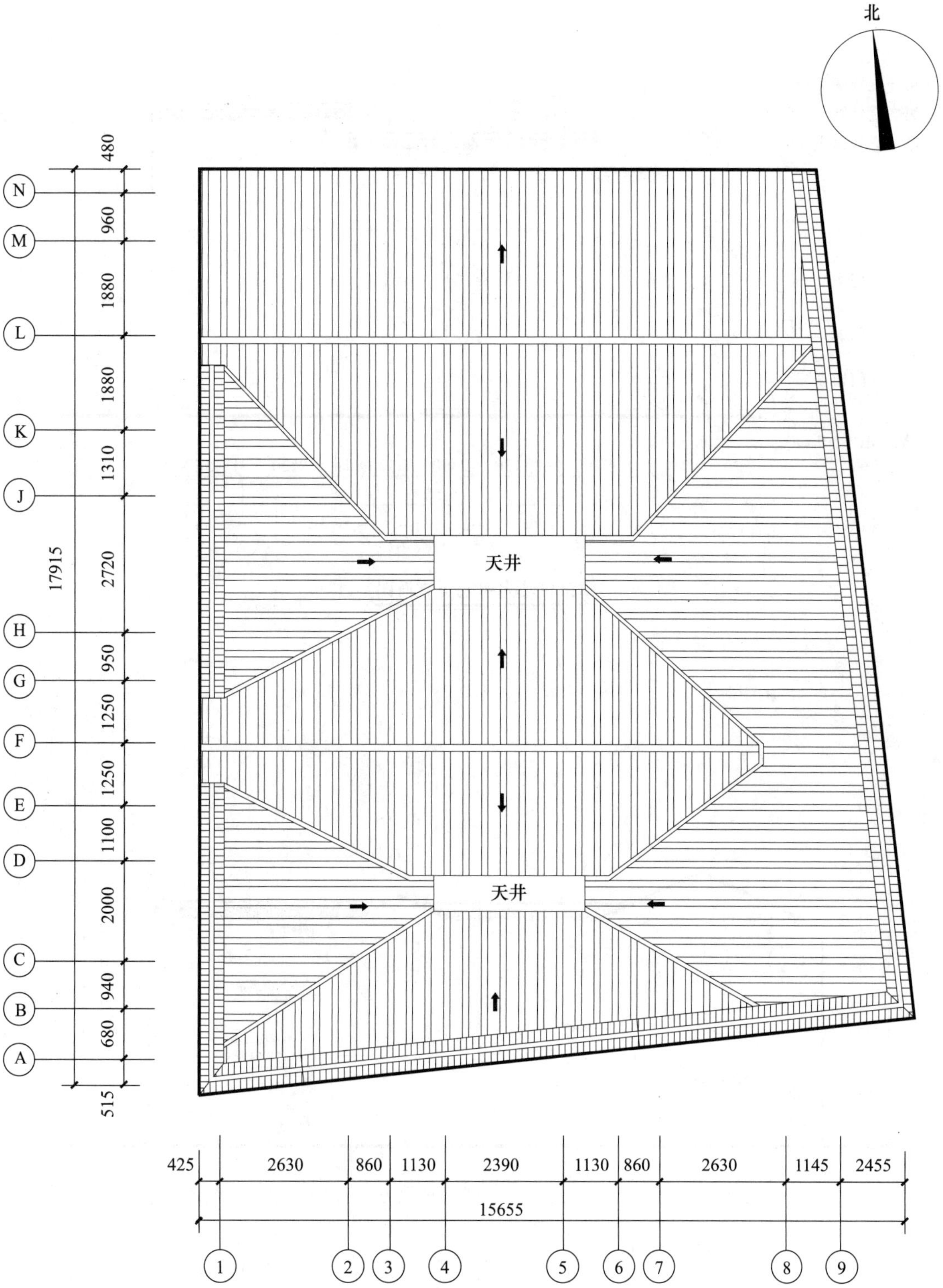
北
N
M
L
K
J
H
G
F
E
D
C
B
A
480
960
1880
1880
1310
2720
950
1250
1250
1100
2000
940
680
515
17915
天井
天井
425
2630
860
1130
2390
1130
860
2630
1145
2455
15655
1
2
3
4
5
6
7
8
9

横路村叶为树宅屋顶平面图

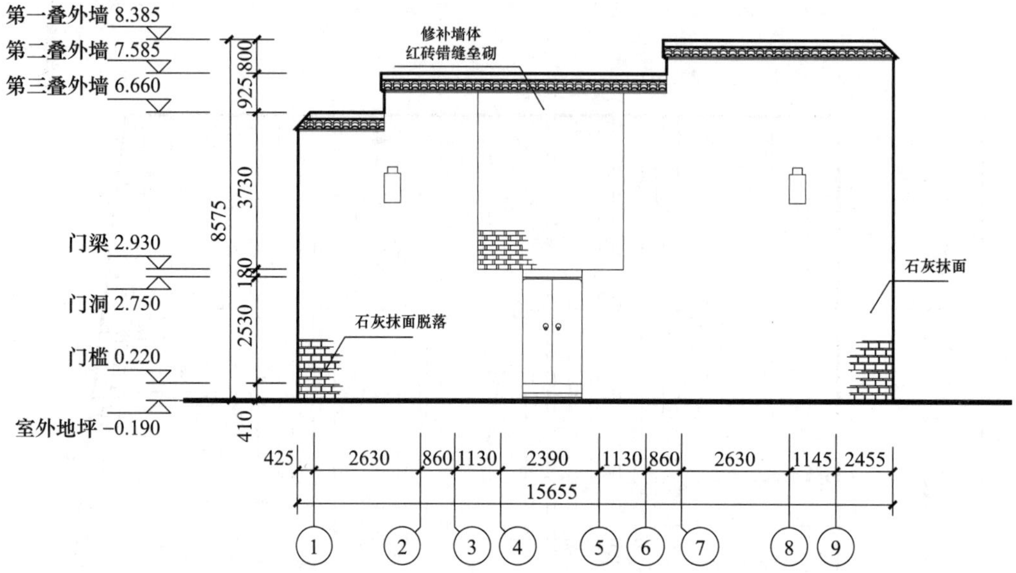
第一叠外墙 8.385
第二叠外墙 7.585
第三叠外墙 6.660
门梁 2.930
门洞 2.750
门槛 0.220
室外地坪 -0.190
8575
925
800
3730
180
2530
410
修补墙体
红砖错缝垒砌
石灰抹面
石灰抹面脱落
425
2630
860
1130
2390
1130
860
2630
1145
2455
15655
1
2
3
4
5
6
7
8
9

横路村叶为树宅正立面图

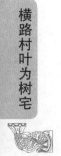

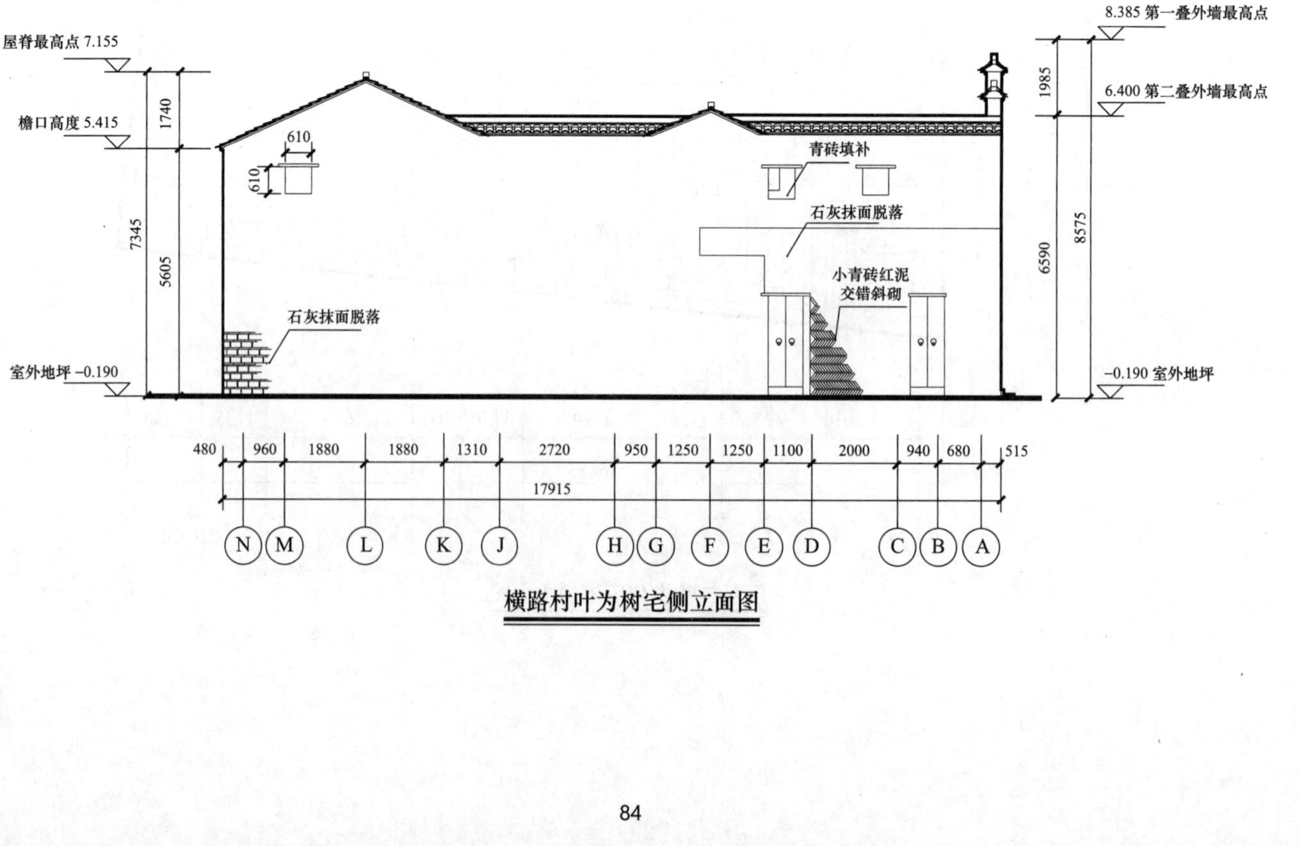
屋脊最高点 7.155
檐口高度 5.415
室外地坪 -0.190
1740
7345
5605
610
610
石灰抹面脱落
青砖填补
石灰抹面脱落
小青砖红泥
交错斜砌
8.385 第一叠外墙最高点
6.400 第二叠外墙最高点
-0.190 室外地坪
1985
6590
8575
480
960
1880
1880
1310
2720
950
1250
1250
1100
2000
940
680
515
17915
N
M
L
K
J
H
G
F
E
D
C
B
A

横路村叶为树宅侧立面图

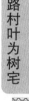
2210
475
470
470
795
6000
495
1100
1250
1250
950
955
6725
695
655
655
930
950
960
920
960
外墙最高点 7.135
7.135 屋脊最高点
5.585 檐口高度
大门上沿 2.930
室内地坪 ±0.000
±0.000 室内地坪
室外地坪 −0.190
−0.190 室外地坪
−0.350
−0.195
4205
7325
2930
190
1550
5585
480
680
940
2000
2720
1310
1880
17400
A
B
C
D
E
F
G
H
J
K
L
M
N

横路村叶为树宅1—1剖面图

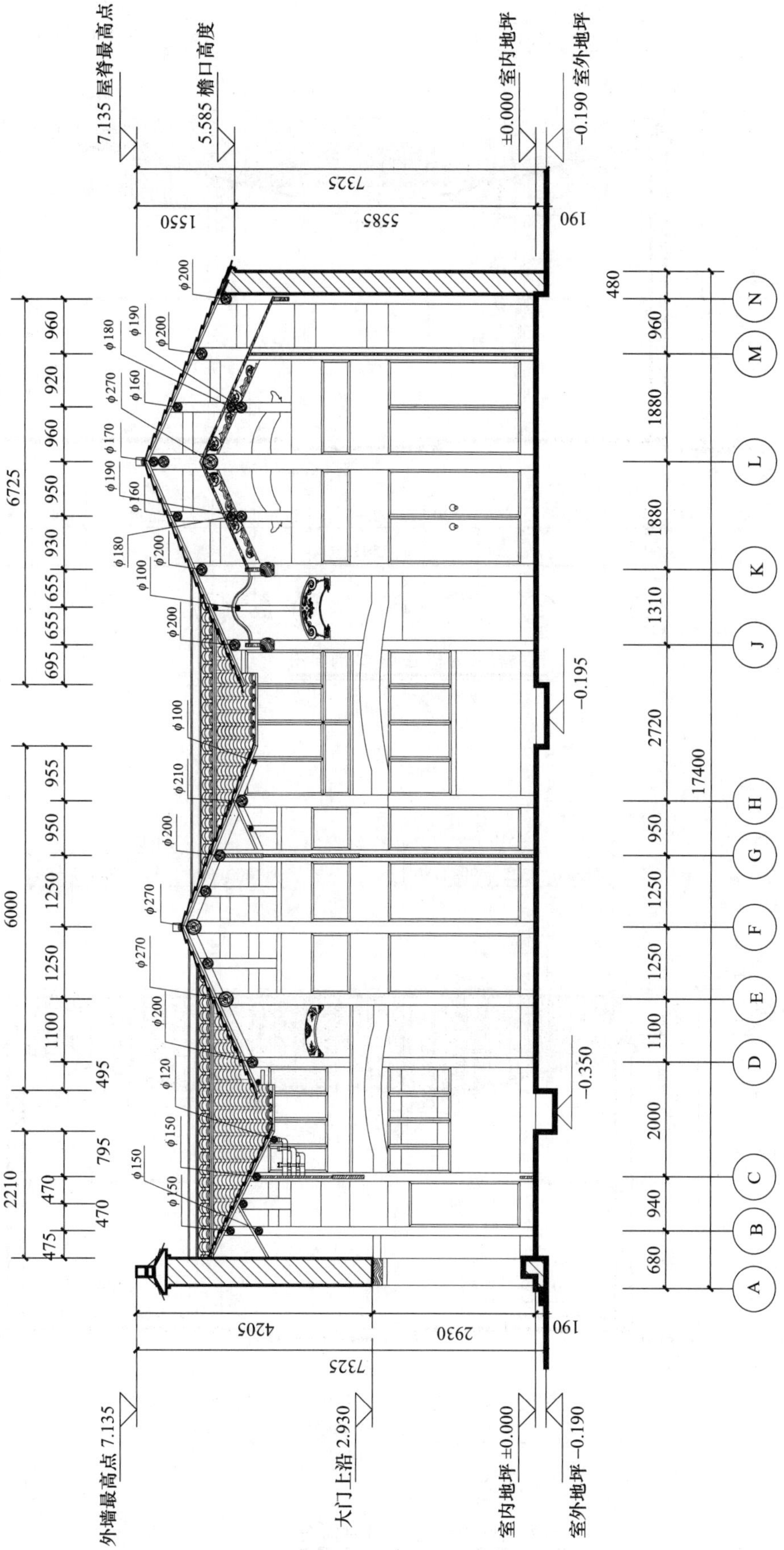

3055
900
810
920
425
屋脊最高点 6.685
φ140
4.905
3795
二层楼板 2.890
6875
2890
室内地坪 ±0.000
室外地坪 −0.190
190
−0.350
2630
860
1130
2390
1145
1815
15015
1
2
3
4
5
6
7
8
9

横路村叶为树宅 2—2 剖面图

4510
655
660
1325
690
1180
5460
950
φ170
φ180
屋脊最高点 7.150
外墙最高点 6.220
930
3130
4.660
二层厢房楼板 3.090
7340
3090
0.180
室内地坪 ±0.000
室外地坪 −0.190
190
−0.195
425
2630
560
1430
2390
1130
860
1145
13625
1
2
3
4
5
6
7
8
9

横路村叶为树宅 3—3 剖面图

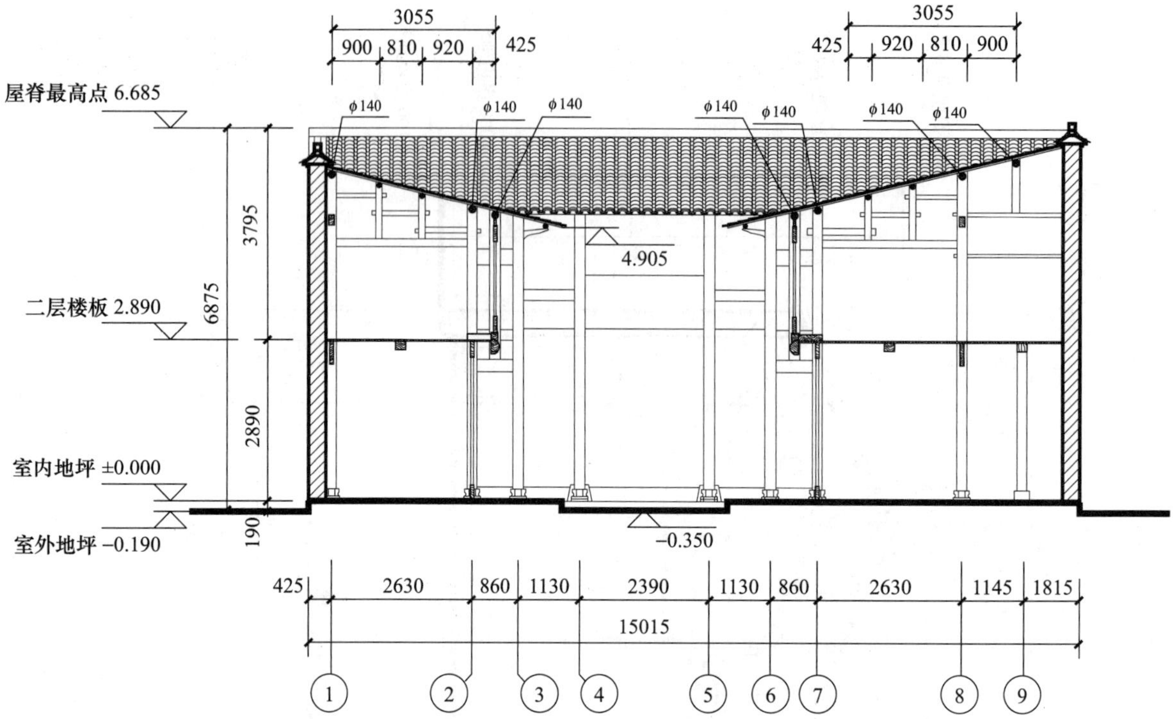

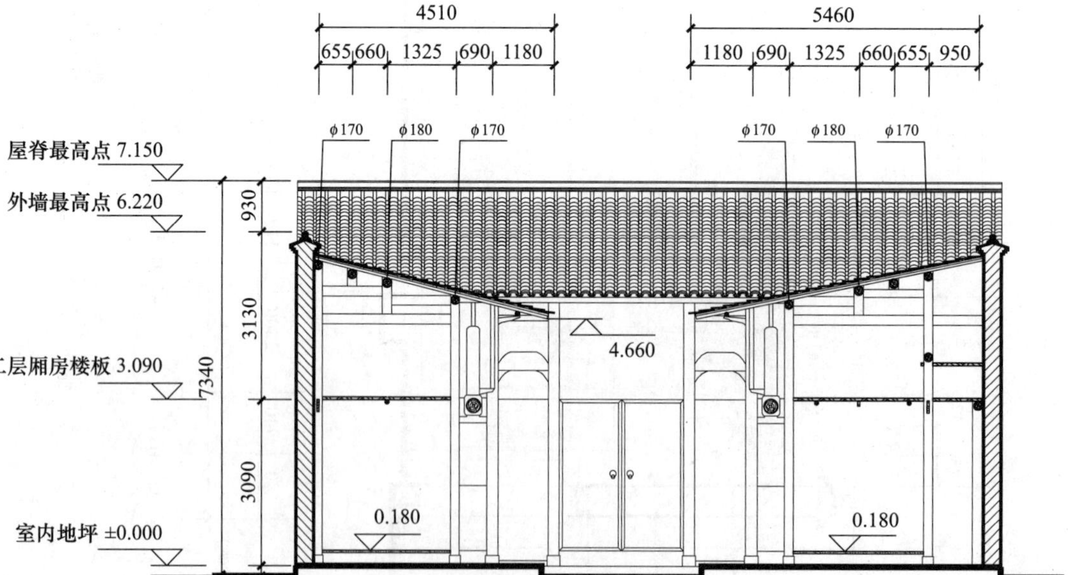

景德镇市乐平市双田镇横路村景星庆云

景星庆云位于景德镇市乐平市双田镇横路村，始建于清代。目前房屋处于居住使用状态，保护状况较为良好。主体建筑内部木结构构架保存状态良好、梁柱结构稳定，外部墙体存在明显开裂。建筑东侧陪屋大面积屋顶坍塌、漏水，导致内部木构架大量腐朽倒塌，剩余部分仅靠几根木桩支撑。

建筑平面形制为两进一天井带陪屋形式，坐北朝南，主体建筑大致呈中轴对称式布局，中轴线上依次布局有下堂（门厅）、天井和正堂。砖木结构，局部两层。主体建筑总面阔 10.78m，总进深约 12.42m，建筑占地面积 134.76m^2；东侧陪屋总面阔 3.65m，总进深 7.79m，损毁严重，当前仅剩下小半屋顶、局部木质构架以及后期改建的青砖黄泥混合而成的墙体。

该建筑入口采用较为常见的门罩式入口，大门门罩主体采用砖雕形式，雕刻精美。砖雕门罩由左右两垂花柱布局于大门上方约一尺的距离，横向构件主体是由下方的月梁以及上方的横梁组成，左右跨度大致为一步半的距离。石质横梁两侧梁腮及中心部位均采用浅浮雕的手法，两者之间也采用了较为精细的砖雕用以增强装饰。门罩上部采用四组类斗拱形式，外凸的砖雕向上支撑起石质披檐，檐角起翘的部位已明显损坏。建筑除正立面施以石灰粉墙外，其余部位均采用青砖与黄泥混合而成的外墙，有些部位甚至采用石头与黄泥混合的外墙。建筑两侧山墙形式为“一”字形，右侧山墙因地势原因向内收缩。建筑前后立面上段均为坡屋顶。

建筑面阔三间、进深两进，下堂作为门厅使用，明间与通面阔之比为 4.58m ∶ 10.78m，面积为 13.14m^2（面阔 × 进深：4.58m×2.87m），屋脊高 7.13m，外墙高 7.54m；正堂明间作为对外会客、生活起居空间，明间与通面阔之比为 4.58m ∶ 10.78m，面积为 16.21m^2（面阔 × 进深：4.58m×3.54m），假屋面屋脊高 5.94m、屋顶屋脊高 7.13m，外墙高 7.54m。天井净尺寸为 2.71m×1.40m，正房和厢房檐口高度相同。

建筑第一进为双坡屋面，一侧向正立面倾斜，另一侧向天井内倾斜，且向内坡屋面较大；第二进同样为双坡屋面，天井两侧厢房屋顶皆为单坡屋面，向天井内倾斜，结合上下两进形成“四水归堂”式的四合天井。

建筑内部木雕大多采用莲花、仙鹤等动植物，施于穿枋、月枋中心、四角。同时，建筑正堂走檐饰有卷草纹。天井四周设置轩顶，由额枋连接，四角带垂花柱。建筑入口门枕石雕有“笔锭莲笙”图案，寓意“必定连升”。

北
1
2
H
G
F
E
D
C
B
A
1240
1770
1770
1190
1050
1050
1050
1435
1435
430
12420
柱径φ180
(木板铺地)
柱径φ180
柱径φ180
正堂
柱径φ200
±0.000
(水泥铺地)
房
柱径φ180
柱径φ180
柱径φ180
柱径
φ220
柱径φ180
0.180
(木板铺地)
天井
−0.370
(条石铺地)
1400
2710
0.180
(木板铺地)
−0.210
(水泥铺地)
房
柱径φ160
柱径φ160
柱径φ200
±0.000
(水泥铺地)
下堂
柱径φ160
柱径φ160
柱径φ180
柱径φ180
柱径φ180
房
陪屋
D′
C′
B′
A′
630
1750
2705
2705
7790
−0.480
440
410
370
2030
700
1120
2340
1120
700
2030
3170
14430
1
2
3
4
5
6
7
8
9
10

横路村景星庆云一层平面图

横路村景星庆云

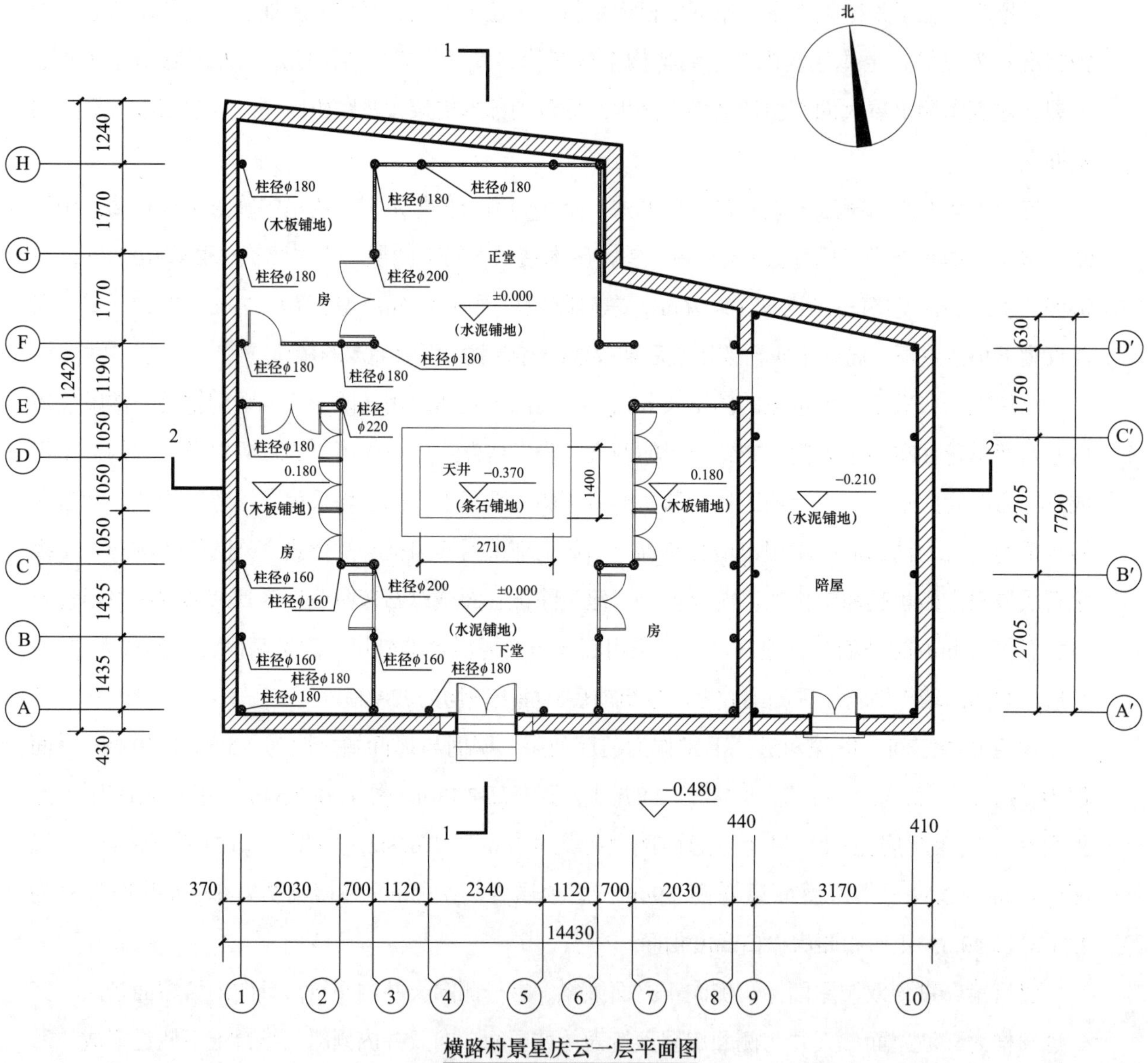

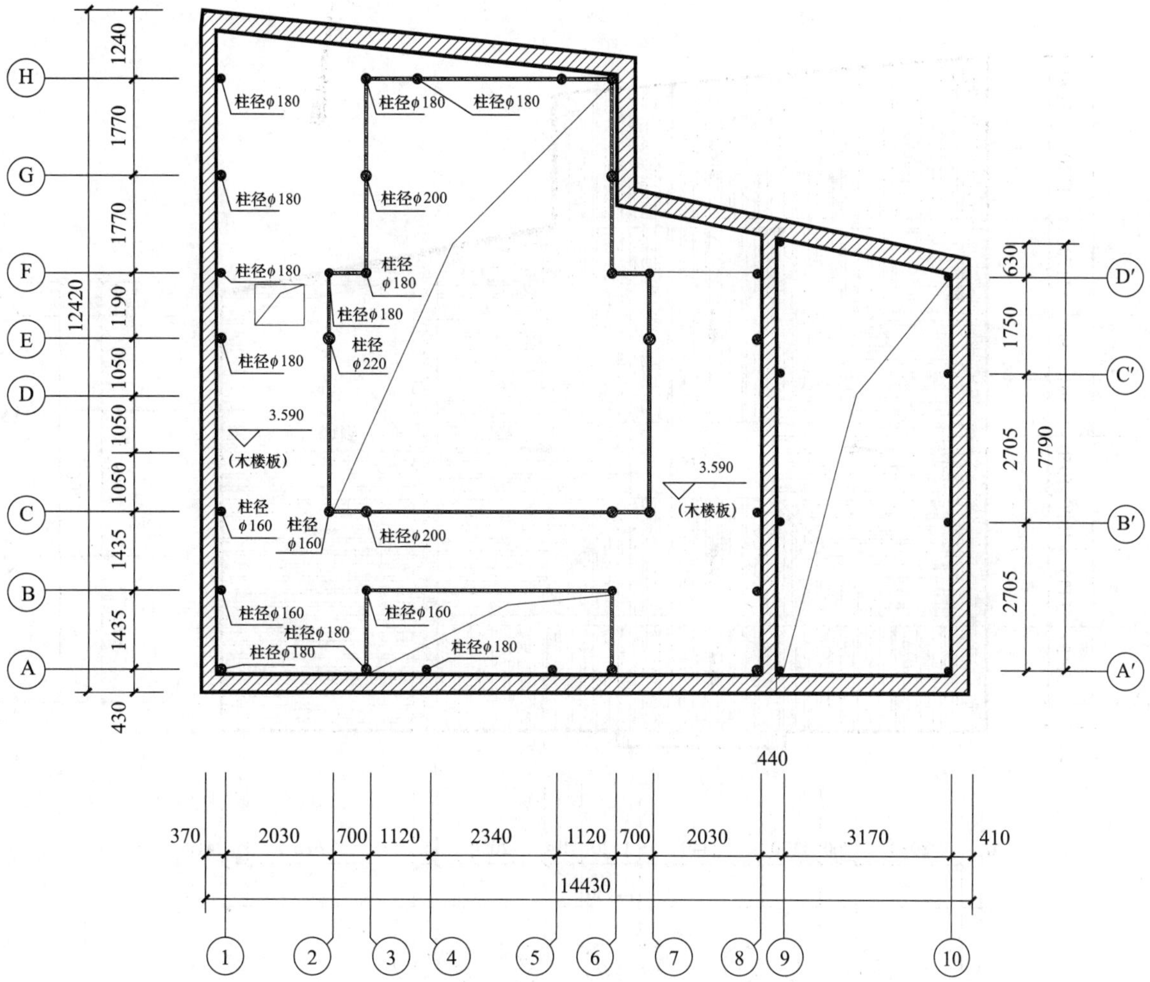
柱径φ180
柱径φ200
柱径φ220
柱径φ160
3.590
(木楼板)
12420
7790
14430
370
2030
700
1120
2340
1120
700
2030
440
3170
410
1240
1770
1770
1190
1050
1050
1050
1435
1435
430
630
1750
2705
2705
A
B
C
D
E
F
G
H
A′
B′
C′
D′
1
2
3
4
5
6
7
8
9
10

横路村景星庆云二层平面图

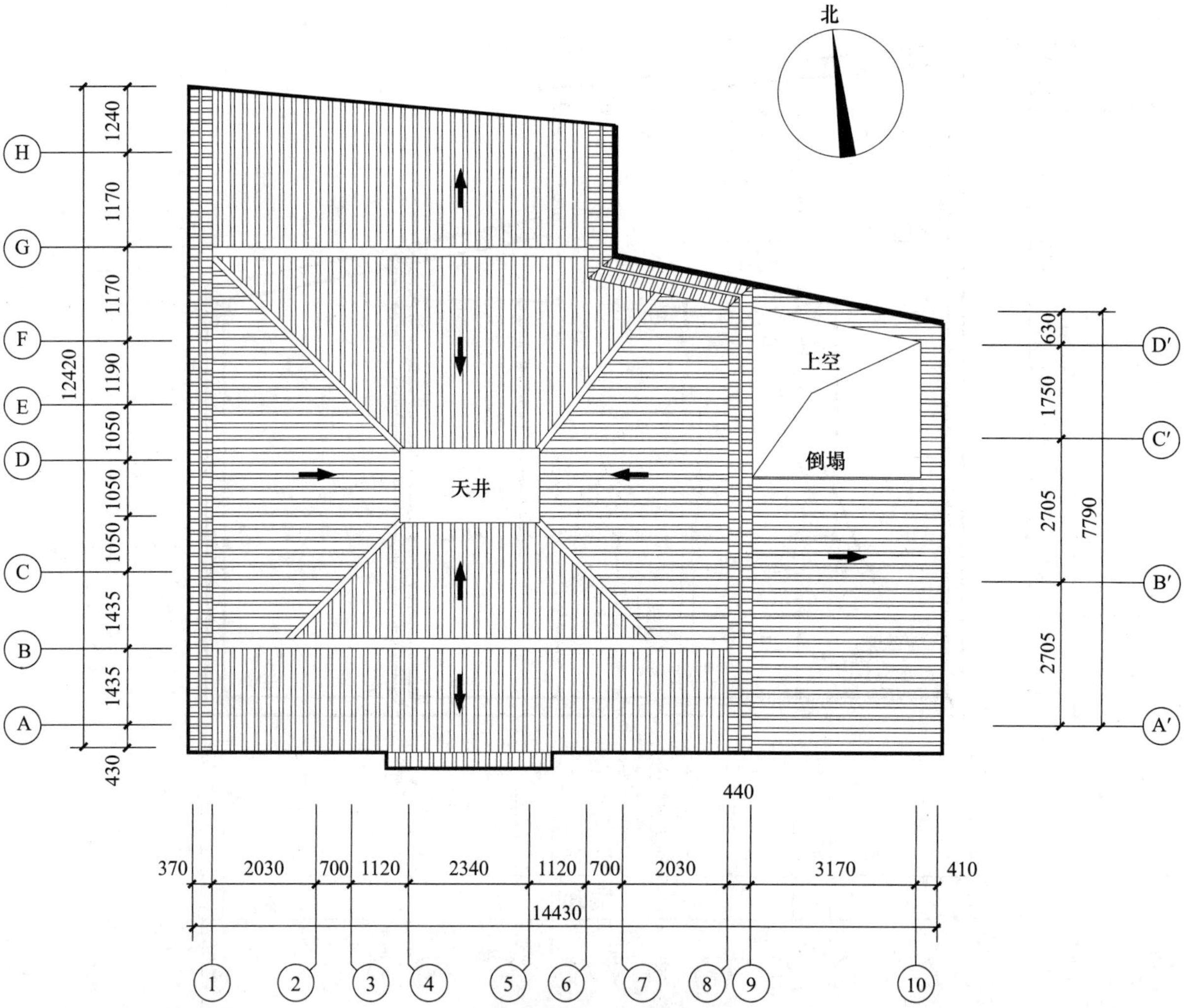
北
天井
上空
倒塌
H
G
F
E
D
C
B
A
D′
C′
B′
A′
1
2
3
4
5
6
7
8
9
10
1240
1170
1170
1190
1050
1050
1050
1435
1435
430
12420
630
1750
2705
2705
7790
440
370
2030
700
1120
2340
1120
700
2030
3170
410
14430

横路村景星庆云屋顶平面图

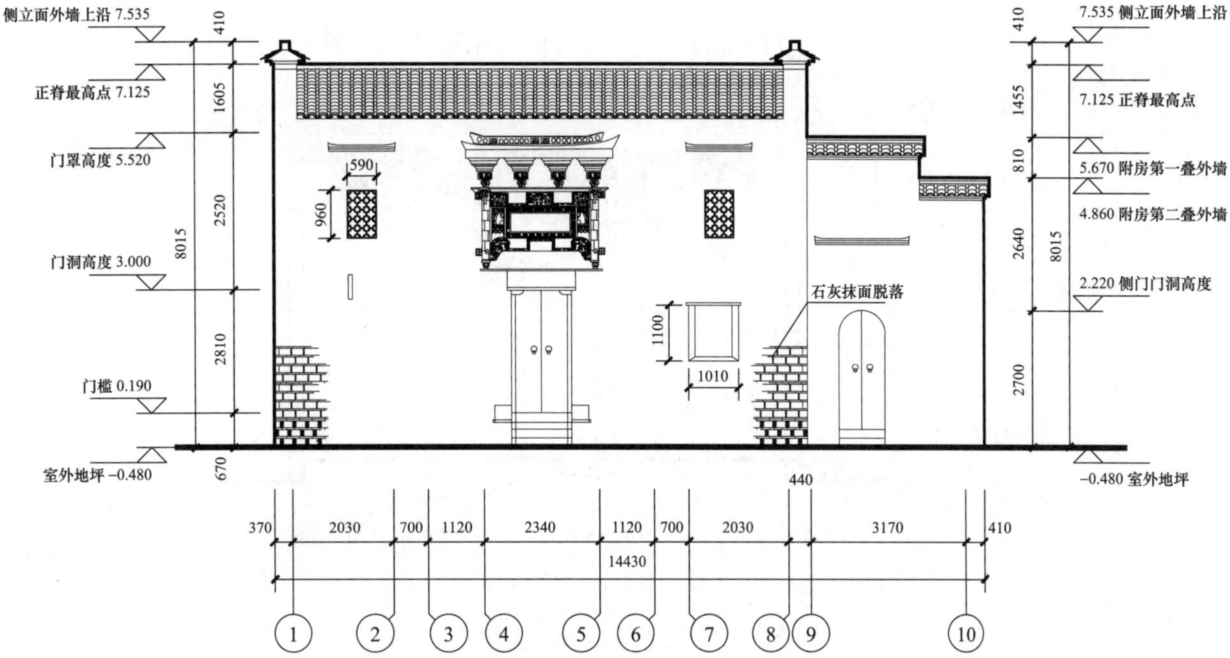
侧立面外墙上沿 7.535
正脊最高点 7.125
门罩高度 5.520
门洞高度 3.000
门槛 0.190
室外地坪 −0.480
7.535 侧立面外墙上沿
7.125 正脊最高点
5.670 附房第一叠外墙
4.860 附房第二叠外墙
2.220 侧门门洞高度
−0.480 室外地坪
石灰抹面脱落
410
1605
2520
2810
670
8015
1455
810
2640
2700
590
960
1100
1010
440
370
2030
700
1120
2340
1120
700
2030
3170
410
14430
1
2
3
4
5
6
7
8
9
10

横路村景星庆云正立面图

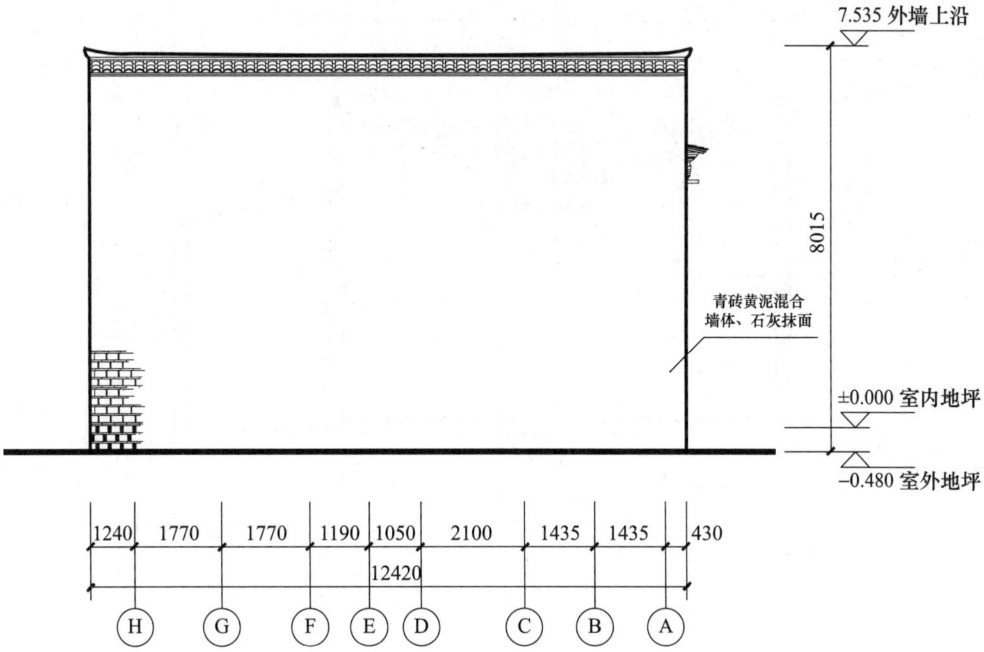
7.535 外墙上沿
8015
青砖黄泥混合
墙体、石灰抹面
±0.000 室内地坪
−0.480 室外地坪
1240
1770
1770
1190
1050
2100
1435
1435
430
12420
H
G
F
E
D
C
B
A

横路村景星庆云西侧立面图

横路村景星庆云

2870
710705
725
730
4730
605
585880 890 885 885
外墙上沿 7.535
檐口高度 6.385
门框上沿 3.150
室内地坪 ±0.000
室外地坪 −0.480
1150
3235
8015
3150
480
−0.370
430
1435
1435
1050
1050
1050
1190
1770
1770
1240
12420
A
B
C
D
E
F
G
H

横路村景星庆云 1—1 剖面图

2730
610720
700
700
2730
720610
700
700
外墙上沿 7.535
7.535 外墙上沿
二层楼板 3.590
4.440 附房檐口
室内地坪 ±0.000
−0.210 陪屋地坪
室外地坪 −0.480
−0.480 室外地坪
−0.370
3945
8015
3590
480
3095
8015
4650
270
700
700
440
370
2030
1680
1220
1680
2030
3170
410
11430
1
2
3
4
5
6
7
8

横路村景星庆云 2—2 剖面图

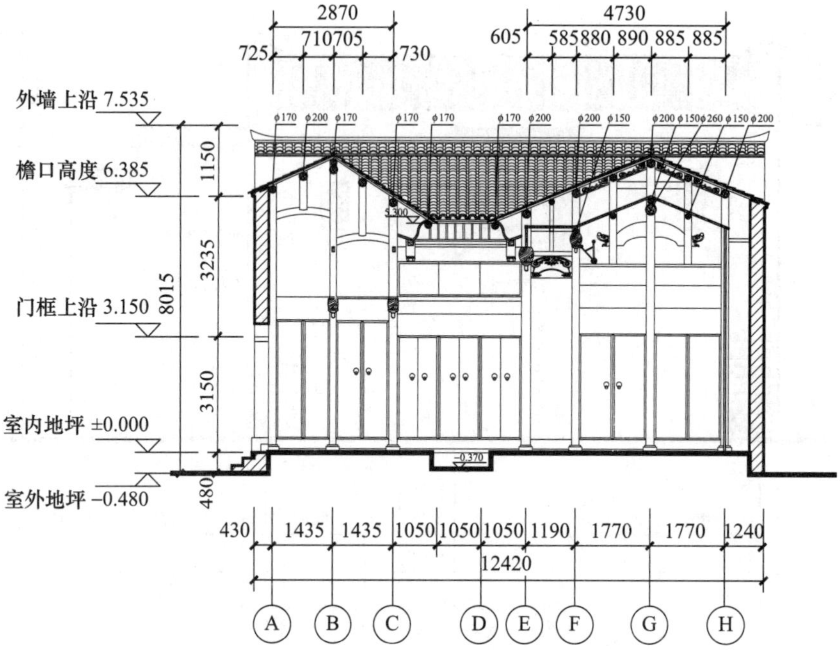

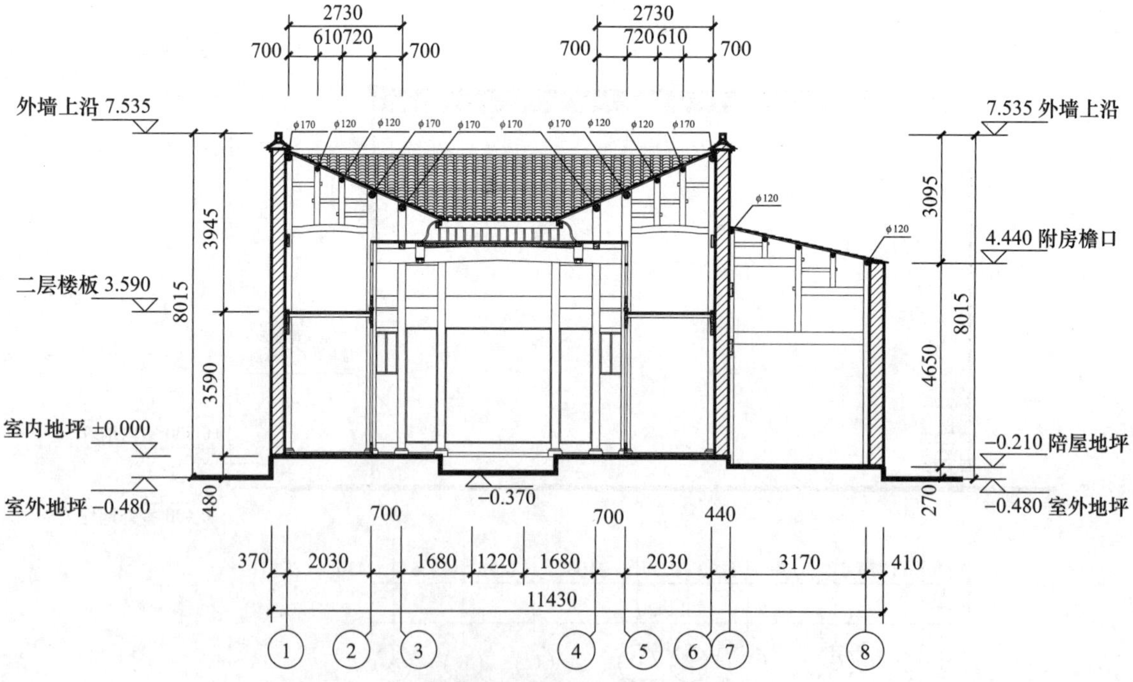

景德镇市乐平市双田镇横路村 581 号

581 号民居位于景德镇市乐平市双田镇横路村，始建于清代。目前房屋有人居住，正堂左边的房为卧室以及休闲场所，明间充当了厨房和餐厅。建筑保护状况相对良好，屋顶结构等都完好，但楼梯损毁，导致无法上楼。

建筑平面形制为典型的两进一天井形式，中轴布局，中轴线上依次布局下堂、天井和正堂，砖木混合结构，局部两层。建筑总面阔 12.00m，总进深 16.33m，占地面积 195.96m^2。

该建筑入口门罩损毁严重，但是能辨别出大致的轮廓以及墙内的砖墙结构。石质门框，四周宽约 40.00cm 磨砖对缝砌筑。建筑外观墙体大部分为石灰粉墙，局部没有粉刷，但可以看出乐平地区粉墙的石灰层厚度比徽州地区要薄。建筑的正立面和侧立面都为“一”字形墙，背立面轮廓为高高低低的马头墙以及坡屋顶相结合。

该建筑下堂作为门厅使用，面积为 12.36m^2（面阔 × 进深：4.83m×2.56m），屋脊高 7.20m，外墙高 7.87m；正堂采用草架做法，假屋面屋脊高 6.10m，屋顶屋脊高 7.32m。结构为穿斗式，下堂采用四柱、二骑、七檩形式，构架制作简洁、无精美雕刻装饰，采用草栿，用料较少。第二进六柱、四骑、十一檩。正堂面积相对较大，在后金柱上设屏门，其作为太师壁分隔前后堂，并增加穿枋，使后堂的结构更加稳定，前堂是接待客人的地方，现作餐厅使用。后堂大概率是储物的地方。前堂做了草架，视觉上形成“人”字形屋面结构。两厢作为楼梯、通廊和次要空间使用。天井具有采光、通风、排水的作用，也是室内主要场所空间和各房屋之间的交通枢纽，空间较为开阔，净尺寸为 3.16m×1.38m。屋面排水采用传统的自由落水形式。第二进后檐局部出挑稍出后立面，配合后檐叠落马头墙，雨水可直接排出。建筑第一进、第二进都为双坡屋面，前后坡不等，前坡短后坡长。厢房屋顶皆为单坡屋面，屋面施以小青瓦覆盖。

建筑内部木雕大多采用祥云、卷草纹等纹样。窗扇的绦环板雕刻“寿”形图案。丁头拱的拱身雕刻猴子和桃子，寓意为“灵猴献寿”。

北
1
柱径φ180
础径φ220
三合土铺地
木板铺地
房
后堂
前堂
天井
条石铺地
下堂
±0.000
0.280
0.180
0.380
−0.380
−0.100
柱径φ220
础径φ260
2
K
J
H
G
F
E
D
C
B
A
430
1930
2070
1650
1780
1335
3075
1070
1280
16330
2335
820
1250
2325
11995
1
2
3
4
5
6
7
8

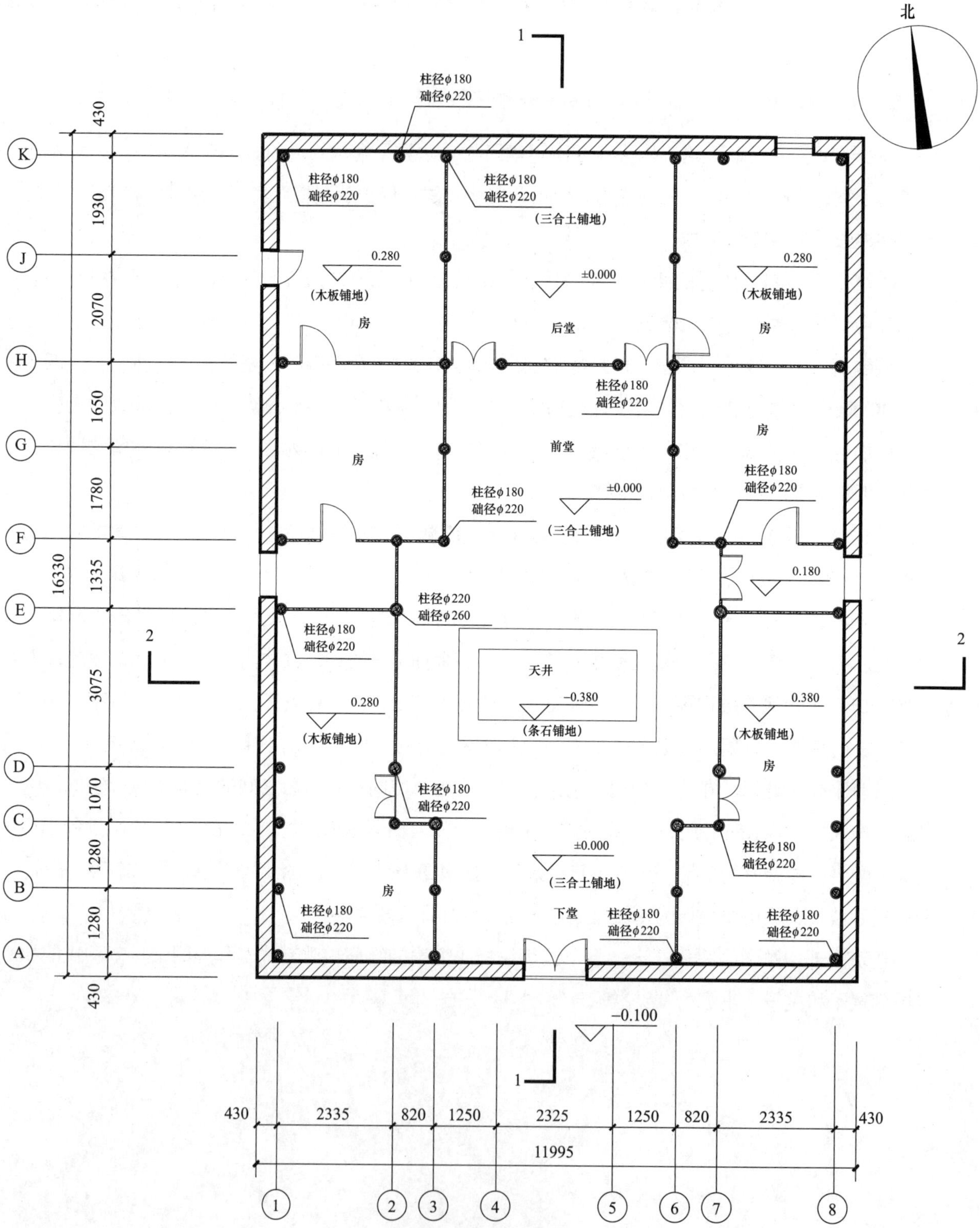

横路村 581 号一层平面图

K
J
H
G
F
E
D
C
B
A
430
1930
2070
1650
1780
1335
3075
1070
1280
1280
430
16330
柱径φ180
柱径φ180
柱径φ180
3.930
(木楼板)
3.930
(木楼板)
柱径φ180
柱径φ180
柱径φ180
柱径φ220
(木楼板)
(木楼板)
柱径φ180
柱径φ180
柱径φ180
柱径φ180
430
2335
820
1250
2325
1250
820
2335
430
11995
1
2
3
4
5
6
7
8

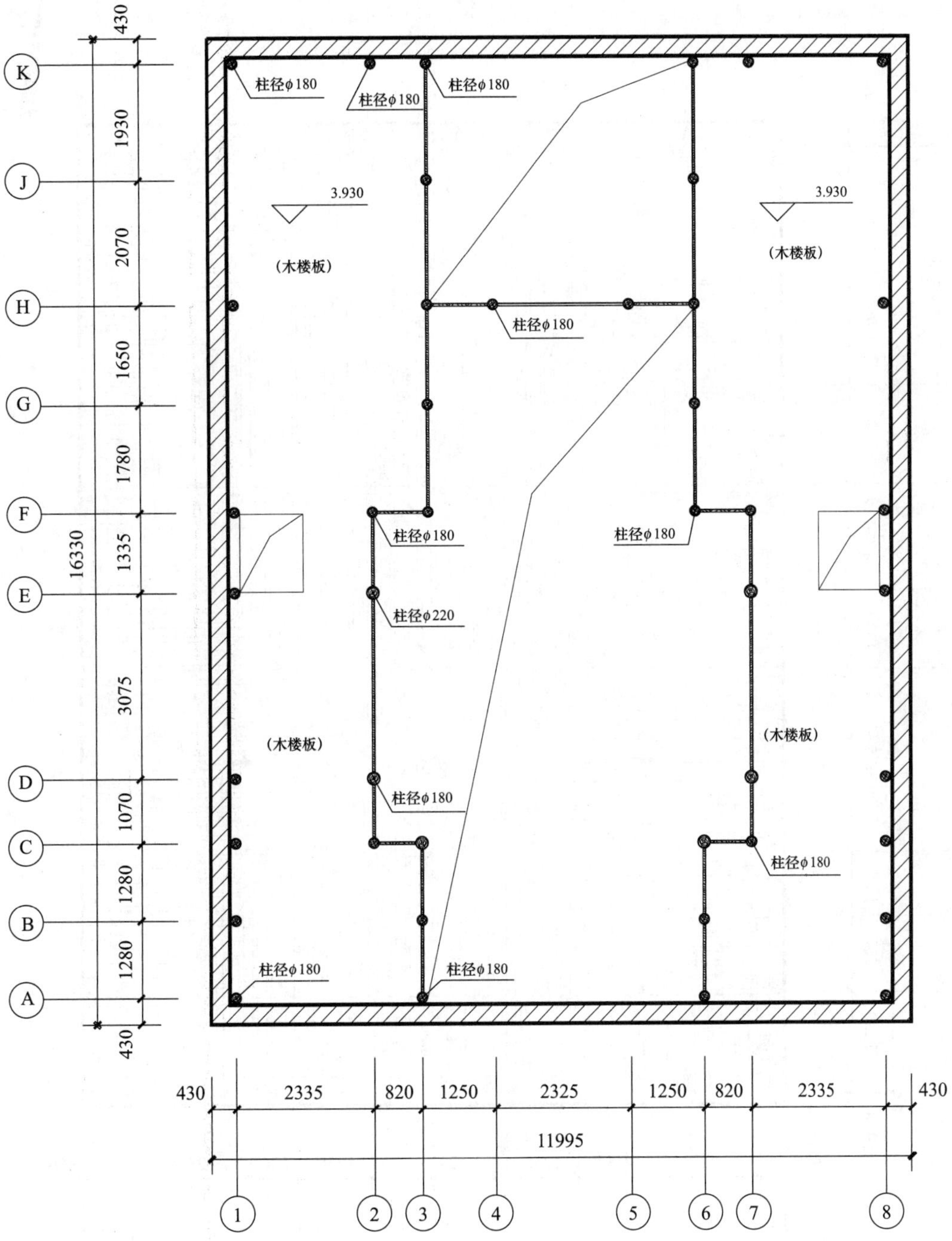

横路村 581 号二层平面图

北
430
K
1930
J
2070
H
1650
G
1780
F
16330
1335
E
3075
天井
D
1070
C
1280
B
1280
A
430
430
2335
820
1250
2325
1250
820
2335
430
11995
1
2
3
4
5
6
7
8

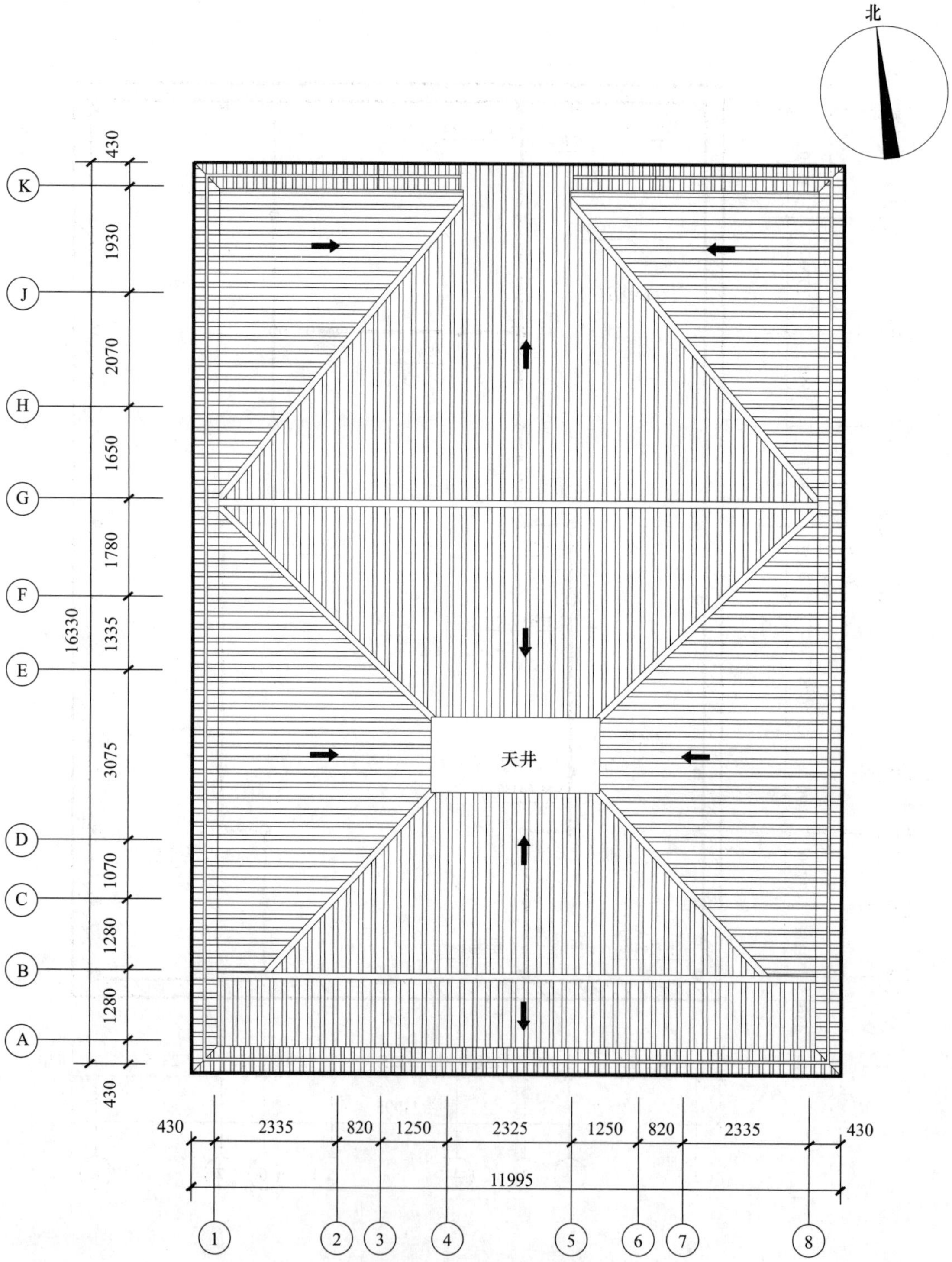

横路村 581 号屋顶平面图

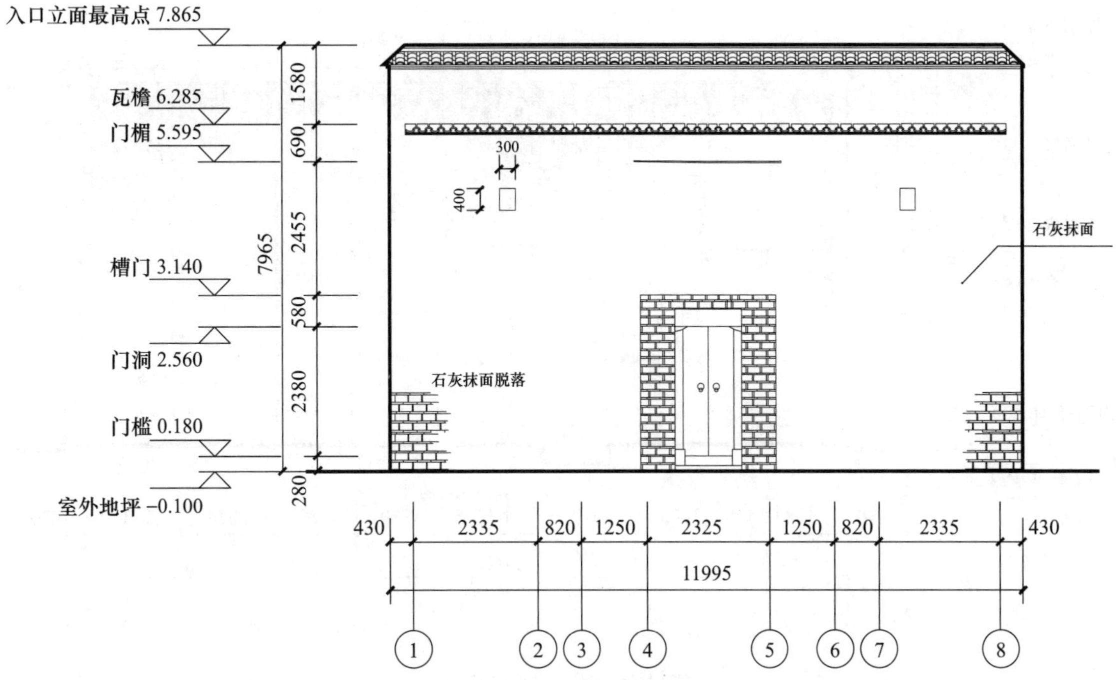
入口立面最高点 7.865
瓦檐 6.285
门楣 5.595
槽门 3.140
门洞 2.560
门槛 0.180
室外地坪 -0.100
1580
690
2455
580
2380
280
7965
300
400
石灰抹面
石灰抹面脱落
430
2335
820
1250
2325
1250
820
2335
430
11995
1
2
3
4
5
6
7
8

横路村 581 号正立面图

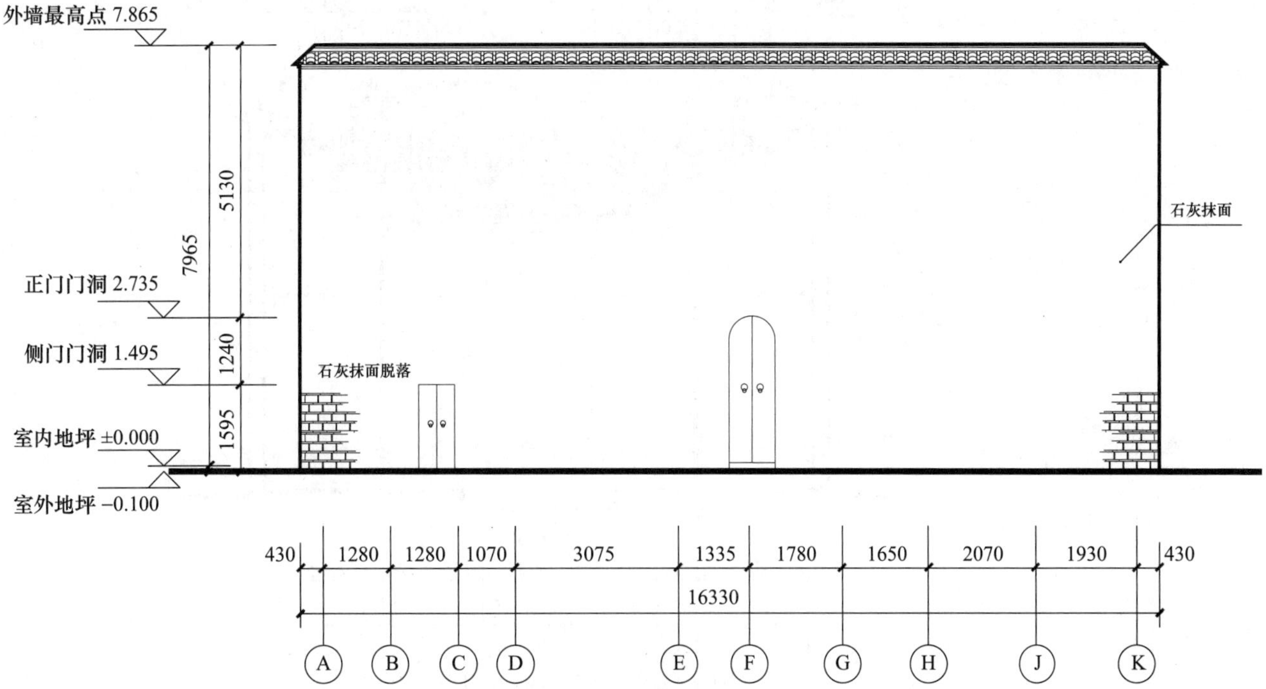
外墙最高点 7.865
正门门洞 2.735
侧门门洞 1.495
室内地坪 ±0.000
室外地坪 -0.100
5130
1240
1595
7965
石灰抹面
石灰抹面脱落
430
1280
1280
1070
3075
1335
1780
1650
2070
1930
430
16330
A
B
C
D
E
F
G
H
J
K

横路村 581 号侧立面图

3630
640 640 640 640 1070
8765
1335 890 890 825 825 1035 1035 965 965
外墙最高点 7.865
檐口高度 5.510
二屋楼板 3.930
门洞高度 2.650
室内地坪 ±0.000
室外地坪 −0.100
470
1885
1580
1280
2350
400
7965
ϕ180
ϕ220
5.510
−0.380
430 1280 1280 1075 3075 1335 1780 1650 2070 1930 430
16330
A B C D E F G H J K

横路村 581 号 1—1 剖面图

4405
800 715 820 180 770 1120
4405
180 1120 770 820 715 800
外墙最高点 7.865
檐口 5.510
二屋楼板 3.930
室内地坪 ±0.000
室外地坪 −0.100
2355
1580
3930
100
7965
ϕ180
ϕ220
5.510
−0.380
430 2335 820 1250 2325 1250 820 2335 430
11995
1 2 3 4 5 6 7 8

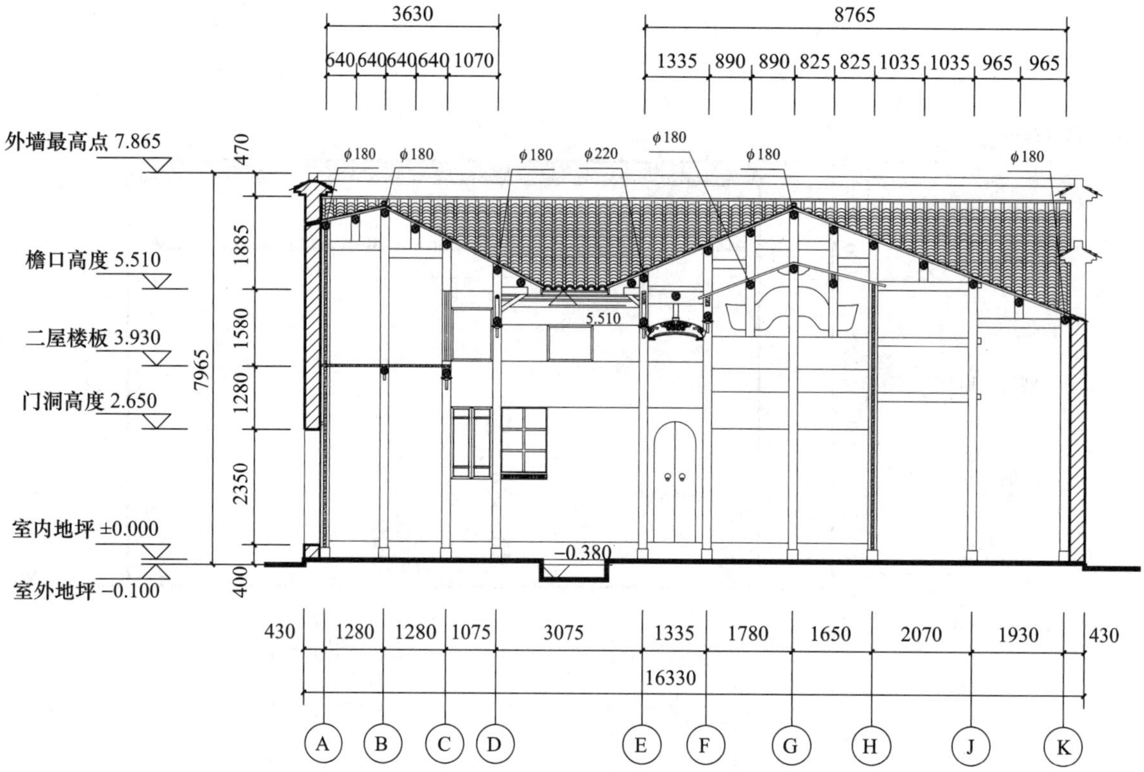

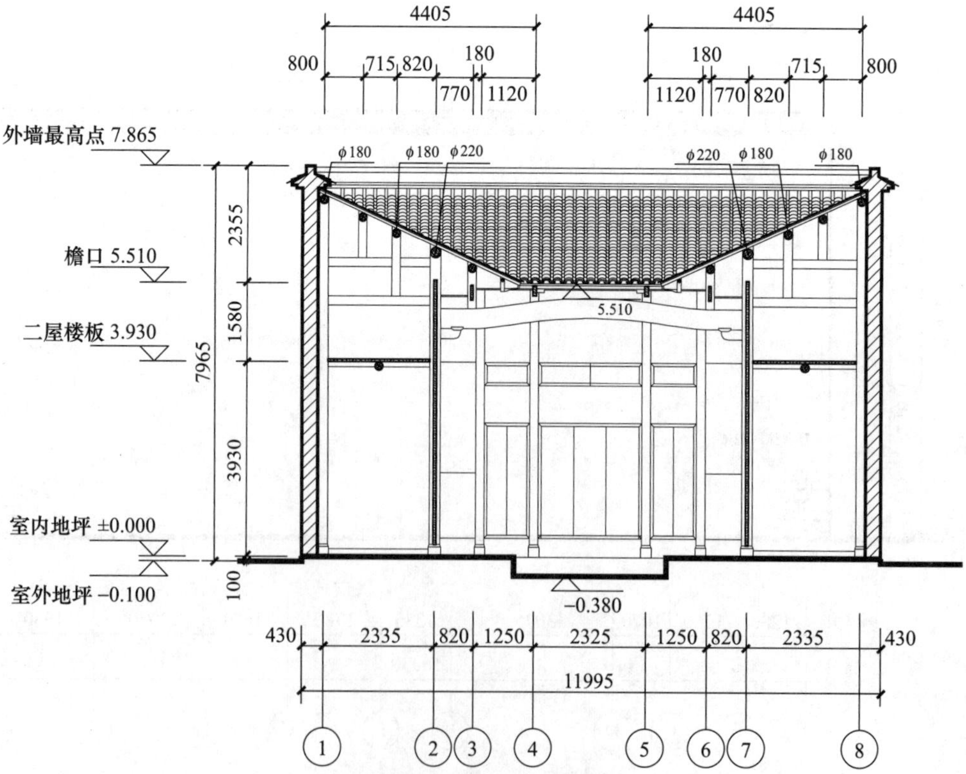

横路村 581 号 2—2 剖面图

景德镇市乐平市双田镇横路村彩焕凝霞

彩焕凝霞位于景德镇市乐平市双田镇横路村，始建于清代。目前房屋处于空置状态，结构保存完好。

建筑平面形制为典型的两进一天井形式，砖木结构，局部两层。因地形限制，正屋西次间缺角，中轴线上依次布局下堂、天井、正堂。建筑总面阔 10.33m，总进深 14.59m，占地面积 133.66m^2。

入口为典型的门罩式。上下额枋有精美的砖雕。中间匾额石刻四个字"彩焕凝霞"。门框为红石质，门梁石较宽，风化严重。建筑立面两侧腰间各有镂空花窗一个，其上有窗楣装饰。建筑外观整体为白墙灰瓦，粉灰层局部脱落。山墙形式为"一"字形墙与"人"字形组合形式，建筑正立面为"一"字形墙，背立面为坡屋顶。

该建筑为典型的三开间两进一天井形式的住宅，下堂明间作为门厅使用，面积为 11.85m^2（面阔 × 进深：4.10m×2.89m），屋脊高 7.20m，外墙高 7.65m；正堂明间与通面阔之比为 4.10m ∶ 9.50m，采用草架做法，假屋面屋脊高 6.00m、屋顶屋脊高 7.30m。次间为二层，第一层净高 3.35m、第二层至最高点为 3.41m。木构架采用穿斗式，第一进为三柱、二骑、六檩形式，构架制作简洁、用料较少。正屋进深较大，厅堂面积较大，在后檐金柱上设太师壁，分为前堂和后堂。前堂采用草架，形成"人"字形假屋面，具有装饰性。天井净尺寸为 2.46m×1.11m，具有采光、通风、排水的功能，还是室内主要场所空间和各房屋之间的交通枢纽。屋面檐口排水采用传统的自由落水形式。建筑第一进为单坡屋面，向天井内倾斜，第二进为双坡屋面，天井的厢房屋顶皆为单坡屋面，屋面施以小青瓦覆盖。

入口门罩采用精美的砖雕，上额枋主图为鲤鱼跳龙门，下枋由花朵和丝带打结组成空间构图，层次丰富，雕工精巧。字匾四周采用回字纹等样式。两侧门枕石上雕刻着鹿、草龙等吉祥图案。建筑内部木雕主要集中在梁、枋、窗扇及丁头拱等构件。门窗下的护净雕刻了一组人物戏曲故事，栩栩如生，活灵活现。梁以及丁字拱上也存在精美的雕刻，尤其是走檐梁，采用了高浮雕的手法进行了重雕装饰。该建筑雕刻类型丰富，有砖雕、石雕和木雕，图案精美，具有较高的艺术价值。

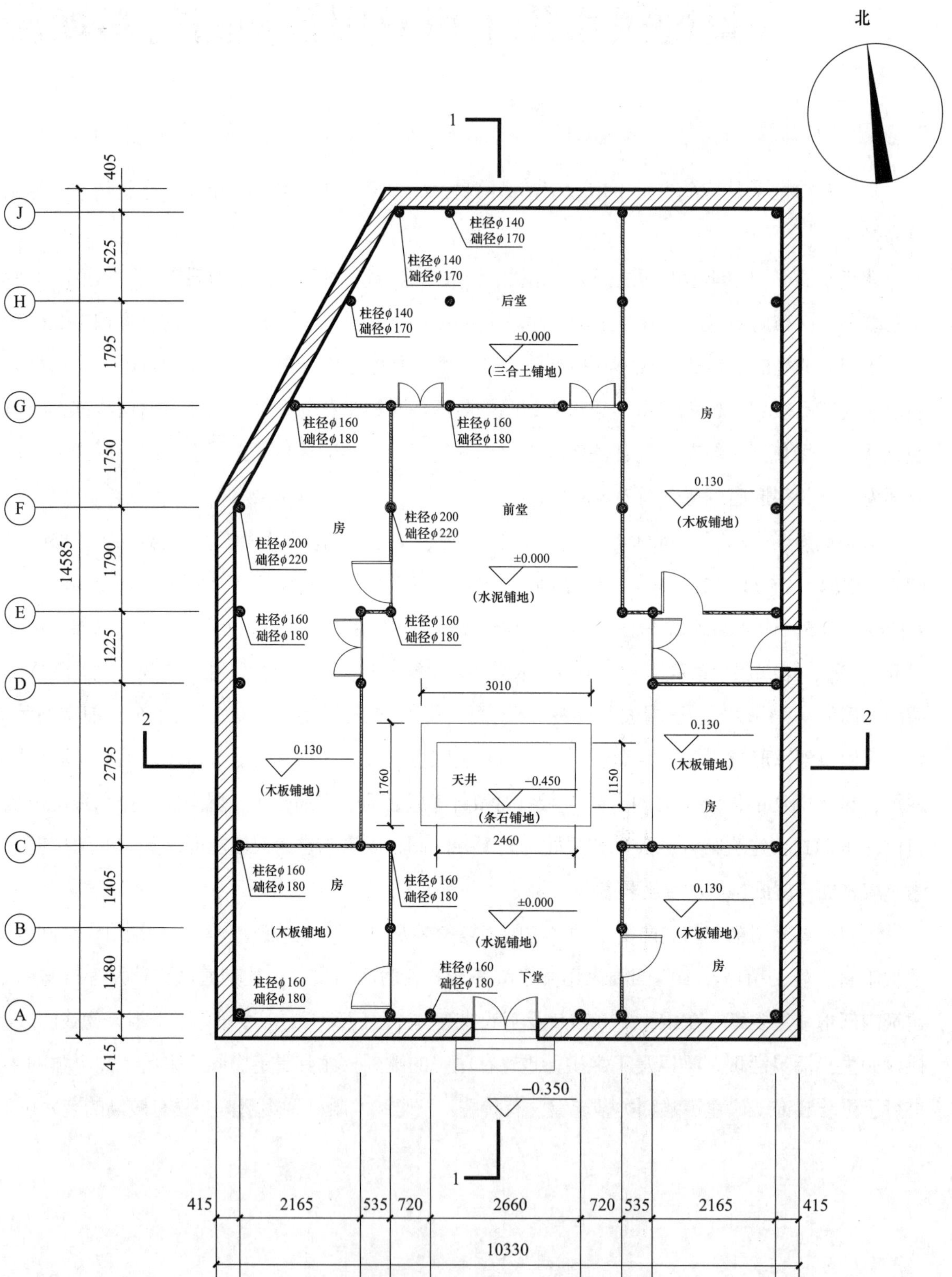
北
后堂
±0.000
（三合土铺地）
柱径φ140
础径φ170
柱径φ160
础径φ180
柱径φ200
础径φ220
前堂
（水泥铺地）
房
0.130
（木板铺地）
天井
−0.450
（条石铺地）
3010
1760
1150
2460
下堂
−0.350
405
1525
1795
1750
1790
1225
2795
1405
1480
415
14585
415
2165
535
720
2660
720
535
2165
415
10330

横路村彩焕凝霞一层平面图

J
H
G
F
E
D
C
B
A
405
1525
1795
1750
1790
1225
2795
1405
1480
415
14585
柱径φ140
柱径φ140
柱径φ140
柱径φ140
柱径φ160
柱径φ160
柱径φ160
柱径φ200
柱径φ200
3.440
(木板楼)
柱径φ160
柱径
φ160
柱径φ160
柱径φ160
3.440
(木板楼)
柱径φ160
柱径φ160
柱径φ160
柱径φ160
柱径φ160
415
2165
535
720
2660
720
535
2165
415
10330
1
2
3
4
5
6
7
8

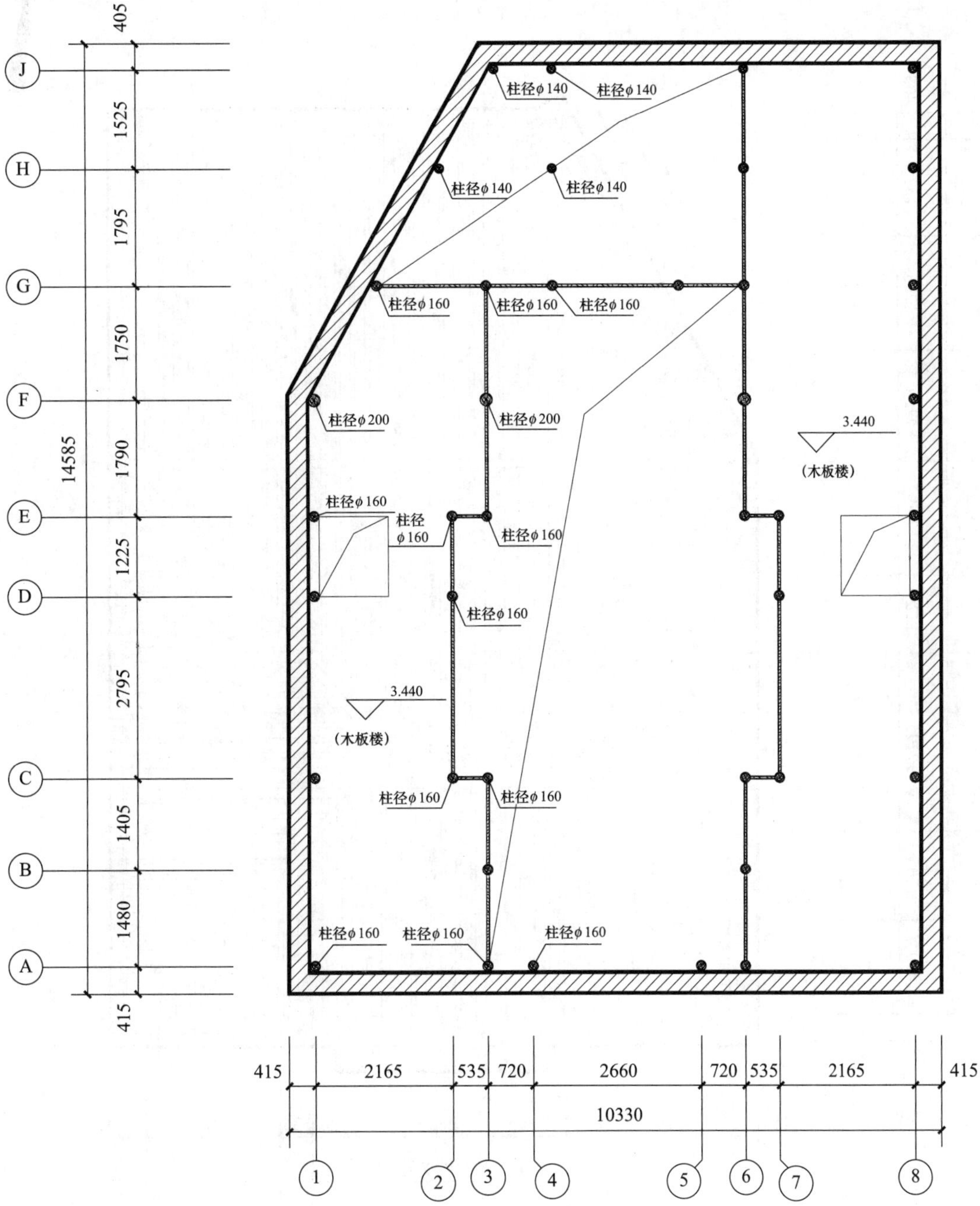

横路村彩焕凝霞二层平面图

北
天井
405
1525
1795
1750
1790
1225
2795
1405
1480
415
14585
J
H
G
F
E
D
C
B
A
415
2165
535
720
2660
720
535
2165
415
10330
1
2
3
4
5
6
7
8

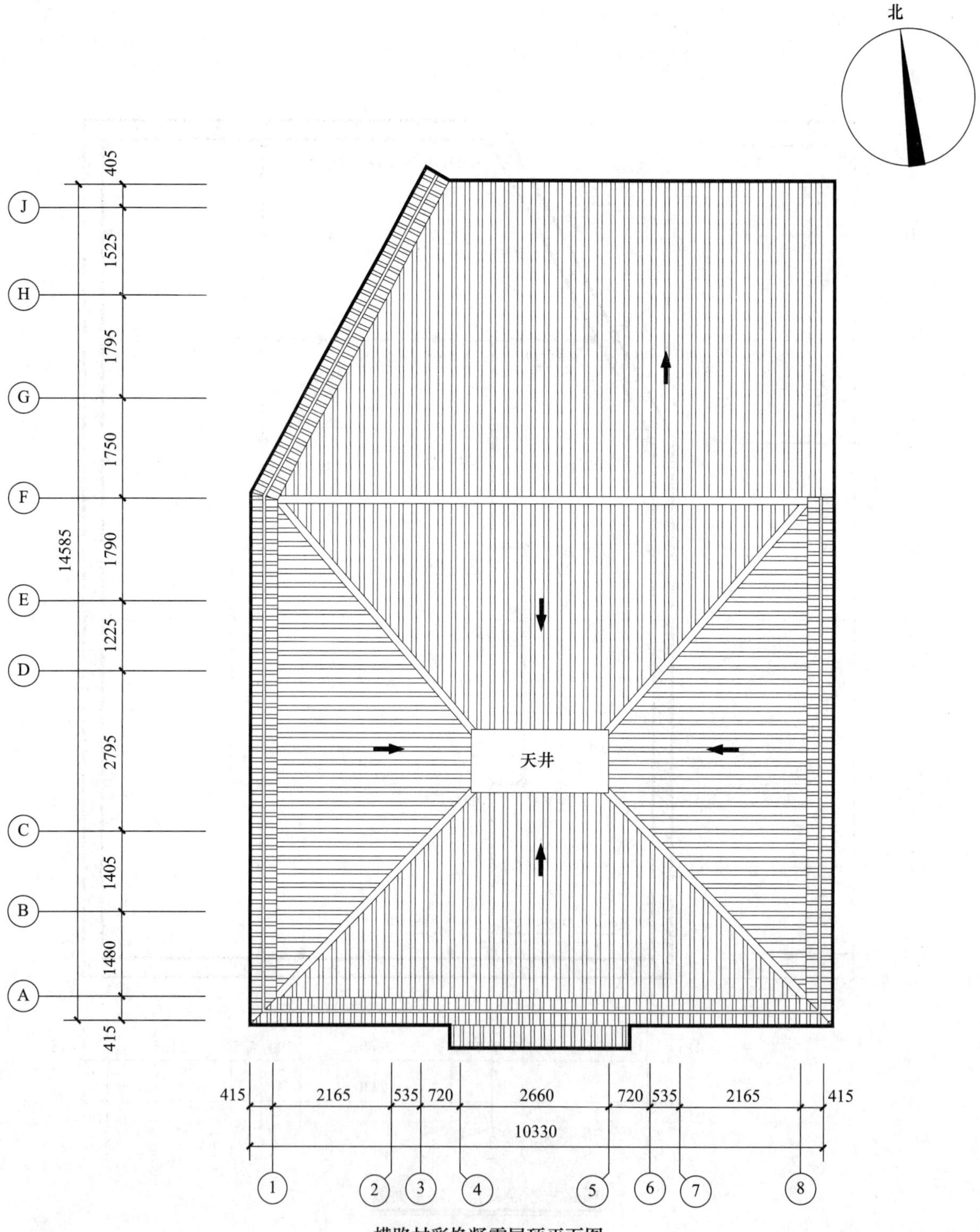

横路村彩焕凝霞屋顶平面图

外墙最高点 7.645
门仪石 3.155
门洞 2.625
门槛 0.155
室外地坪 −0.350
4490
7995
530
2470
505
800
800
霞凝焕彩
粉墙
415
2165
535
720
2660
720
535
2165
415
10330
1
2
3
4
5
6
7
8

横路村彩焕凝霞正立面图

外墙最高点 7.645
7995
室外地坪 −0.350
粉墙
405
1525
1795
1750
1790
1225
2795
1405
1480
415
14585
J
H
G
F
E
D
C
B
A

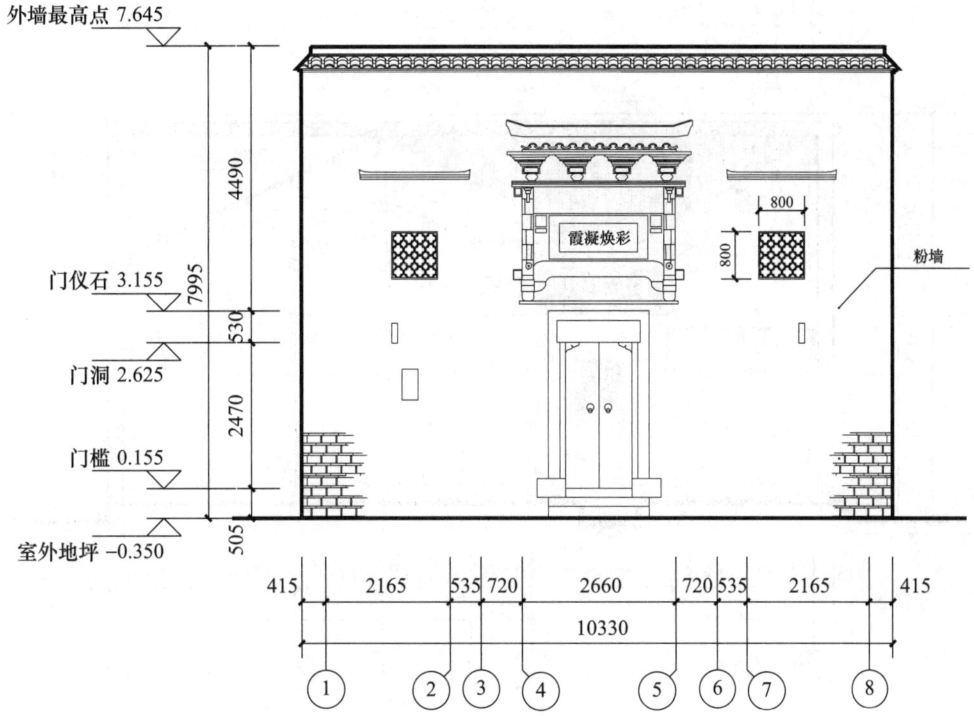

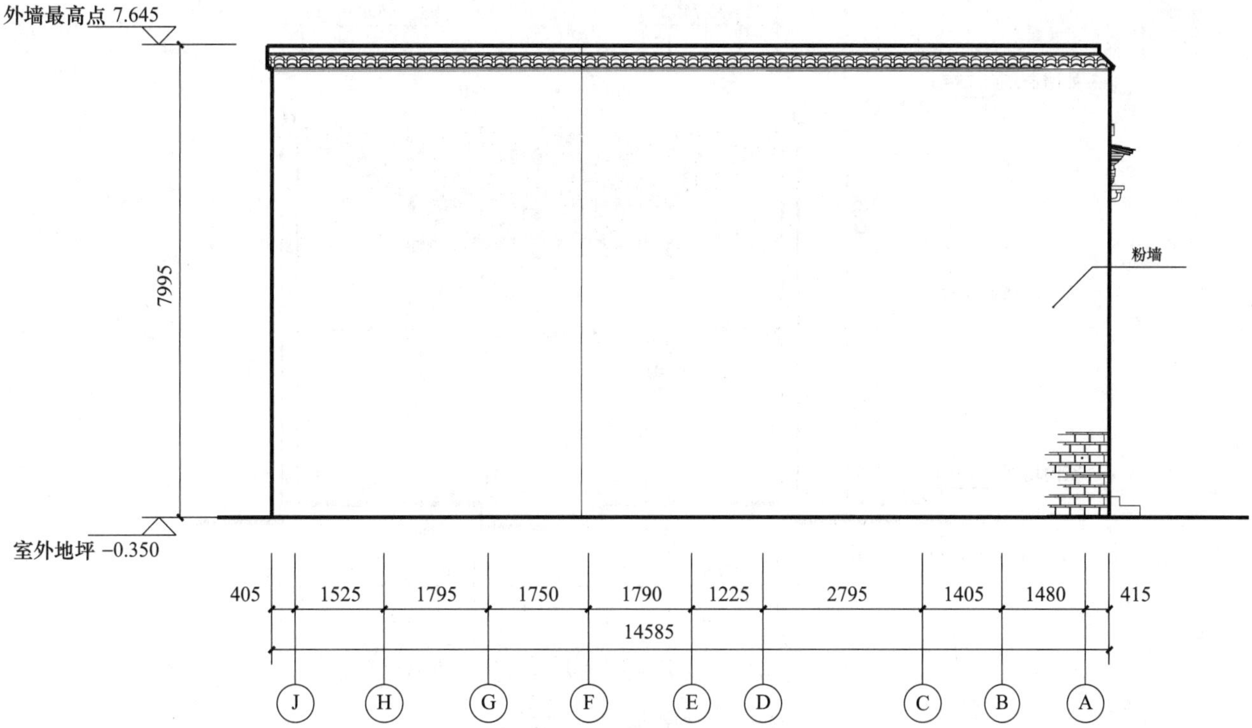

横路村彩焕凝霞侧立面图

2885
740 740 705 700
8085
1225 1790 1750 1795 1525
外墙最高点 7.645
7.645 外墙最高点
4.650 檐口高度
二层楼板 3.440
门梁上沿 2.610
室内地坪 ±0.000
±0.000 室内地坪
室外地坪 −0.350
−0.350 室外地坪
5.140
−0.450
415 1480 1405 2795 1225 1790 1750 1790 1525 405
14585
A B C D E F G H J

横路村彩焕凝霞 1—1 剖面图

2700
745 675 745 535
2700
535 745 675 745
外墙最高点 7.645
二层楼板 3.440
室内地坪 ±0.000
室外地坪 −0.350
5.140
−0.450
415 2165 535 720 2660 720 535 2165 415
10330
1 2 3 4 5 6 7 8

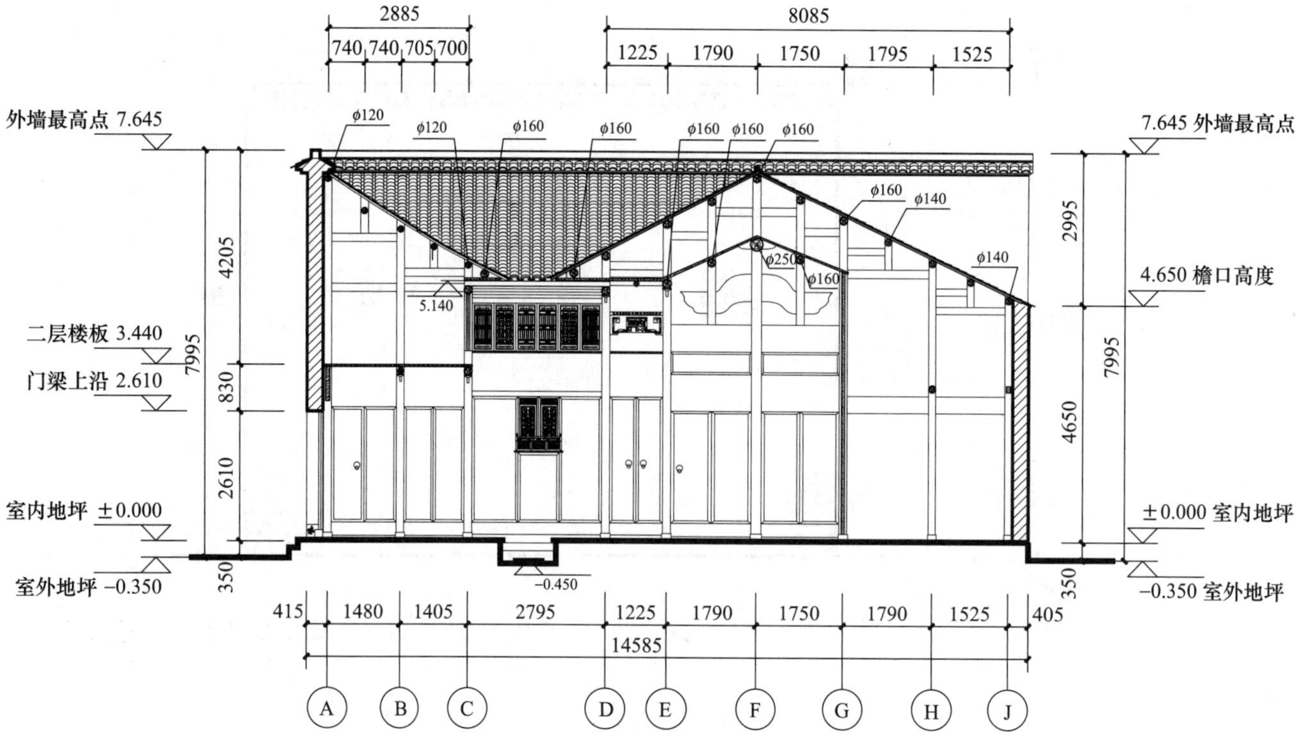

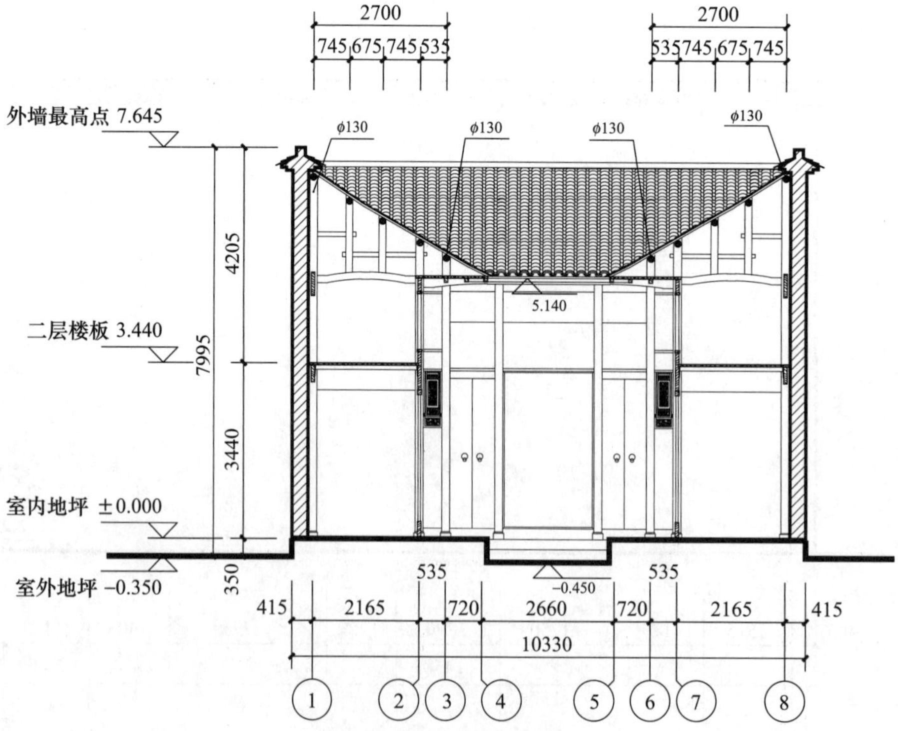

横路村彩焕凝霞 2—2 剖面图

景德镇市乐平市涌山镇涌山村大弄仂 7 号

大弄仂 7 号民居位于景德镇市乐平市涌山镇涌山村，位于村中部，坐东朝西。目前房屋处于有人居住状态，干净整洁，保护状况较好。

建筑平面方正，为两进两天井形式，总面阔 11.02m，总进深 15.47m，占地面积 170.48m^2。建筑为砖木结构，两层，呈中轴对称式布局，中轴线上由西至东依次布局下堂、前天井、正堂、后天井。

大门外建有典型的门罩，上架小披檐。门罩中部为精致砖雕，设字匾，内部边框由墨绘组成。门梁为青石，门框四周用水磨砖对缝砌筑，下有门枕石。建筑外墙由下至上为碎石墙裙、碎石与砖混合砌筑、粉墙。入口立面白墙灰瓦，白墙两侧腰间各有葫芦状窗洞两个。山墙形式均为“一”字形。

建筑采用穿斗式木构架。第一进为单坡顶，明间二柱、二骑、五檩，屋脊高 7.14m，外墙高 7.67m。第二进双坡顶，明间五柱、五骑、十一檩，屋脊高 7.53m，外墙高 7.67m。正堂明间由太师壁分成前堂和后堂，前堂采用假屋面装饰，面积为 12.17m^2（面阔 × 进深：3.94m×3.09m），后堂面积为 11.19m^2(面阔 × 进深：3.94m×2.84m)。天井为条石铺砌，前天井净尺寸为 2.40m×0.88m，后天井净尺寸为 1.41m×1.02m。正堂檐口与厢房檐口等高。前天井和堂屋、厢房部分形成完整的“四水归堂”式，后天井和厢房、背立面墙体组成“三水归堂”式。

建筑内部木雕简洁，只在窗扇、丁头拱等部位做雕饰，多采用植物、人物故事等纹饰，多数采用浅浮雕雕刻工艺。

北
1
2
天井
-0.180
(条石铺地)
1020
1410
柱径φ120
础方 200
柱径φ160
础方 260
柱径φ200
础方 320
柱径φ150
础方 260
房
0.170
(水泥铺地)
(木板铺地)
后堂
前堂
下堂
±0.000
2400
-0.250
880
-0.550
460
2490
1420
1525
1560
1020
2725
2385
15465
2180
900
580
420
1935
11015
A
B
C
D
E
F
G
H
J
1
2
3
4
5
6
7
8
9
10

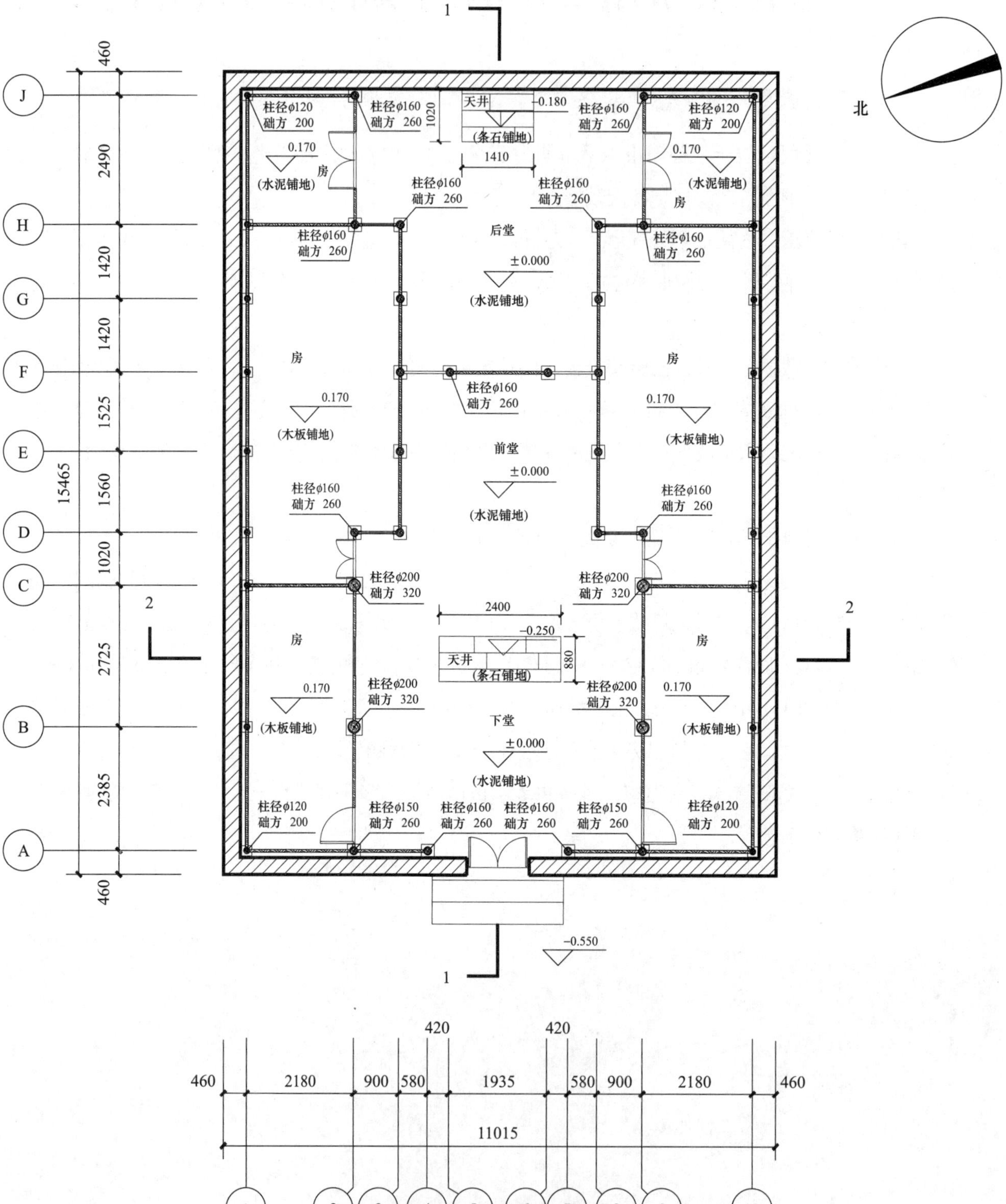

涌山村大弄仂7号一层平面图

460
2490
1420
1420
1525
1560
1020
2725
2385
460
15465
J
H
G
F
E
D
C
C
A
3.325
(木楼板)
3.075
(木楼板)
3.075
(木楼板)
柱径φ120
柱径φ160
柱径φ160
柱径φ120
柱径φ160
柱径φ160
柱径φ120
柱径φ200
柱径φ200
柱径φ120

420
420
460
2180
900
580
1935
580
900
2180
460
11015
1
2
3
4
5
6
7
8
9
10

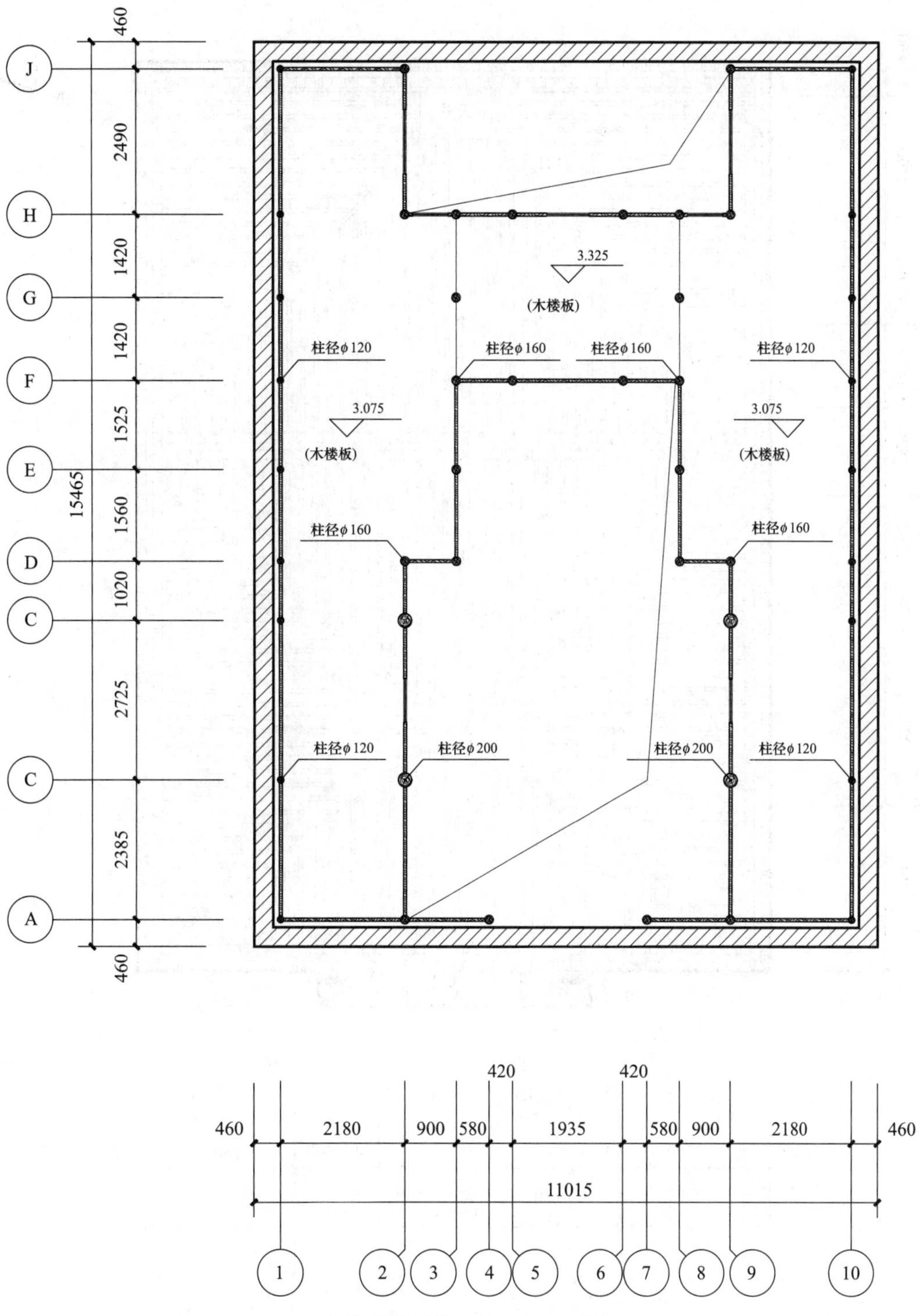

涌山村大弄仂 7 号二层平面图

北

460
J
2490
H
1420
G
1420
F
1525
E
15465
1560
D
1020
C
2725
B
2385
A
460
天井
天井

420
420
460
2180
900
580
1935
580
900
2180
460
11015
1
2
3
4
5
6
7
8
9
10

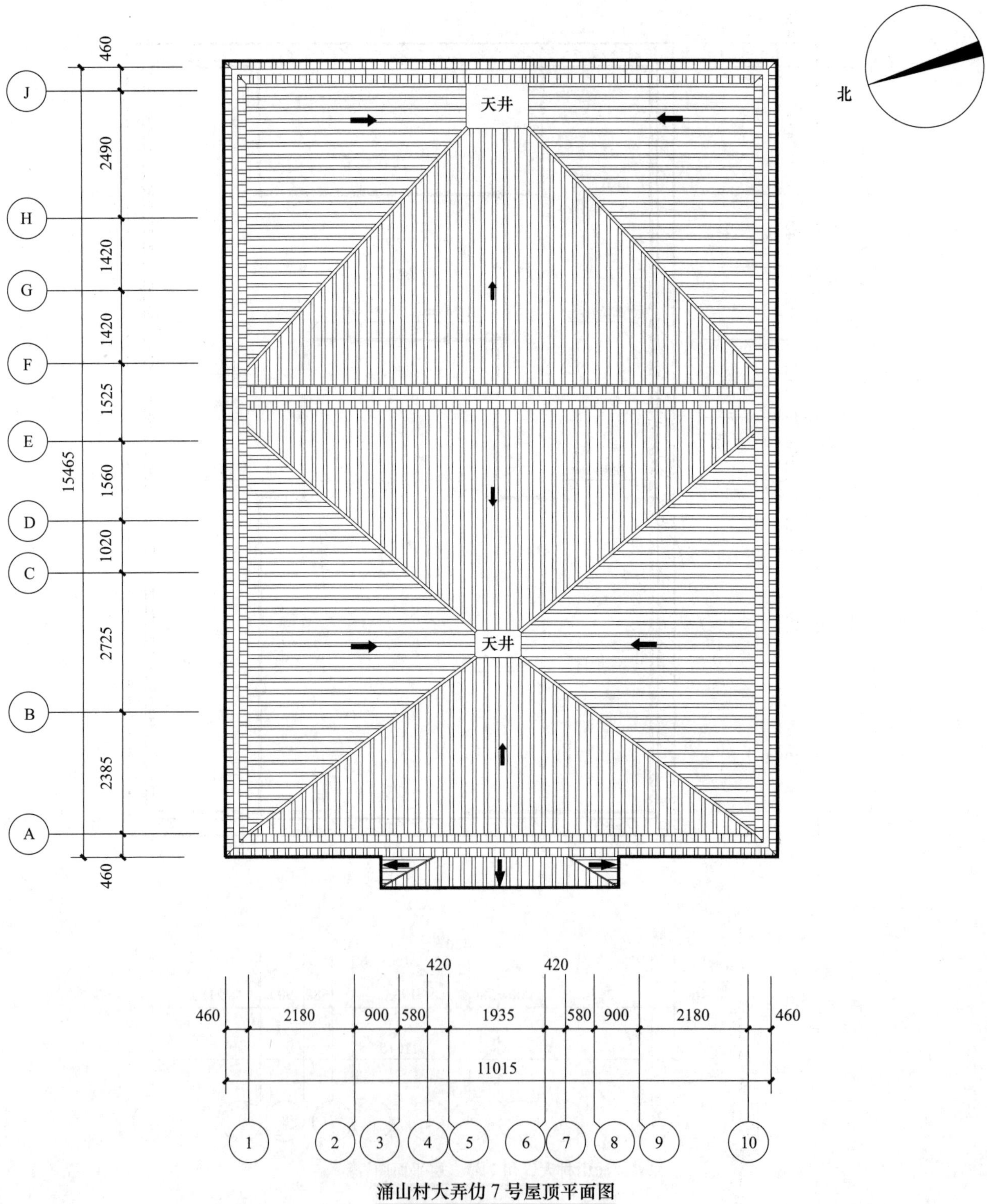

涌山村大弄仂 7 号屋顶平面图

外墙最高点 7.665
门梁 2.700
门洞 2.175
门槛 0.035
室外地坪 -0.550
4965
8215
525
2140
585
水磨石
粉墙
420
420
460
2180
900
580
1935
580
900
2180
460
11015
1
2
3
4
5
6
7
8
9
10

涌山村大弄仂 7 号入口立面图

外墙最高点 7.665
8215
室外地坪 -0.550
粉墙
460
2385
2725
1020
1560
1525
1420
1420
2490
460
15465
A
B
C
D
E
F
G
H
J

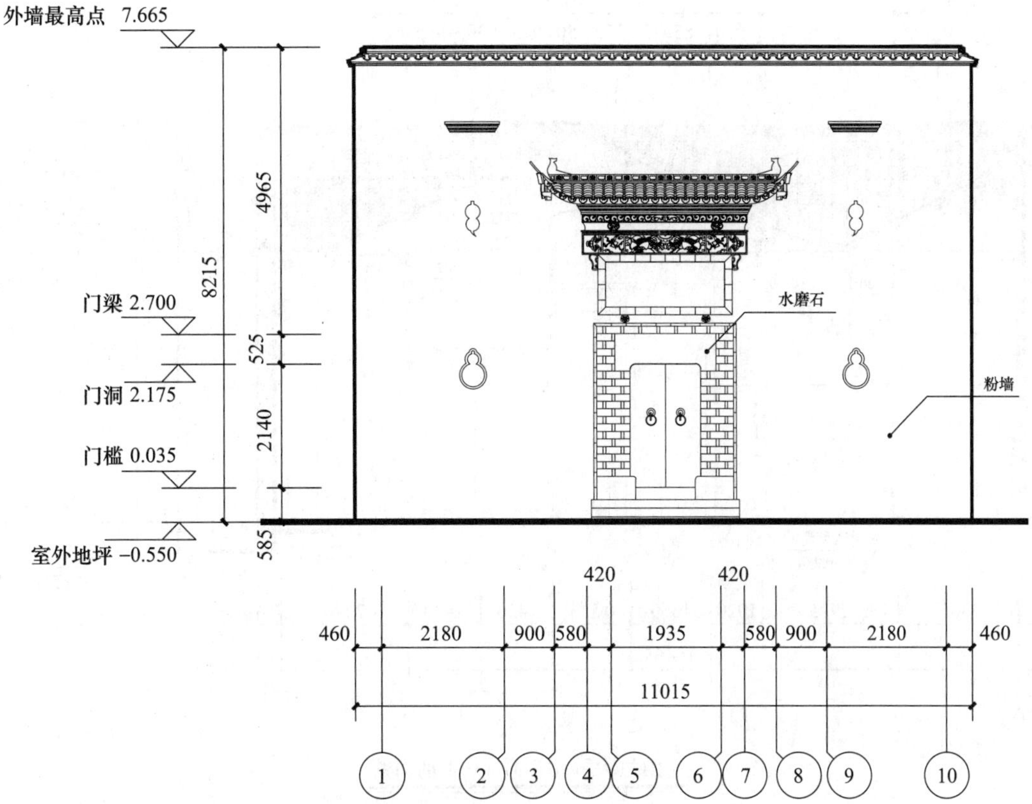

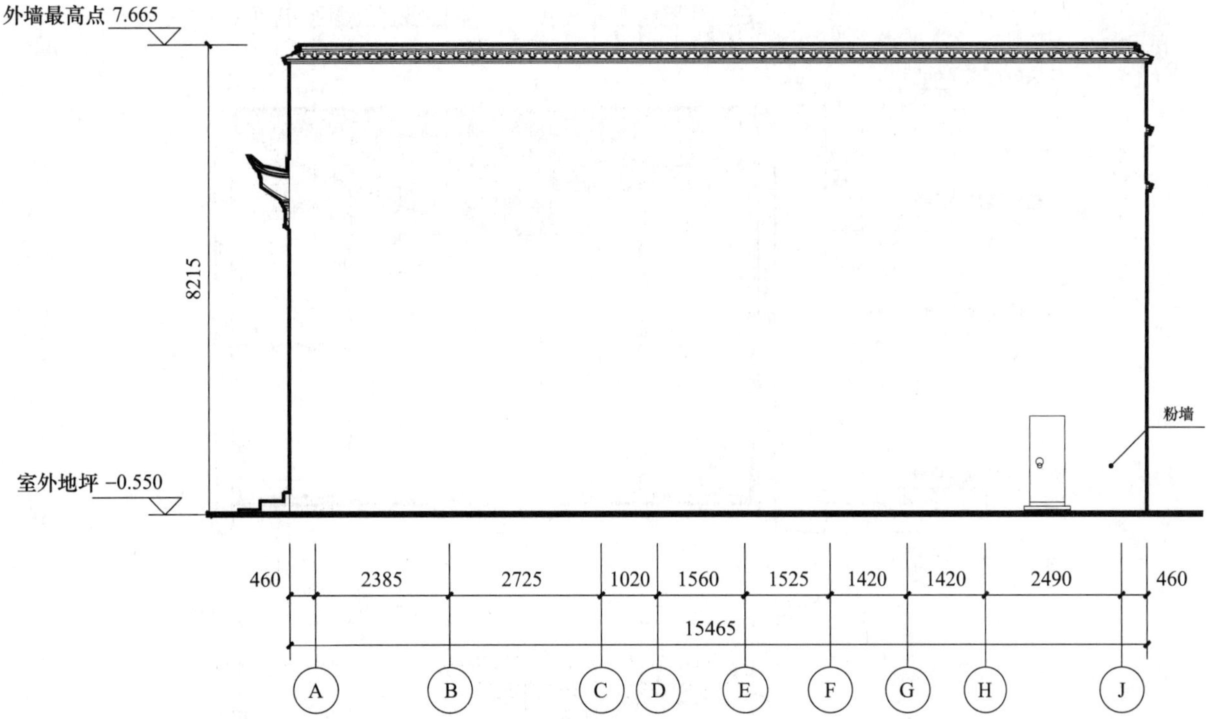

涌山村大弄仂 7 号侧立面图

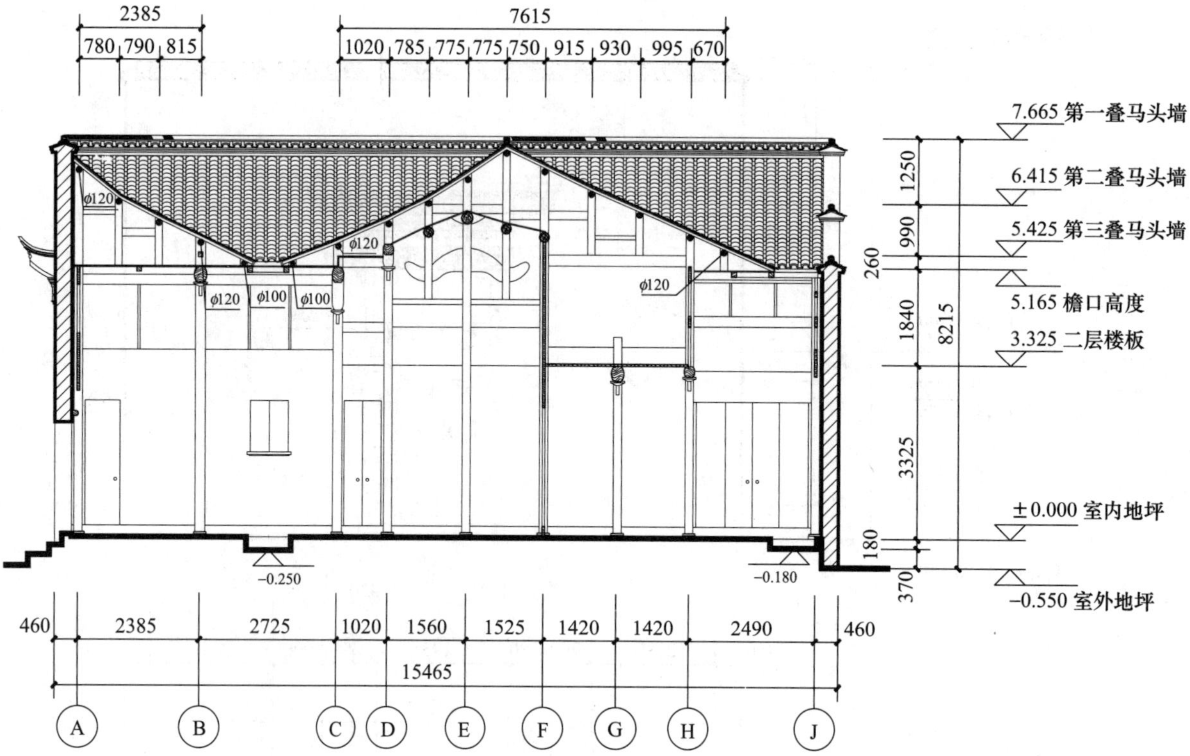
2385
780 790 815
7615
1020 785 775 775 750 915 930 995 670
7.665 第一叠马头墙
6.415 第二叠马头墙
5.425 第三叠马头墙
5.165 檐口高度
3.325 二层楼板
±0.000 室内地坪
-0.550 室外地坪
1250
990
260
1840
8215
3325
180
370
ϕ120
ϕ100
-0.250
-0.180
460 2385 2725 1020 1560 1525 1420 1420 2490 460
15465
A B C D E F G H J

涌山村大弄仂 7 号 1—1 剖面图

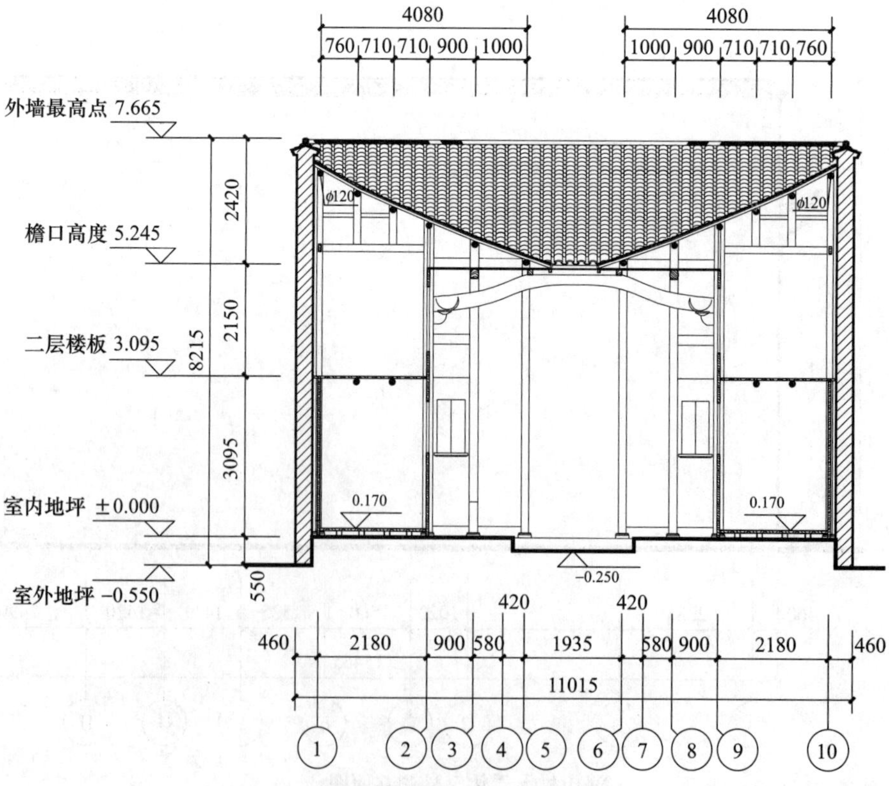
4080
760 710 710 900 1000
4080
1000 900 710 710 760
外墙最高点 7.665
檐口高度 5.245
二层楼板 3.095
室内地坪 ±0.000
室外地坪 -0.550
2420
2150
3095
8215
550
ϕ120
0.170
-0.250
420
420
460 2180 900 580 1935 580 900 2180 460
11015
1 2 3 4 5 6 7 8 9 10

涌山村大弄仂 7 号 2—2 剖面图

景德镇市乐平市涌山镇涌山村王家街 10 号

王家街 10 号住宅位于景德镇市乐平市涌山镇涌山村中部。目前房屋有人居住，保护状况尚可，梁柱结构稳定。

建筑平面形制为三进两天井带附房形式，入口为侧入式。建筑呈中轴对称式布局，中轴线上由南至北依次布局附房、下堂、前天井、中堂、后天井、上堂。砖木结构，局部两层。建筑总面阔 15.41m，总进深 22.03m（含附房），占地面积 336.8m^2。其中附房面积为 57.70m^2（总面阔 × 总进深：14.87m×3.88m）。

该建筑入口采用叠涩式门罩，其下带有墨绘。门梁和门框均为青石，建筑外墙采用粉刷形式，山墙形式均为“一”字形。

主体建筑面阔三间，两侧分别附加过廊和楼梯，进深三进。下堂明间面积为 12.14m^2（面阔 × 进深: 4.40m×2.76m），明间面阔与通面阔之比为 4.40m ∶ 15.41m，屋脊高 7.32m，外墙高 7.70；中堂明间由太师壁分成前后堂，前堂面积为 4.40m^2（面阔 × 进深：4.40m×1.00m），后堂面积为 18.30m^2（面阔 × 进深：4.40m×4.16m），明间面阔与通面阔之比为 4.40m ∶ 15.41m；中堂屋脊高 7.50m，外墙高 7.70m；上堂明间面积为 15.10m^2（面阔 × 进深：6.40m×2.36m），明间面阔与通面阔之比为 6.40m ∶ 15.41m，屋脊高 7.50m，外墙高 7.70m。天井尺寸偏大，前天井净尺寸为 4.60m×2.31m，后天井净尺寸为 4.90m×2.31m。正房与厢房檐口等高。

建筑下堂为单坡草架屋顶，向前天井倾斜，穿斗式木构架，三柱、二骑、六檩；中堂为双坡屋面，穿斗式木构架，五柱、二骑、十一檩，后檐柱与后金柱间设置轩廊；走檐梁和关口梁较粗，直径 0.26m；上堂为单坡屋面，向后天井倾斜，二柱、二骑、五檩，二层储藏空间净高较矮，最高处仅有 1.20m。前后两个天井部分的堂屋、厢房屋面分别等高，形成前后两个完整的“四水归堂”式天井。

建筑内部木雕简洁，只在窗扇、护净、丁头拱等部位做雕饰，多采用卷草、莲花、梅花、花瓶、仙鹤、万字纹、人物故事等纹饰。堂屋檐口采用月梁上架挑手木，支撑屋面挑出部分的挑檐檩，其余部位无过多装饰。

北
上堂
中堂
下堂
天井
房
入口
下
上
柱径φ170
柱径φ240
柱径φ240 础径φ280
柱径φ300 础径φ350
±0.000 (水泥铺地)
0.290 (木板铺地)
0.140 (木板铺地)
-0.050 (条石铺地)
-0.100 (条石铺地)
-0.300 (条石铺地)
-0.080 (水泥铺地)
-0.320 (三合土地面)
0.260
0.140
-0.320
2310
4900
1380
4600
1400
1790
730
470 1100 2700 1000 1000 2400 1000 1000 2000 1070 1200 470
15410
480 2360 3000 1120 2130 2030 1000 2710 1380 1380 565 1730 1700 445
22030

涌山村王家街10号一层平面图

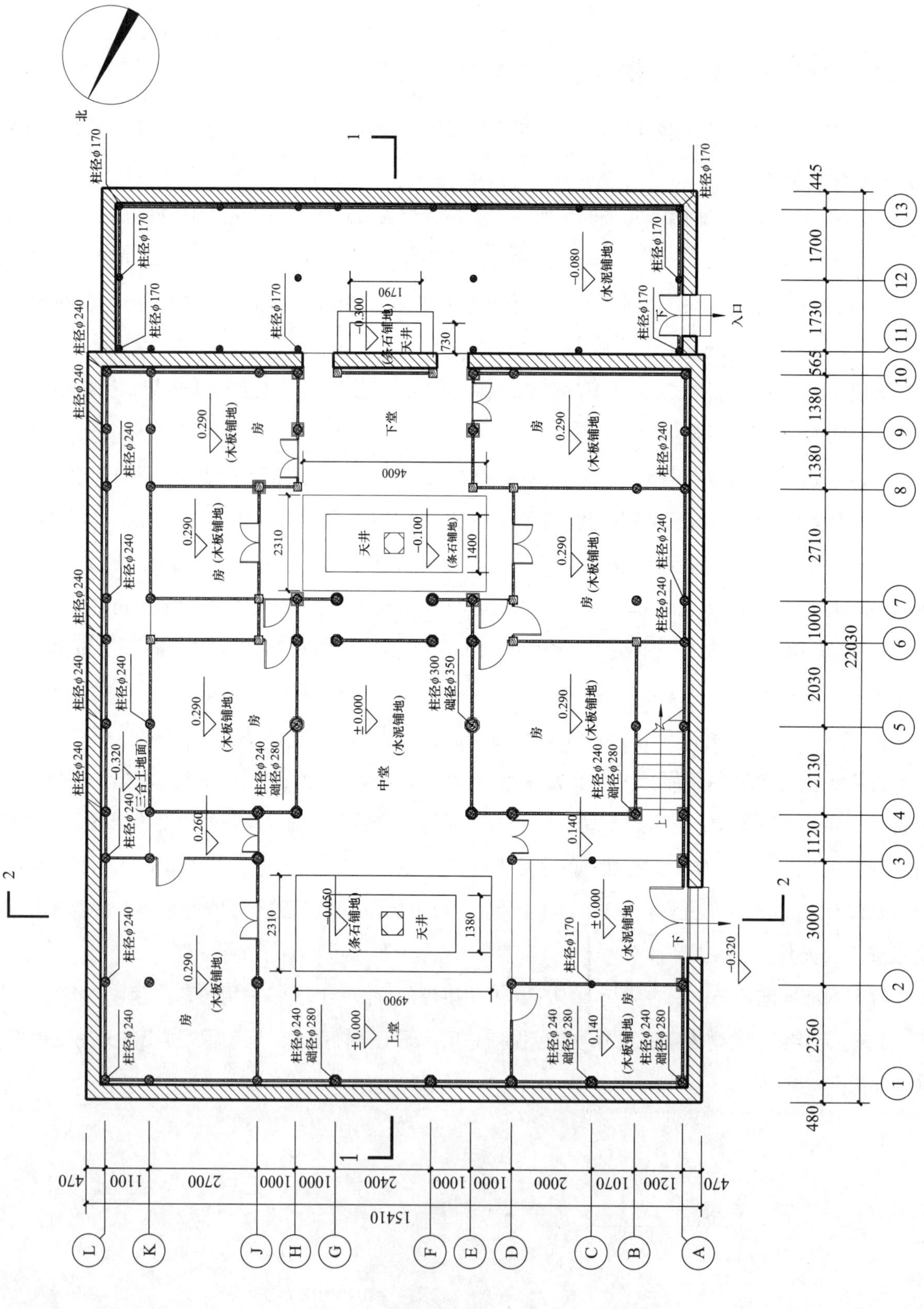

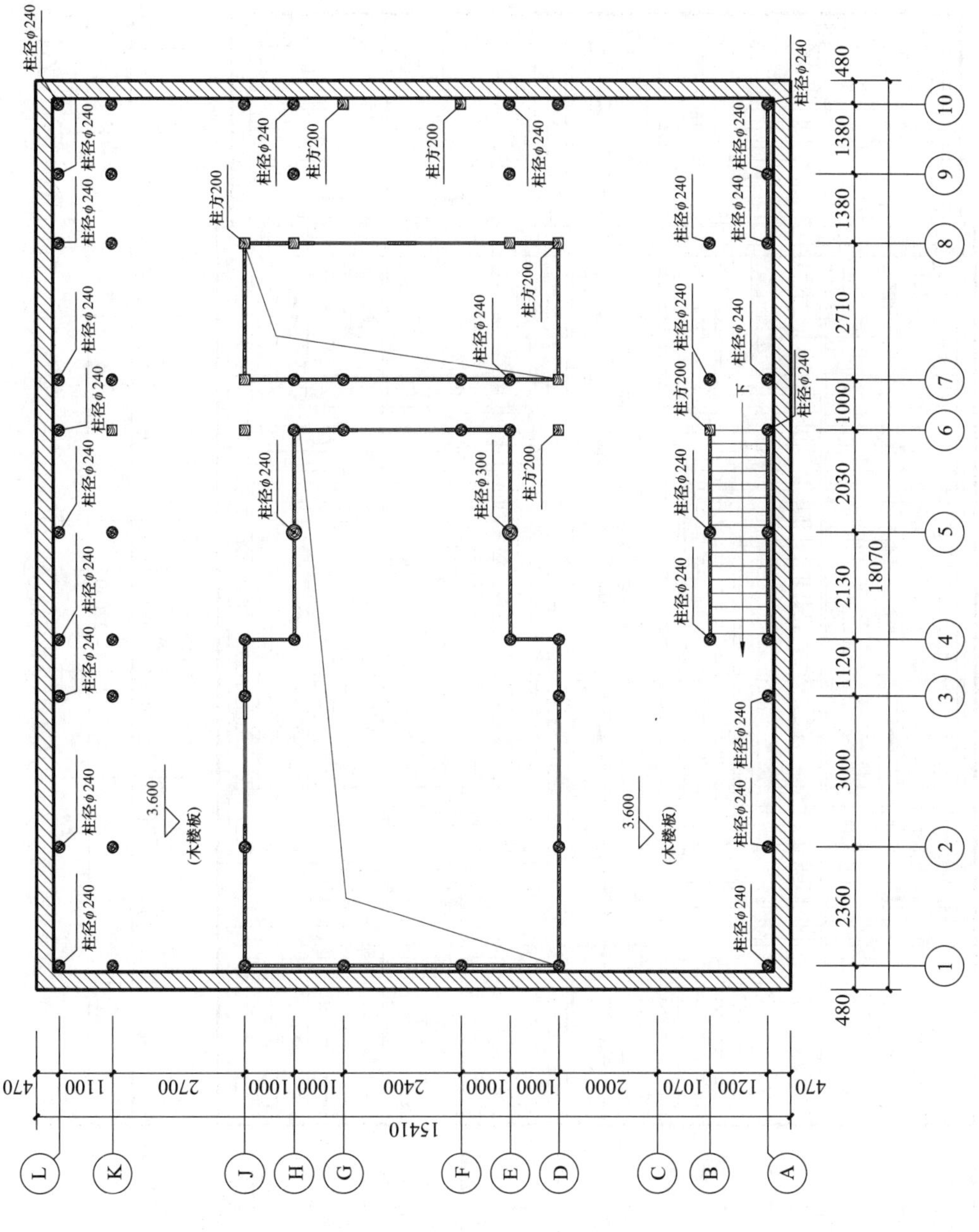

柱径φ240
柱方200
柱径φ300
3.600
(木楼板)
下
480
1380
1380
2710
1000
2030
2130
1120
3000
2360
480
18070
1
2
3
4
5
6
7
8
9
10
470
1100
2700
1000
1000
2400
1000
1000
2000
1070
1200
470
15410
L
K
J
H
G
F
E
D
C
B
A

涌山村王家街 10 号二层平面图

北
天井
天井
天井
445
1700
1730
565
1380
1380
2710
1000
2030
2130
1120
3000
2360
480
22030
470
1100
2700
1000
1000
2400
1000
1000
2000
1070
1200
470
15410

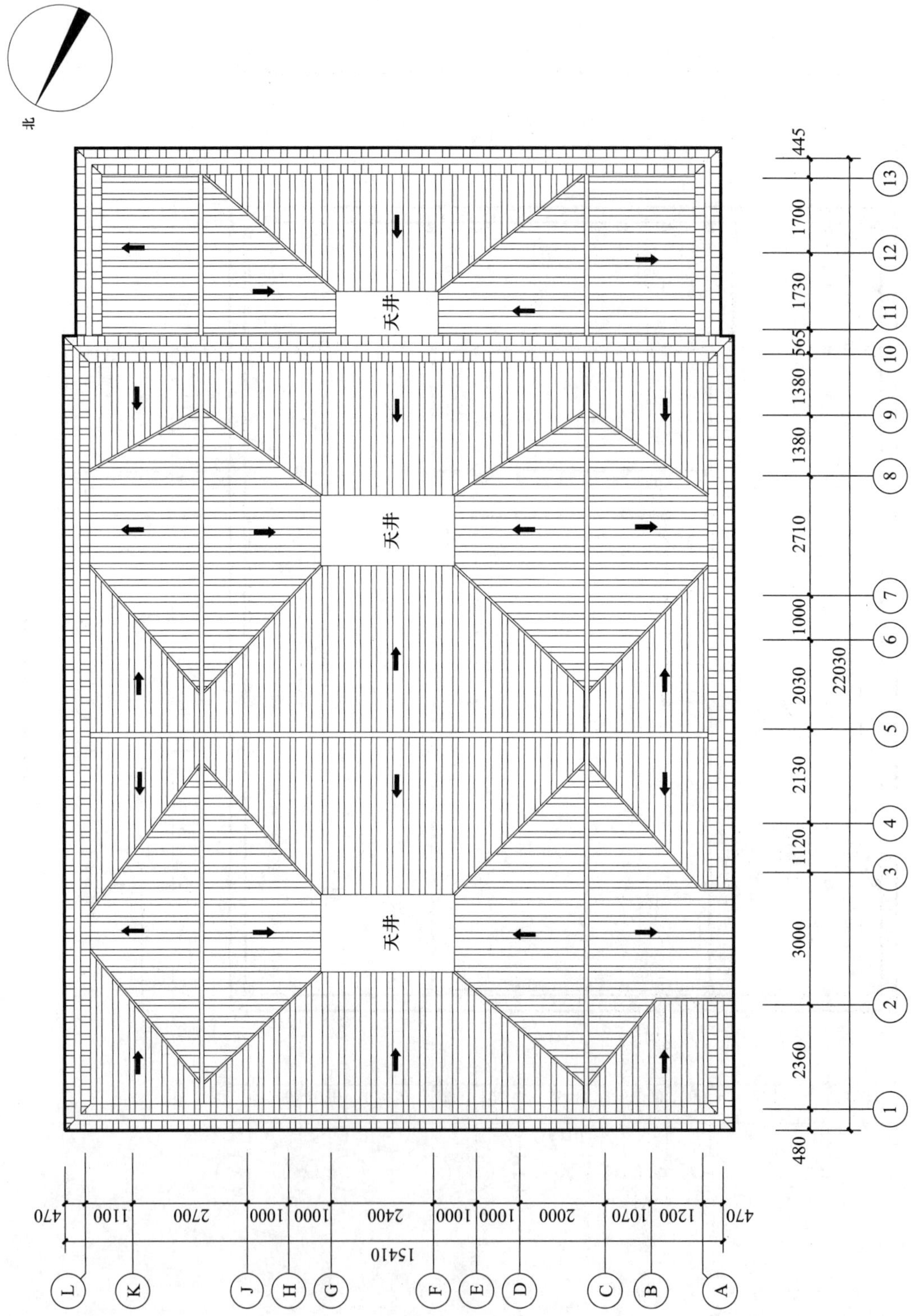

涌山村王家街 10 号屋顶平面图

外墙最高点 7.695
檐口高度 6.200
门楣 3.135
门仪 2.785
门槛 0.160
室外地坪 -0.320
水磨石
粉墙
6.085 外墙最高点
4.685 屋脊最高点
-0.320 室外地坪
22030

涌山村王家街 10 号西立面图

外墙最高点 7.695
檐口高度 6.200
室内地坪 ±0.000
室外地坪 -0.320
6.085 外墙最高点
5.155 屋脊最高点
3.980 檐口高度
-0.080 室内地坪
-0.320 室外地坪
22030

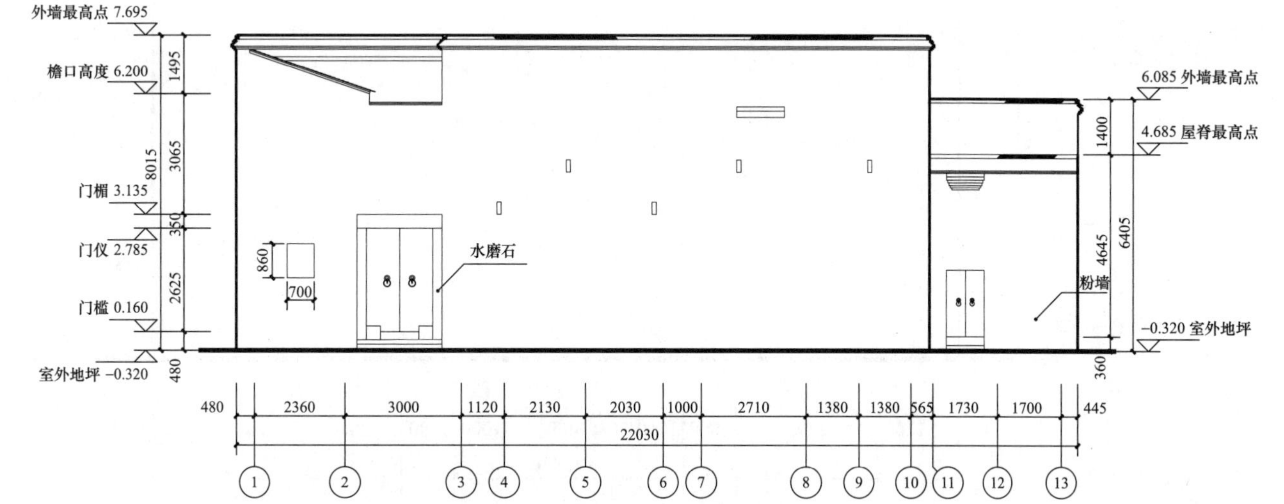

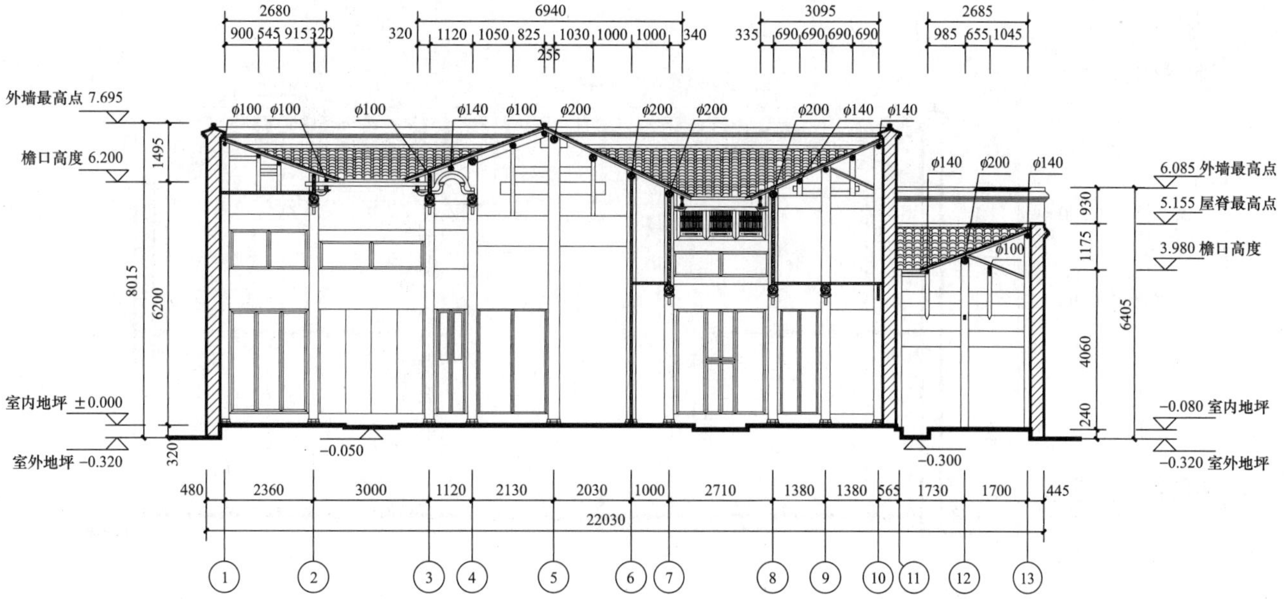

涌山村王家街 10 号 1—1 剖面图

外墙最高点 7.695
8015
粉墙
室外地坪 −0.320
475
1100
2700
1000
1000
2400
1000
1000
2000
1070
1200
475
15420
L
K
J
H
G
F
E
D
C
B
A

涌山村王家街 10 号北立面图

4800
550
550
920
580
580
620
1000
5270
1000
715
725
560
1070
600
600
外墙最高点 7.695
屋脊最高点 7.375
檐口高度 6.200
二层楼板 3.400
室内地坪 ±0.000
室外地坪 -0.320
320
1175
2800
8015
3400
50
270
φ240
6.160
−0.050
470
1100
2700
1000
1000
2400
1000
1000
2000
1070
1200
470
15410
L
K
J
H
G
F
E
D
C
B
A

涌山村王家街 10 号 2—2 剖面图

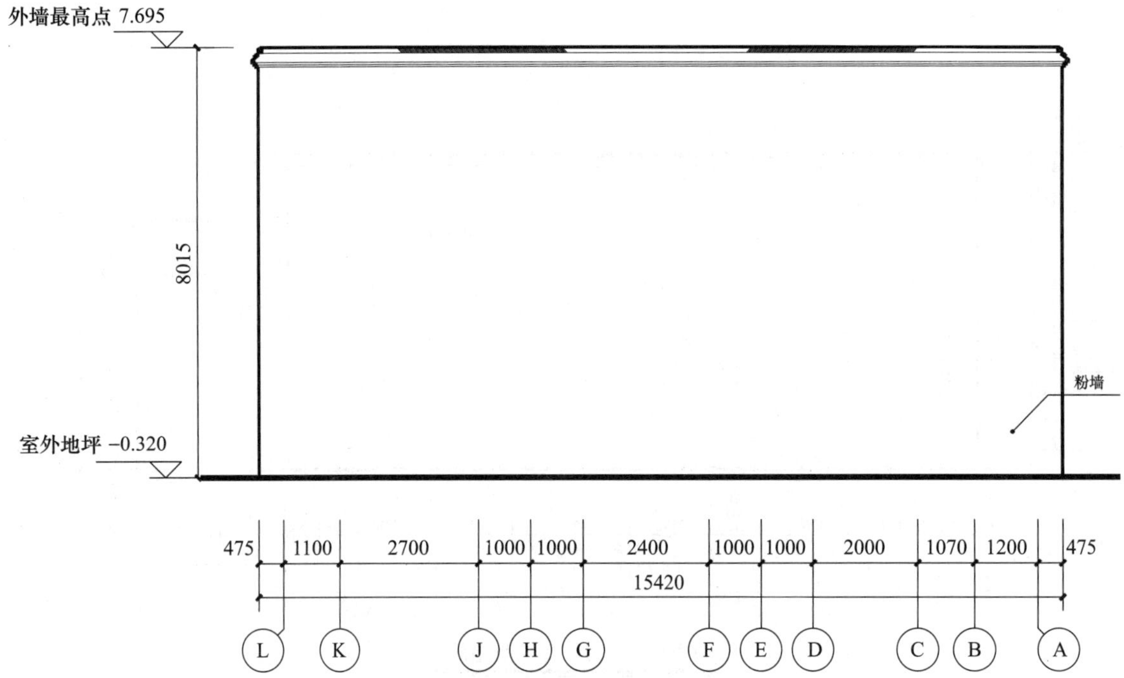

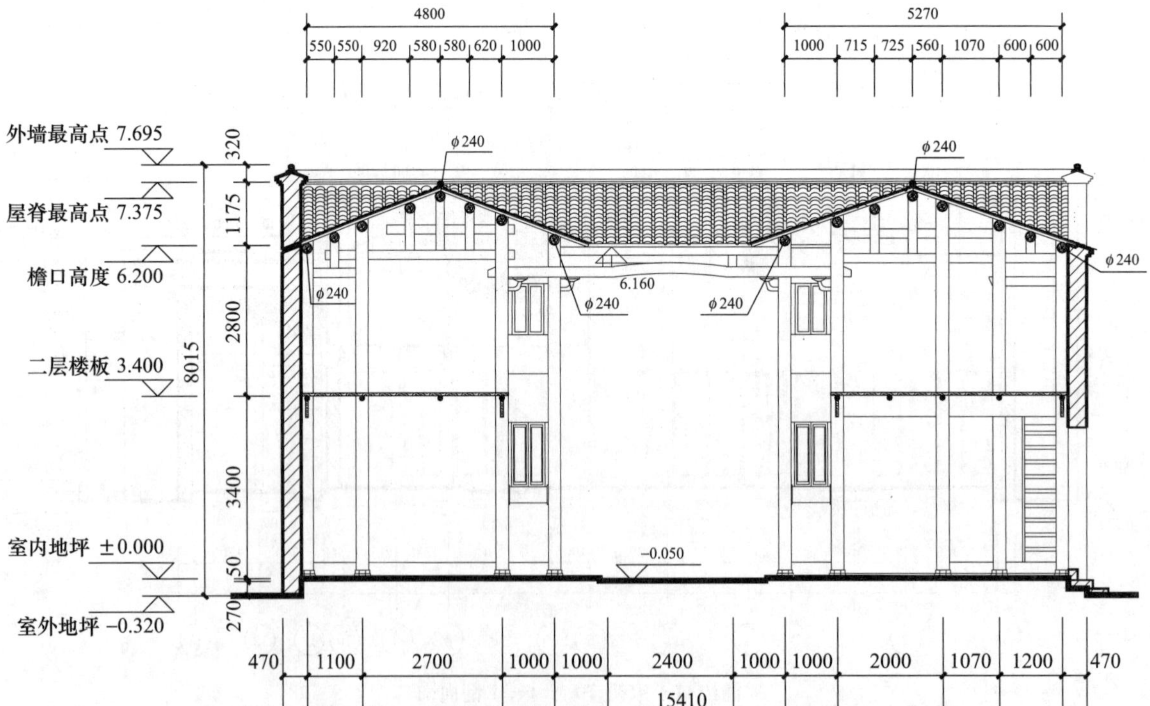

景德镇市乐平市涌山镇涌山村州判府

州判府位于景德镇市乐平市区涌山镇涌山村河畔，坐西朝东。目前房屋处于空置状态，近期进行了维修，保护状况良好。

建筑平面形制为三开间三进两天井形式，呈中轴对称式布局，中轴线上由东至西依次布局下堂、前天井、中堂、后天井、上堂。砖木结构，局部两层。建筑总面阔 15.07m，总进深 22.33m，占地面积 336.51m^2。

建筑入口为典型的门罩式，上架小披檐，两端有鹊尾式起翘。上枋有精致砖雕，刻有人物故事与祥瑞植物，下为门匾，内雕有“竹苞松茂”四字。门梁和门框均为青石，门梁中央雕刻动物纹样。门框下有门枕石，带有精美雕刻。建筑外墙由墙裙和粉墙组成。通观入口立面，白墙灰瓦，白墙两侧腰间各有镂空花窗两个，其上有线脚型窗眉。建筑四周轮廓为平直形，整体轮廓呈方盒状。

下堂明间面积为 24.87m^2（面阔 × 进深：6.51m×3.82m），明间与通面阔之比为 6.51m ∶ 15.07m，屋脊高 9.70m，外墙高 9.86m。中堂明间面积为 31.25m^2（面阔 × 进深：6.51m×4.80m），明间与通面阔之比为 6.51m ∶ 15.07m，由太师壁分为前后堂，假屋面屋脊高 7.40m，屋脊高 9.70m，外墙高 9.86m。上堂明间面积为 16.67m^2（面阔 × 进深：6.51m×2.56m），明间与通面阔之比为 6.51m ∶ 15.07m，假屋面屋脊高 8.76m，屋脊高 9.24m，外墙高 9.86m。楼梯位于上堂侧房。前天井净尺寸为 3.10m×1.56m，后天井净尺寸为 2.60m×1.30m。天井四周的檐口等高，挑檐檩及水枧交圈处理。建筑采用穿斗式，下堂和中堂在面向天井的檐下设轩廊，檐口处采用鹅颈椽。中堂和上堂采用草架做法，中堂为轩廊和“人”字形屋顶，上堂靠墙一侧用假屋面。

第一进下堂为双坡屋面，穿斗式木构架，五柱、四骑、十檩。为解决排水问题，建筑正立面墙体设排水的瓦口。第二进中堂为双坡屋面，两坡屋面坡度大致相等，穿斗式木构架，五柱、四骑、十一檩。第三进上堂为单坡屋面，一侧向前天井倾斜，另一侧向后天井倾斜，四柱、二骑、八檩，整体形成前后两个“四水归堂”式。

建筑内部木雕精美丰富，多见于窗扇、穿枋、月梁、走檐梁等部位，多采用植物、人物故事等图案。其中，中堂月梁雕有“八仙过海”雕饰。建筑立面边缘角有彩绘，古朴典雅，起到点睛的作用。

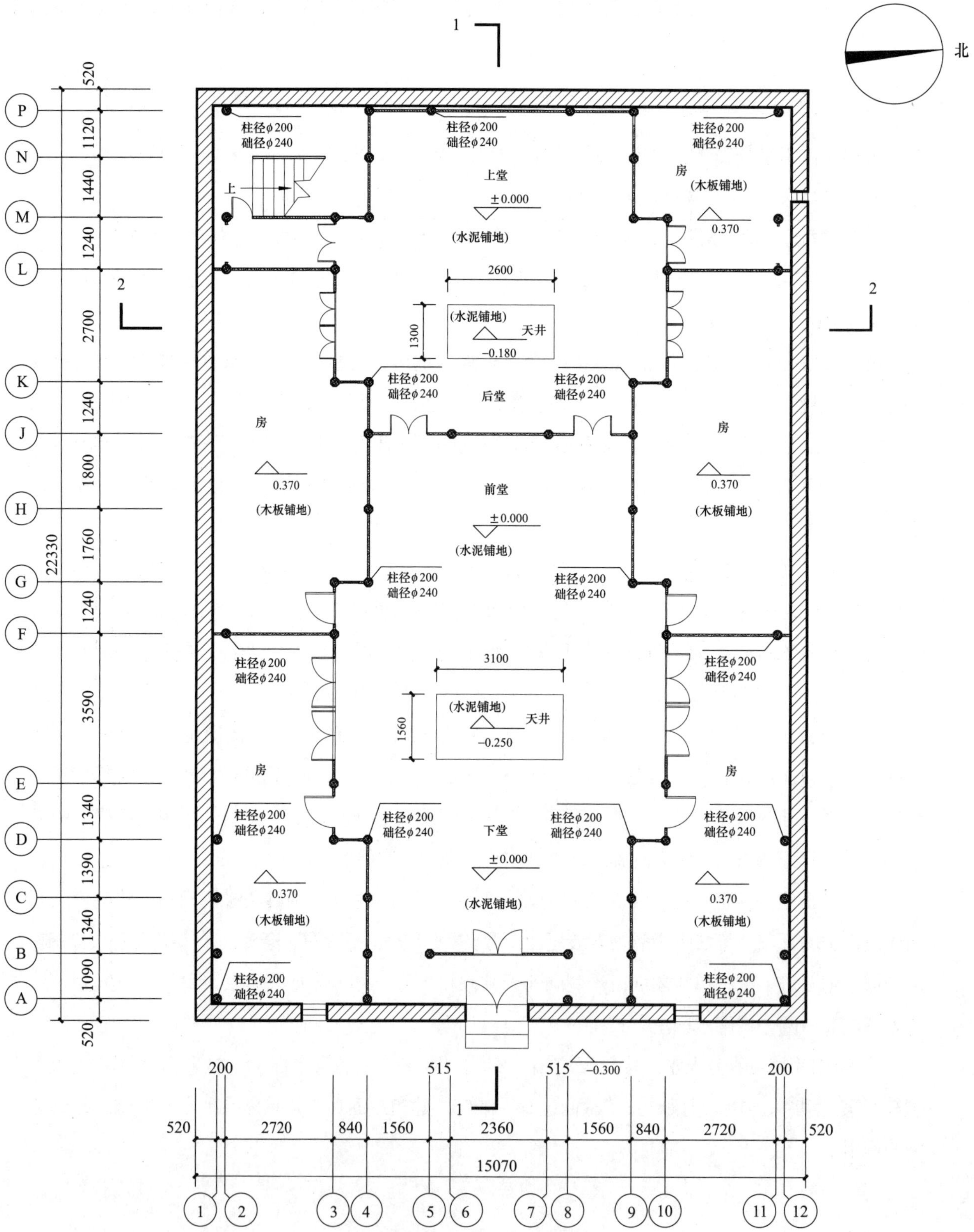
1
北
柱径φ200
础径φ240
上
上堂
±0.000
(水泥铺地)
房
(木板铺地)
0.370
2600
(水泥铺地)
天井
-0.180
1300
后堂
房
0.370
(木板铺地)
前堂
±0.000
(水泥铺地)
3100
(水泥铺地)
天井
-0.250
1560
下堂
±0.000
(水泥铺地)
-0.300
520
1120
1440
1240
2700
1240
1800
1760
1240
3590
1340
1390
1340
1090
520
22330
200
2720
840
1560
515
2360
515
1560
840
2720
200
520
15070
P
N
M
L
K
J
H
G
F
E
D
C
B
A
1
2
3
4
5
6
7
8
9
10
11
12

涌山村州判府一层平面图

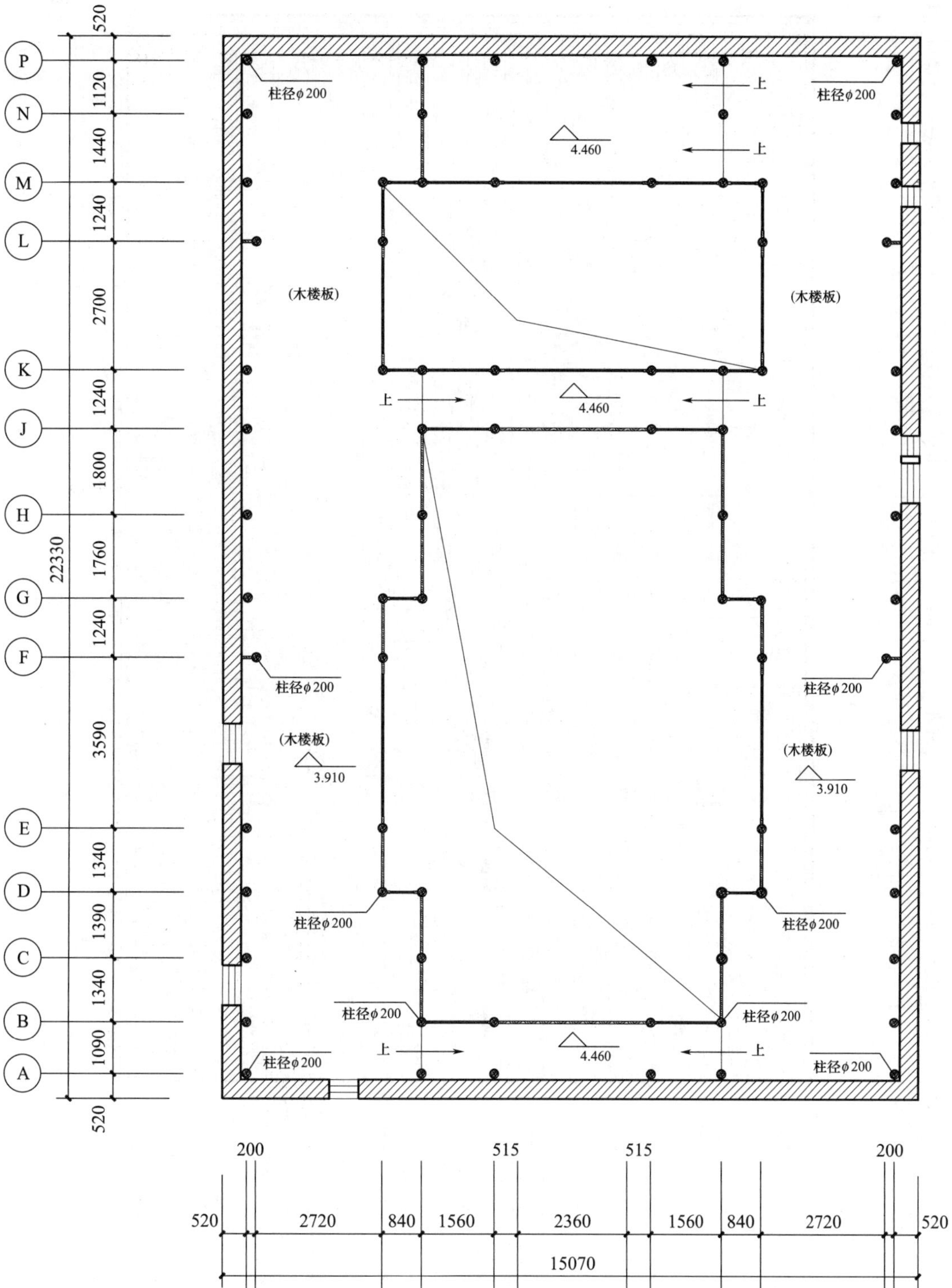
P
N
M
L
K
J
H
G
F
E
D
C
B
A
520
1120
1440
1240
2700
1240
1800
1760
1240
3590
1340
1390
1340
1090
520
22330
柱径φ200
上
4.460
(木楼板)
3.910
520
200
2720
840
1560
515
2360
515
1560
840
2720
200
520
15070
1
2
3
4
5
6
7
8
9
10
11
12

涌山村州判府二层平面图

北

天井
天井
520
1120
1440
1240
2700
1240
1800
1760
1240
3590
1340
1390
1340
1090
520
22330
P
N
M
L
K
J
H
G
F
E
D
C
B
A
200
515
515
200
520
2720
840
1560
2360
1560
840
2720
520
15070
1
2
3
4
5
6
7
8
9
10
11
12

涌山村州判府屋顶平面图

涌山村州判府

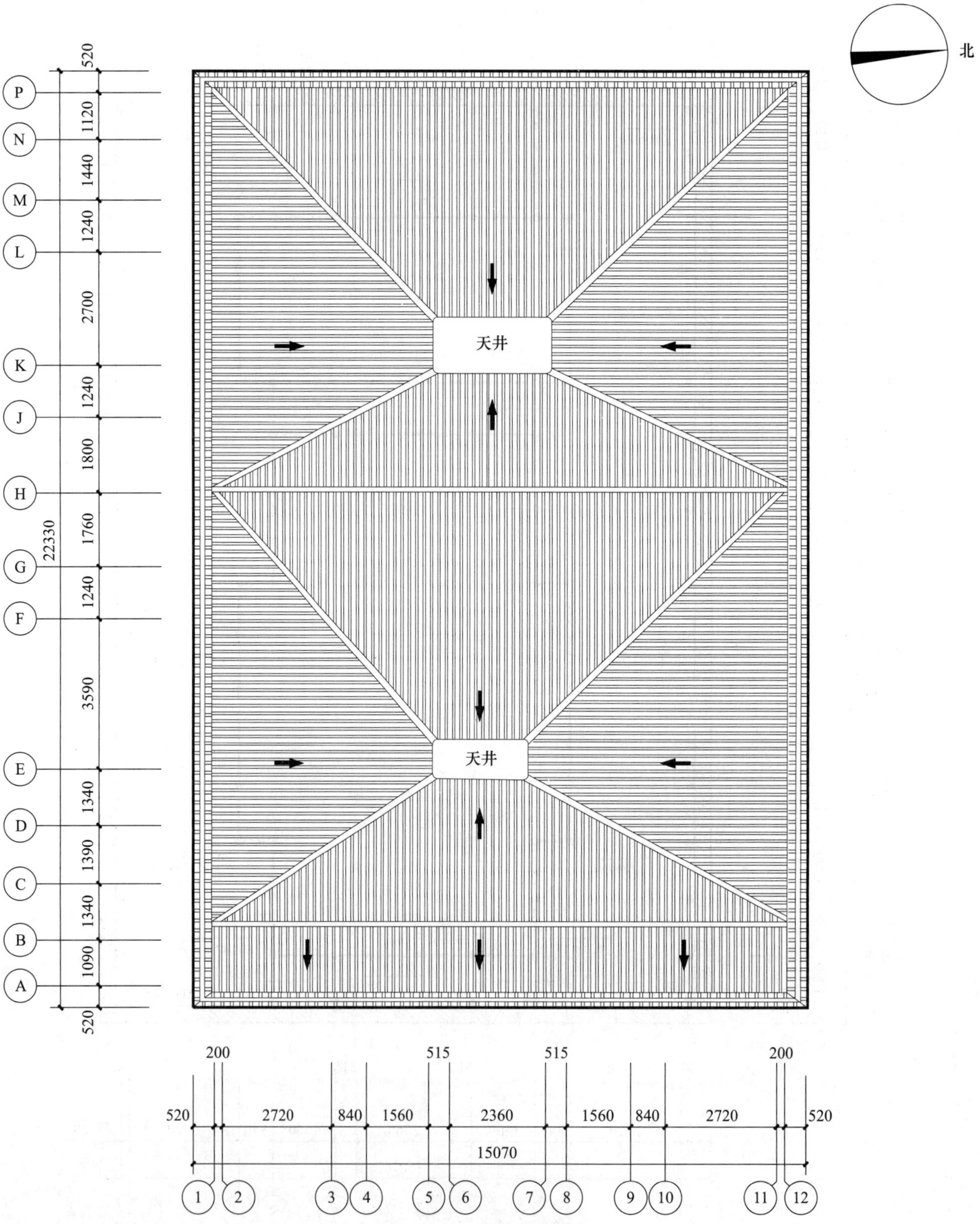

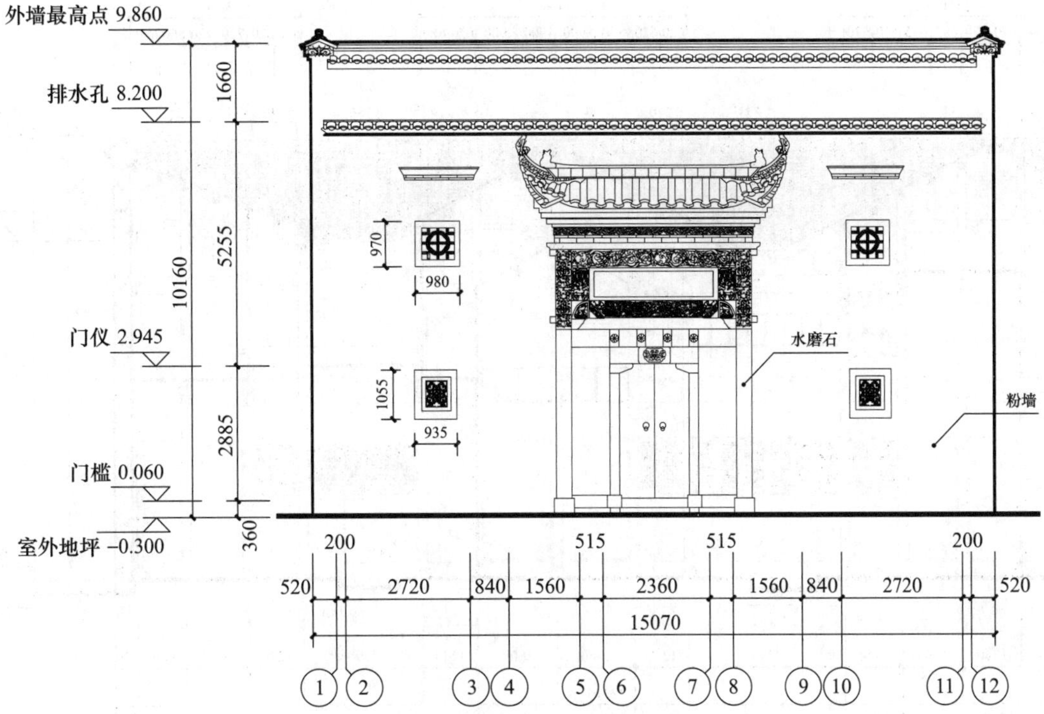
外墙最高点 9.860
排水孔 8.200
门仪 2.945
门槛 0.060
室外地坪 -0.300
1660
5255
2885
360
10160
970
980
1055
935
水磨石
粉墙
200
515
515
200
520
2720
840
1560
2360
1560
840
2720
520
15070
1
2
3
4
5
6
7
8
9
10
11
12

涌山村州判府入口立面图

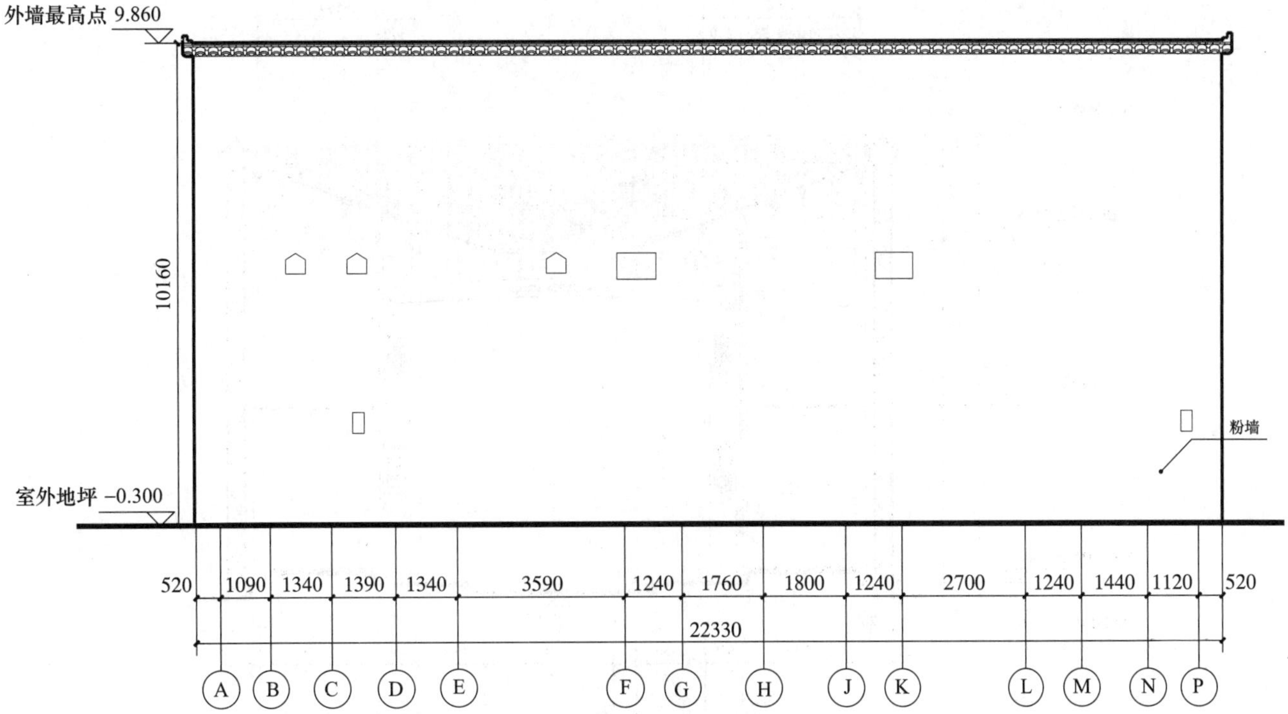
外墙最高点 9.860
10160
室外地坪 -0.300
粉墙
520
1090
1340
1390
1340
3590
1240
1760
1800
1240
2700
1240
1440
1120
520
22330
A
B
C
D
E
F
G
H
J
K
L
M
N
P

涌山村州判府侧立面图

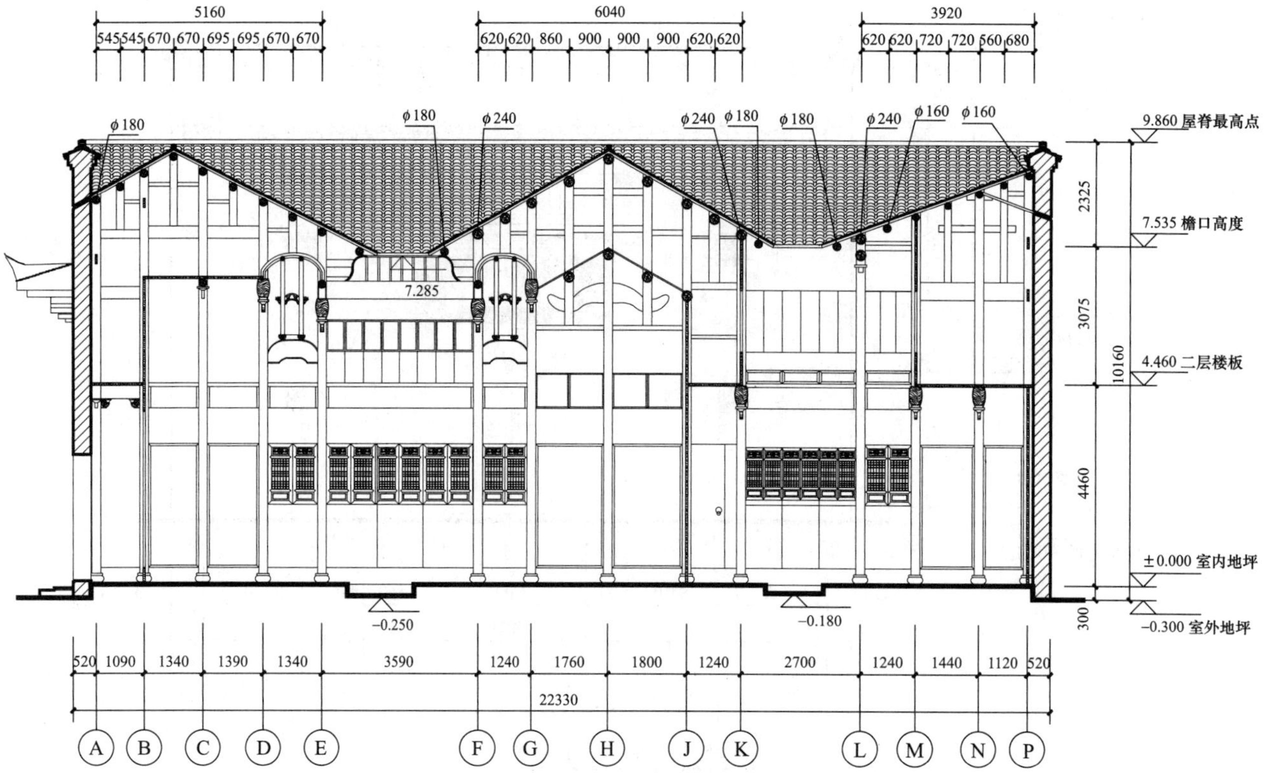

涌山村州判府 1—1 剖面图

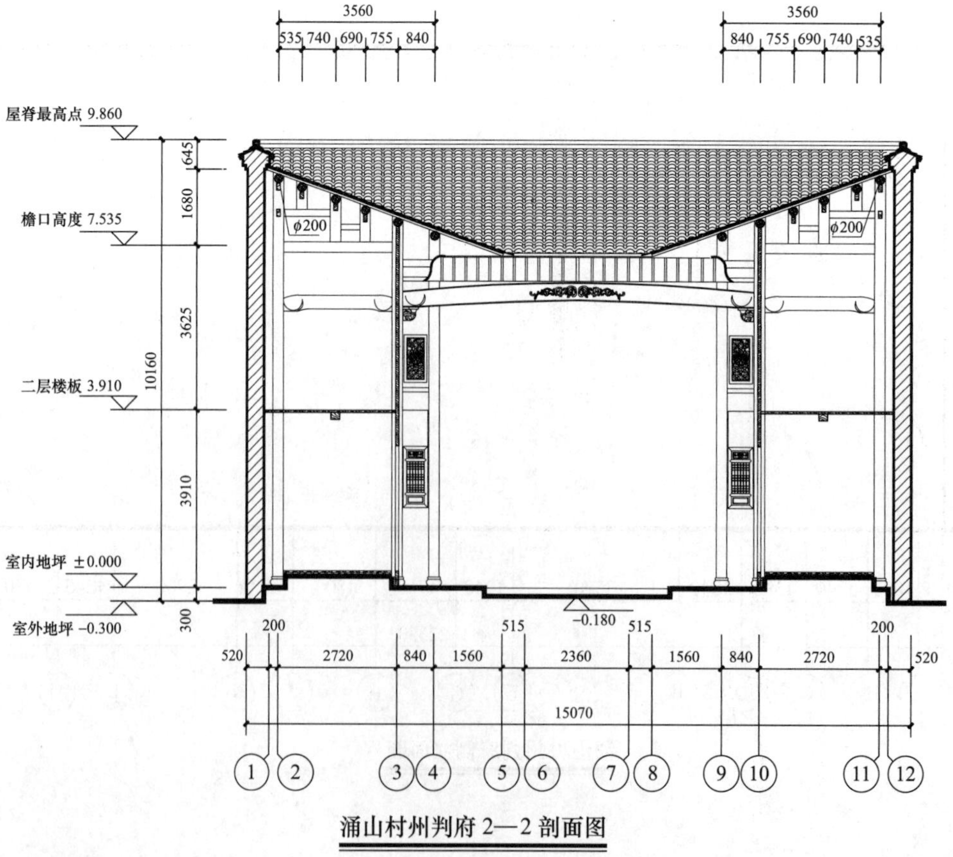

涌山村州判府 2—2 剖面图

景德镇市典当边弄 6 号

典当边弄 6 号位于景德镇市区，坐北朝南，始建于清代，是景德镇市历史建筑。目前房屋还有多家住户居住，保存状况相对良好。屋面和楼板近期进行过维修。

建筑平面形制呈“凹”字形布局，中轴布局，中轴线上前为正堂，后为天井。砖木结构，局部两层。建筑总面阔 21.20m，总进深 13.18m，占地面积 279.42m^2。该建筑的进深较小，其原因可能是位于市区，用地较为紧张，无法纵向发展，只能依据地形横向发展。

该建筑入口采用八字门凹入式，没有门罩，整个建筑均采用青砖眠砌的清水外墙。山墙形式为“一”字形墙与“人”字形墙组合形式，建筑正立面为“一”字形墙和坡屋顶组合，背立面为“一”字形墙。

该建筑为五开间一进一天井形式的住宅，天井采用吸壁式。进门直接进入正堂。正堂明间由太师壁分为前堂和后堂，前堂面积相对较大，面积为 34.90m^2（面阔 × 进深：4.66m×7.49m）。因进深较大，正常局部采用明瓦采光。后堂面积为 14.45m^2（面阔 × 进深：4.66m×3.10m）。建筑采用穿斗式的结构，正堂采用五柱、七骑、十二樽，构架制作简洁、无雕刻装饰。屋脊高 7.88m。天井具有采光、通风、排水的作用，净尺寸为 2.80m×1.17m。正堂檐口与厢房檐口同高，屋面檐口排水采用传统的自由落水形式。建筑为双坡屋面，天井两侧的厢房为单坡屋面，形成三水归堂。屋面施以小青瓦。

建筑木结构主体以及外围墙体几乎没有装饰，非常简洁、朴素。

北
房
厨房
后堂
前堂
天井-0.210
(条石铺地)
(水泥地面)
(木板铺地)
±0.000
0.170
-0.260
2800
1170
柱径φ200
柱径φ180
柱径φ160
柱径φ140
柱径φ220
480
3870
3930
1230
2200
21200
460
1550
1645
2820
1850
13175

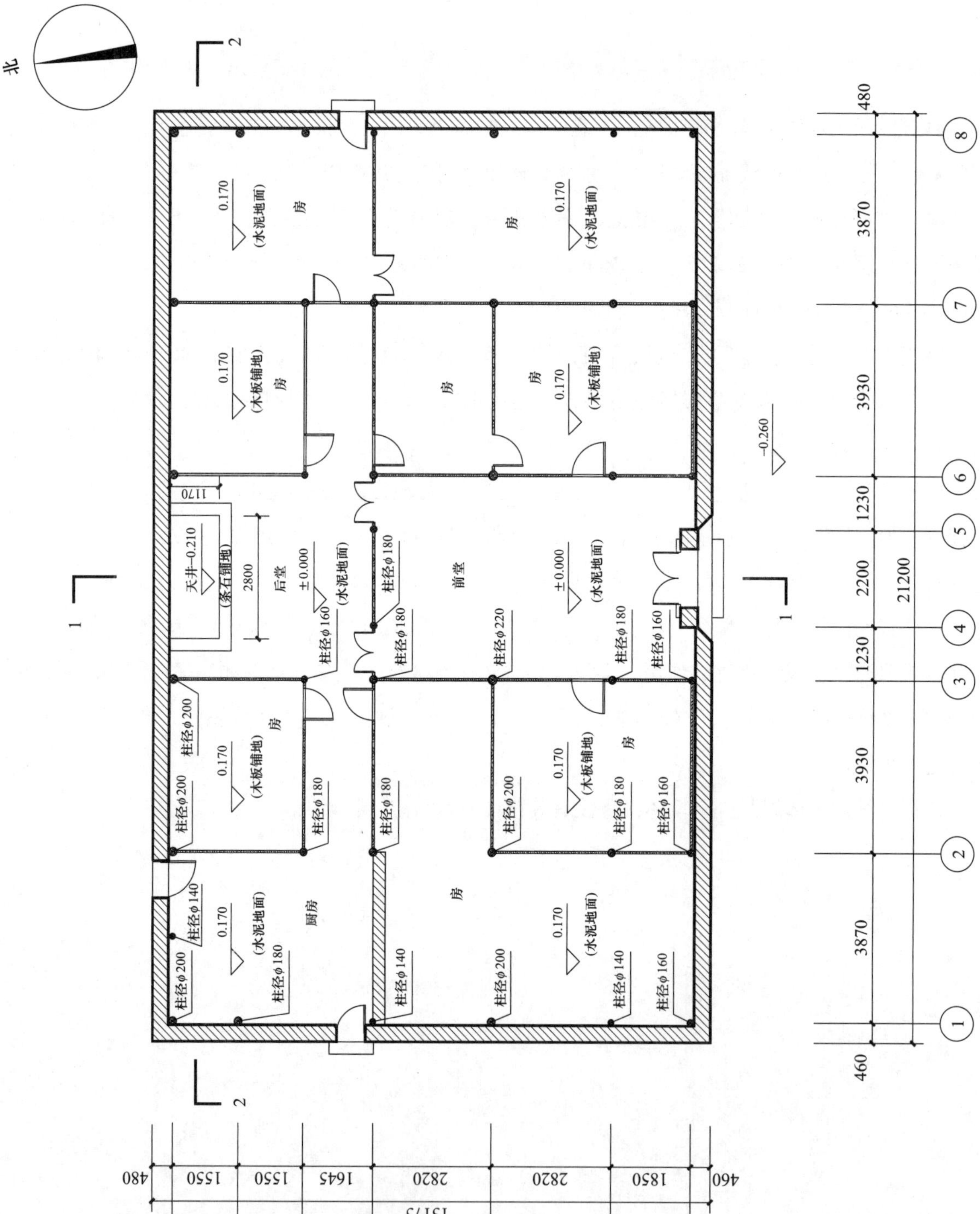

景德镇市典当边弄6号一层平面图

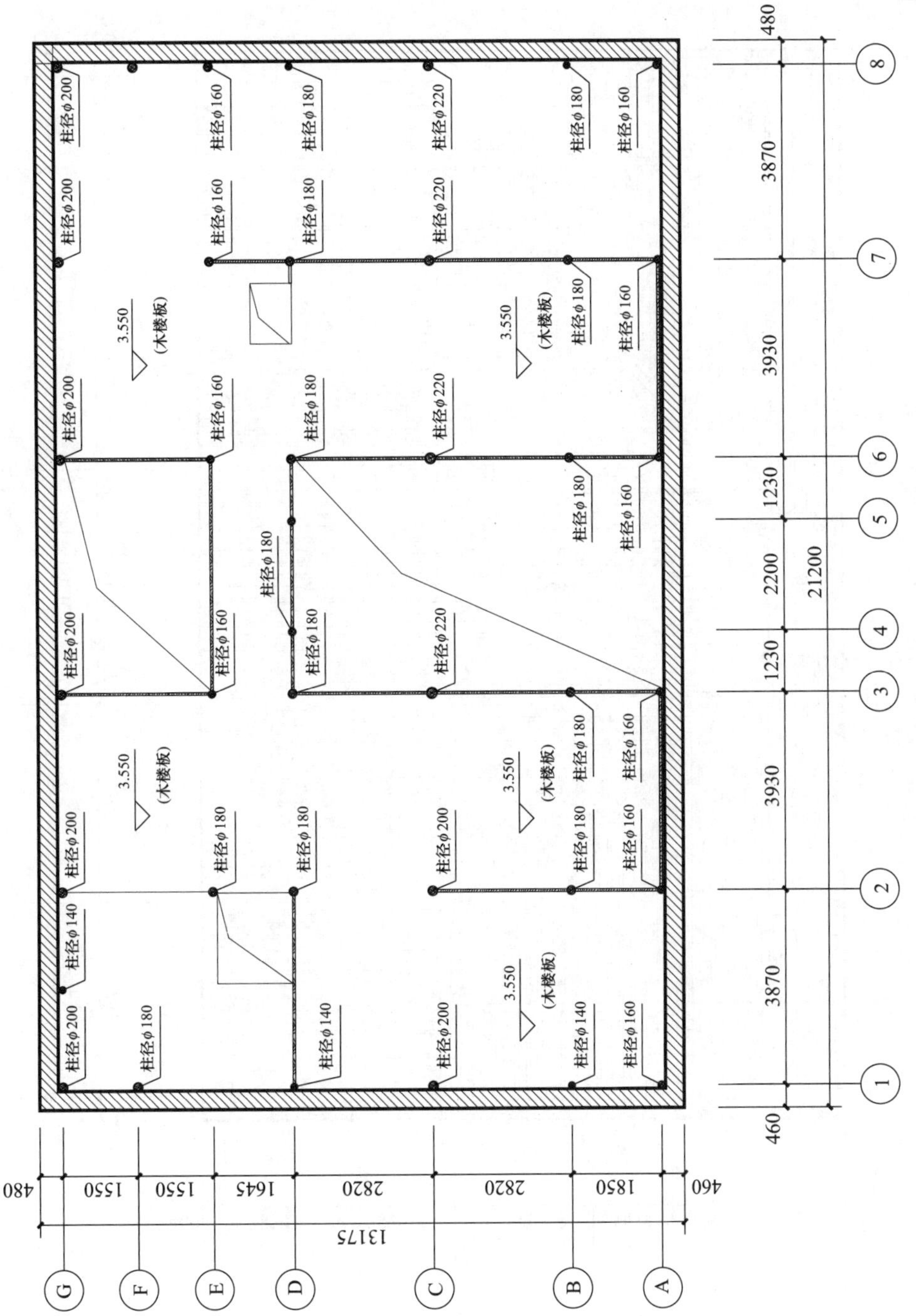

景德镇市典当边弄 6 号二层平面图

北
天井
480
3870
3930
1230
2200
1230
3930
3870
460
21200
480
1550
1550
1645
2820
2820
1850
460
13175
1
2
3
4
5
6
7
8
A
B
C
D
E
F
G
景德镇市典当边弄6号屋顶平面图

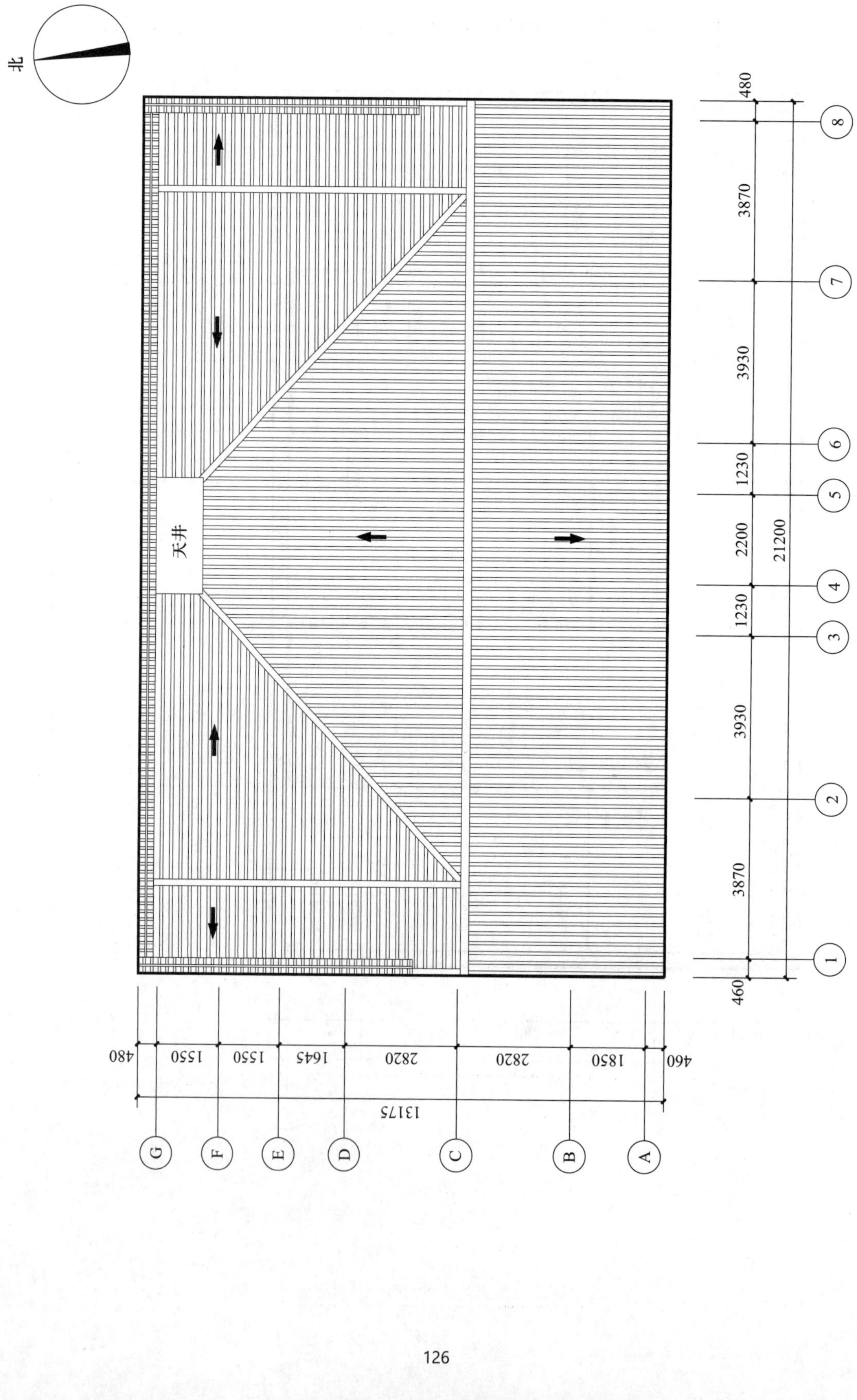

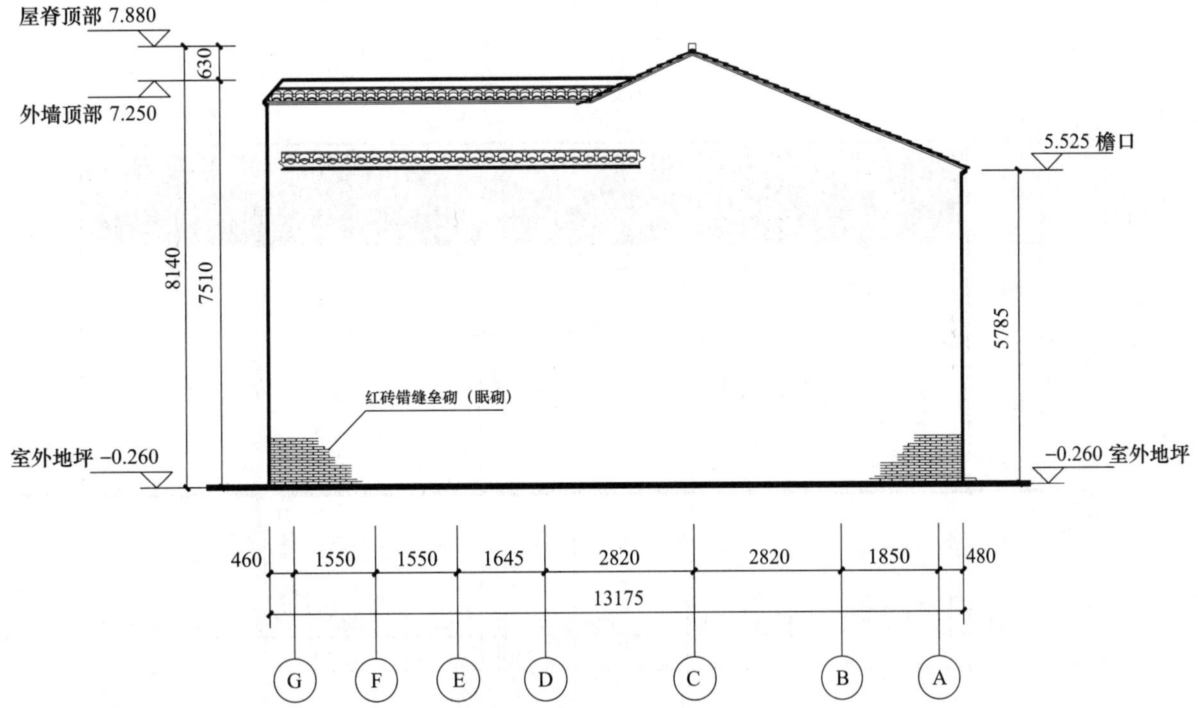
屋脊顶部 7.880
外墙顶部 7.250
5.525 檐口
红砖错缝垒砌（眠砌）
室外地坪 -0.260
-0.260 室外地坪
630
8140
7510
5785
460
1550
1550
1645
2820
2820
1850
480
13175
G
F
E
D
C
B
A

景德镇市典当边弄 6 号侧立面图

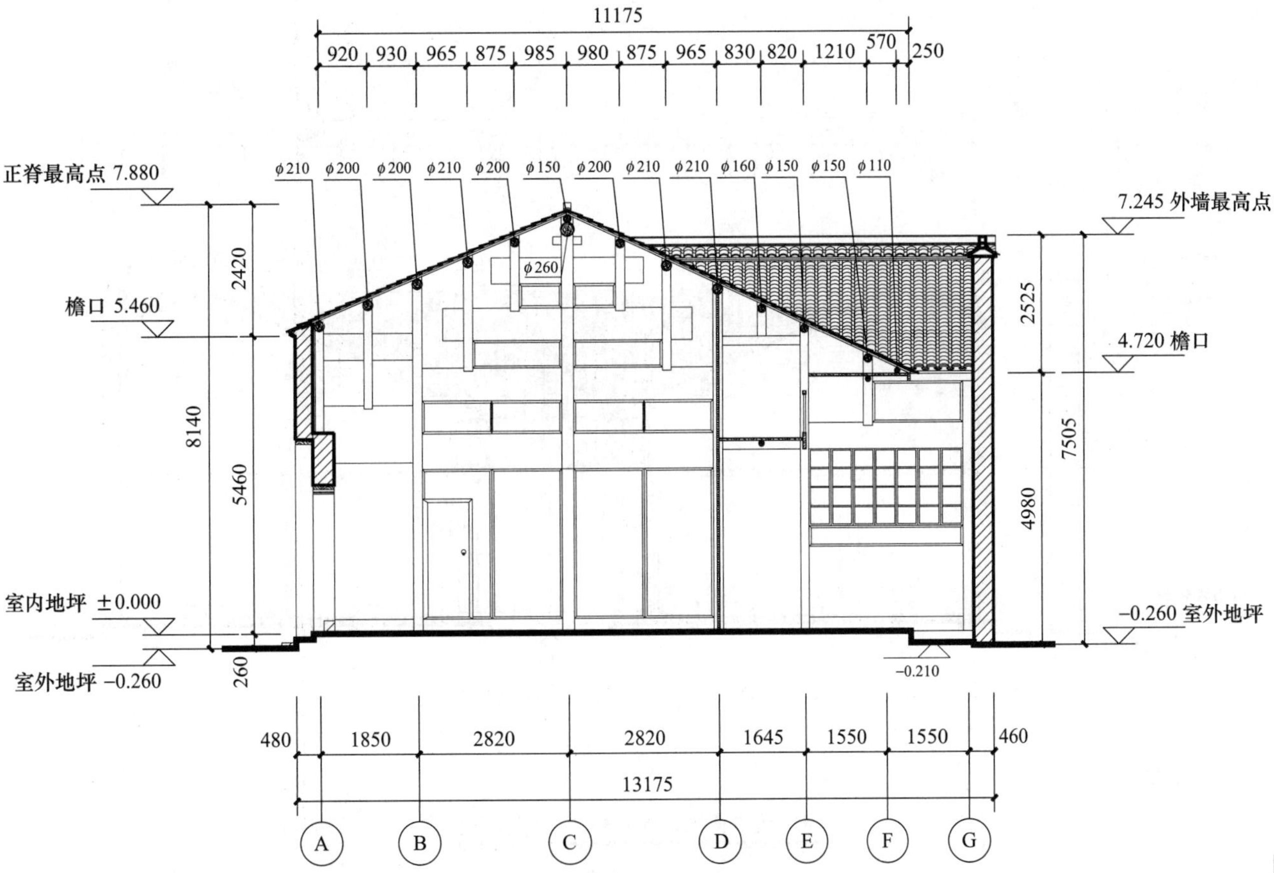
11175
920
930
965
875
985
980
875
965
830
820
1210
570
250
正脊最高点 7.880
檐口 5.460
室内地坪 ±0.000
室外地坪 -0.260
7.245 外墙最高点
4.720 檐口
-0.260 室外地坪
-0.210
φ210
φ200
φ200
φ210
φ200
φ150
φ200
φ210
φ210
φ160
φ150
φ150
φ110
φ260
2420
8140
5460
260
2525
7505
4980
480
1850
2820
2820
1645
1550
1550
460
13175
A
B
C
D
E
F
G

景德镇市典当边弄 6 号 1—1 剖面图

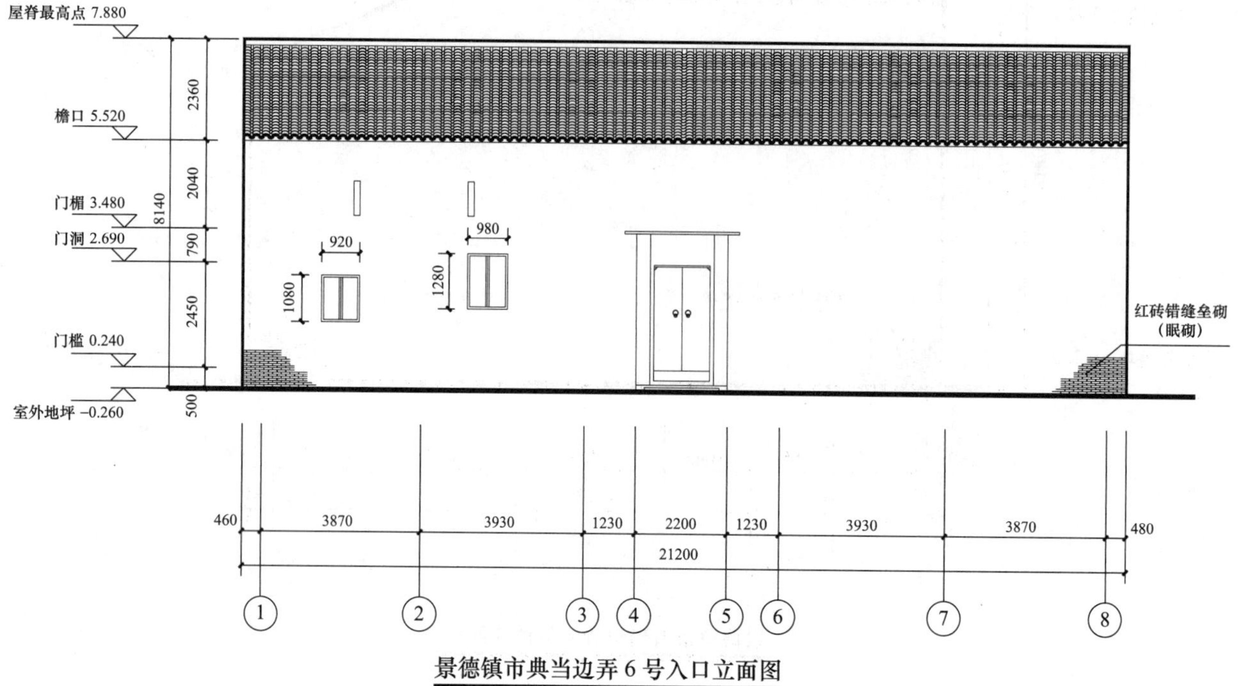
屋脊最高点 7.880
檐口 5.520
门楣 3.480
门洞 2.690
门槛 0.240
室外地坪 −0.260
2360
2040
790
2450
500
8140
920
980
1080
1280
红砖错缝垒砌
（眠砌）
460
3870
3930
1230
2200
1230
3930
3870
480
21200
1
2
3
4
5
6
7
8

景德镇市典当边弄 6 号入口立面图

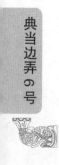
8820
980
955
955
980
1340
1250
1340
1020
8820
1020
1340
1250
1340
980
955
955
980
屋脊最高点 7.880
排水口 7.000
二层楼板 3.550
室内地坪 ±0.000
室外地坪 −0.260
880
3450
8140
3550
260
φ160
φ120
φ120
φ120
φ160
φ120
φ120
φ120
φ120
φ160
φ120
φ120
φ120
φ160
0.170
0.170
0.170
0.170
−0.210
480
3870
3930
1230
2200
1230
3930
3870
460
21200
8
7
6
5
4
3
2
1

景德镇市典当边弄 6 号 2—2 剖面图

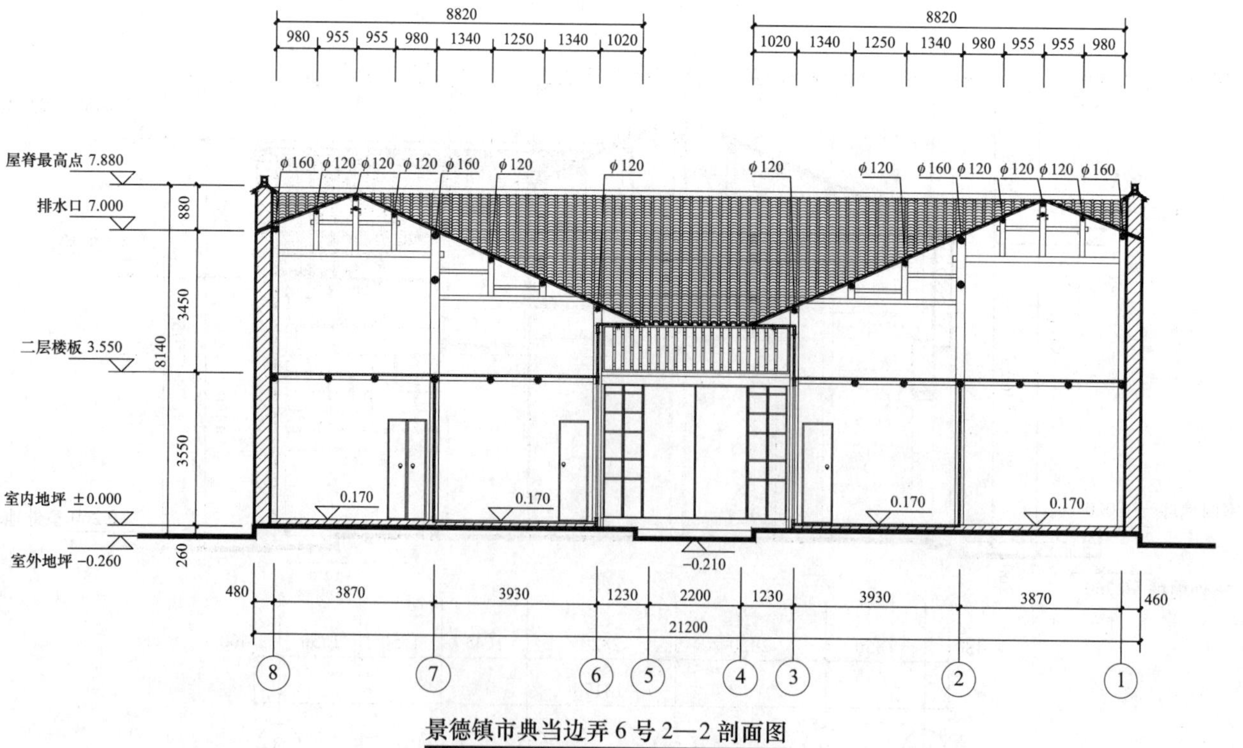

景德镇市浮梁县勒功乡沧溪村茶商宅院

茶商宅院位于景德镇市浮梁县勒功乡沧溪村，建筑坐北朝南，建于清代道光年间。最初由清代茶商朱佩泽所建，其与其兄饴泽共创茶号“恒德祥”，为浮梁茶号之最。该建筑保存状况较好，为江西省省级文物保护单位。

建筑规模较大、功能完善，前有前院，东侧设附属用房和跨院。总面阔 18.82m，进深 24.00m，占地面积约 451.20m^2。主体建筑为三开间两进两天井式，轴对称布局，中轴线上由北向南依次布局门厅（下堂）、前天井、正堂、后天井。东侧附属用房设一个吸壁天井。跨院和前院面积较大，入口空间形成序列引导，先由朝东的总门进入东侧跨院，再由跨院通过第二道门楼进入前院，再向北转进入主房的大门。

该建筑主入口采用侧入式，门楼朝东，为“八”字形。穿过门楼进入跨院。主房入口采用门罩式。门仪石和门梁石为青石质，门梁石尺度较大，高度约 1.00m。外墙除了门框两侧为水磨砖砌筑以外，其余都为石灰粉墙。正立面与侧立面山墙形式为“一”字形墙。

主体建筑有下堂和正堂。下堂明间作为门厅使用，面积为 14.70m^2（面阔 × 进深：4.34m×3.38m），共 2 层，一层净高 4.23m，第二层设置天花，高 2.10m。屋脊高 7.75m，外墙高 8.84m；第二进为正堂，平面布局独特，由楼梯隔开前后堂。前堂面积为 14.64m^2（面阔 × 进深：4.33m×3.38m），楼梯部分面积为 4.40m^2（面阔 × 进深：4.27m×1.03m），后堂面积为 14.64m^2（面阔 × 进深：4.33m×3.38m）。正堂第一层净高 4.23m，第二层设置天花，高 2.10m。屋脊高 8.40m，外墙高 8.84m。

该建筑采用穿斗式木构架，下堂为三柱、二骑、六檩，正堂采用六柱、四骑、十二檩。构架制作考究，带有精美雕刻装饰。前天井净尺寸为 4.06m×1.57m，后天井净尺寸为 4.80m×1.19m。两进建筑均为双坡屋面，厢房屋顶皆为单坡屋面，正房的檐口等高，形成“四水归堂”式的四合天井。屋面施以小青瓦覆盖，形成清水脊。

主房门罩绘有墨绘和彩绘，下额枋正中有“双凤朝阳”彩绘图案，其余主要为花卉的墨绘图案，整体清新淡雅。门仪石两侧设有装饰性的门贴，一侧雕刻了雀、鹿、猴等图案，雀通“爵”，鹿通“禄”，猴通“侯”，整组图案寓为“爵禄封侯”之意；另一侧雕刻了喜鹊和豹，寓意“报喜”。天井四周挑檐枋雕刻成鳌鱼形状，其下用斜撑支撑。屋内木雕福禄寿人物以及动物图案，构图巧妙，手法洒脱而豪放，反映了其精湛的建筑营造工艺以及茶商雄厚的经济实力。该建筑主体呈现徽派建筑风格，建筑轮廓平直，也体现了其邻近地区赣派建筑的特征。

北
天井
厢房
后堂
(木板铺地)
房
(木板铺地)
太师壁
前堂
(木板铺地)
天井
厢房
(木板铺地)
门厅
(砖铺地)
茶商总会
附属用房
(砖铺地)
前院
(砖铺地)
跨院
(砖铺地)
明沟
柱方 200
础方 260
上
下

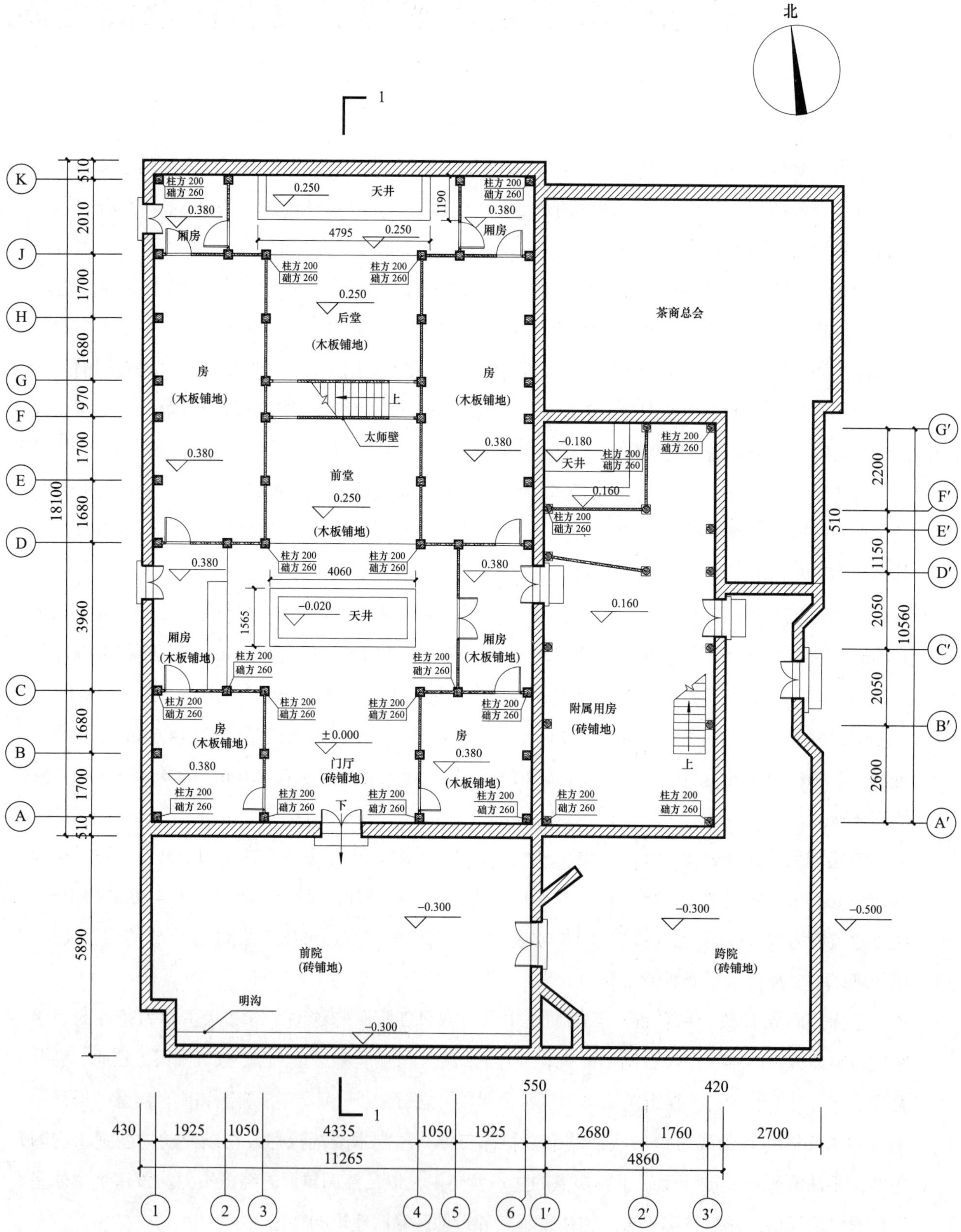

沧溪村茶商宅院一层平面图

未知
房
房
房
房
附属用房
4.230
4.230
柱方200
柱径φ200
(木楼板)
下
18100
10560
11265
4860

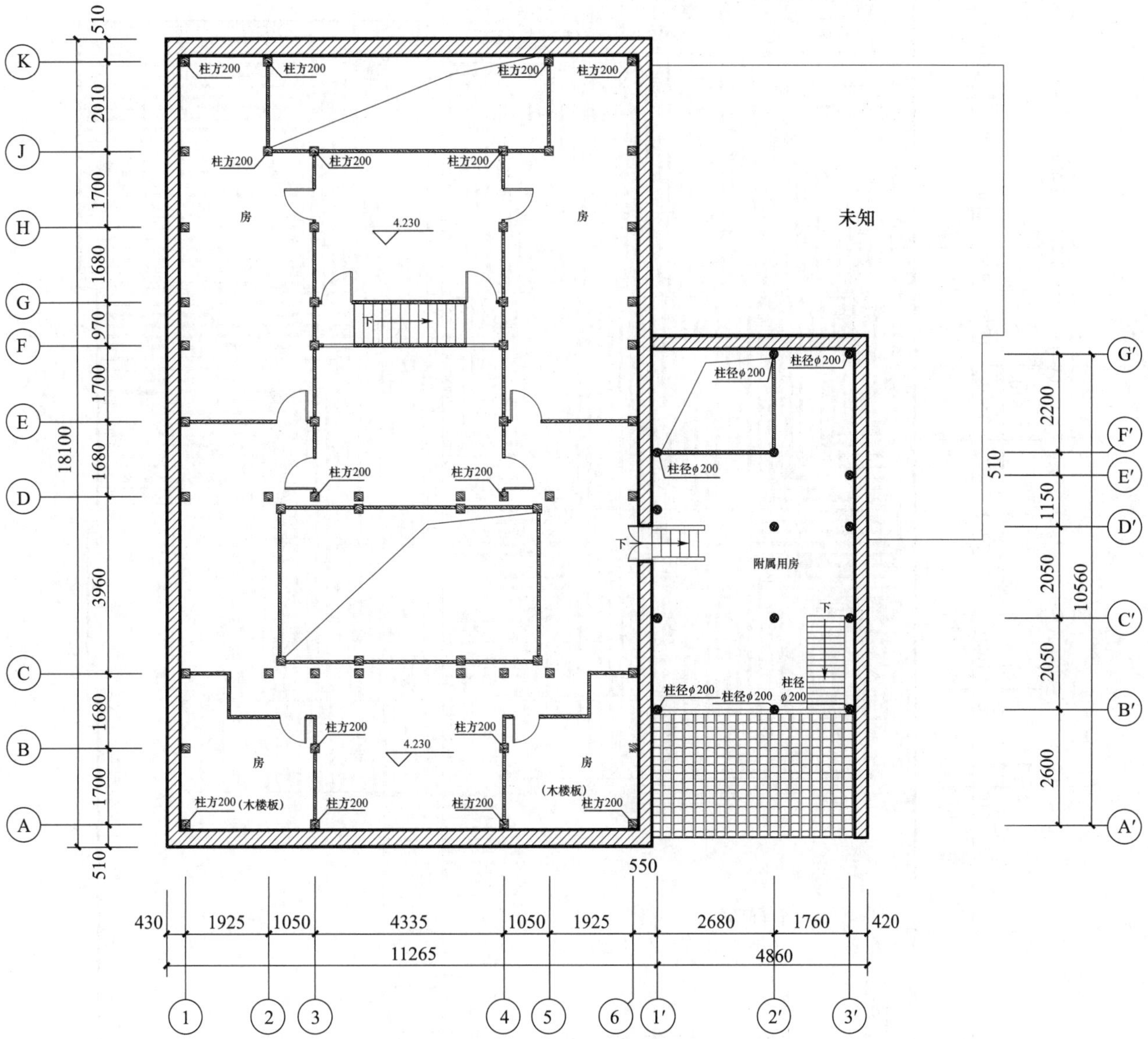

沧溪村茶商宅院二层平面图

北
天井
天井
天井
前院
跨院
K
J
H
G
F
E
D
C
B
A
510
2010
1700
1680
970
1700
1680
3960
1680
1700
510
5890
18100
550
430
1925
1050
4335
1050
1925
2680
1760
420
11265
4860
1
2
3
4
5
6
6′
2′
3′

沧溪村茶商宅院屋顶平面图

沧溪村茶商宅院

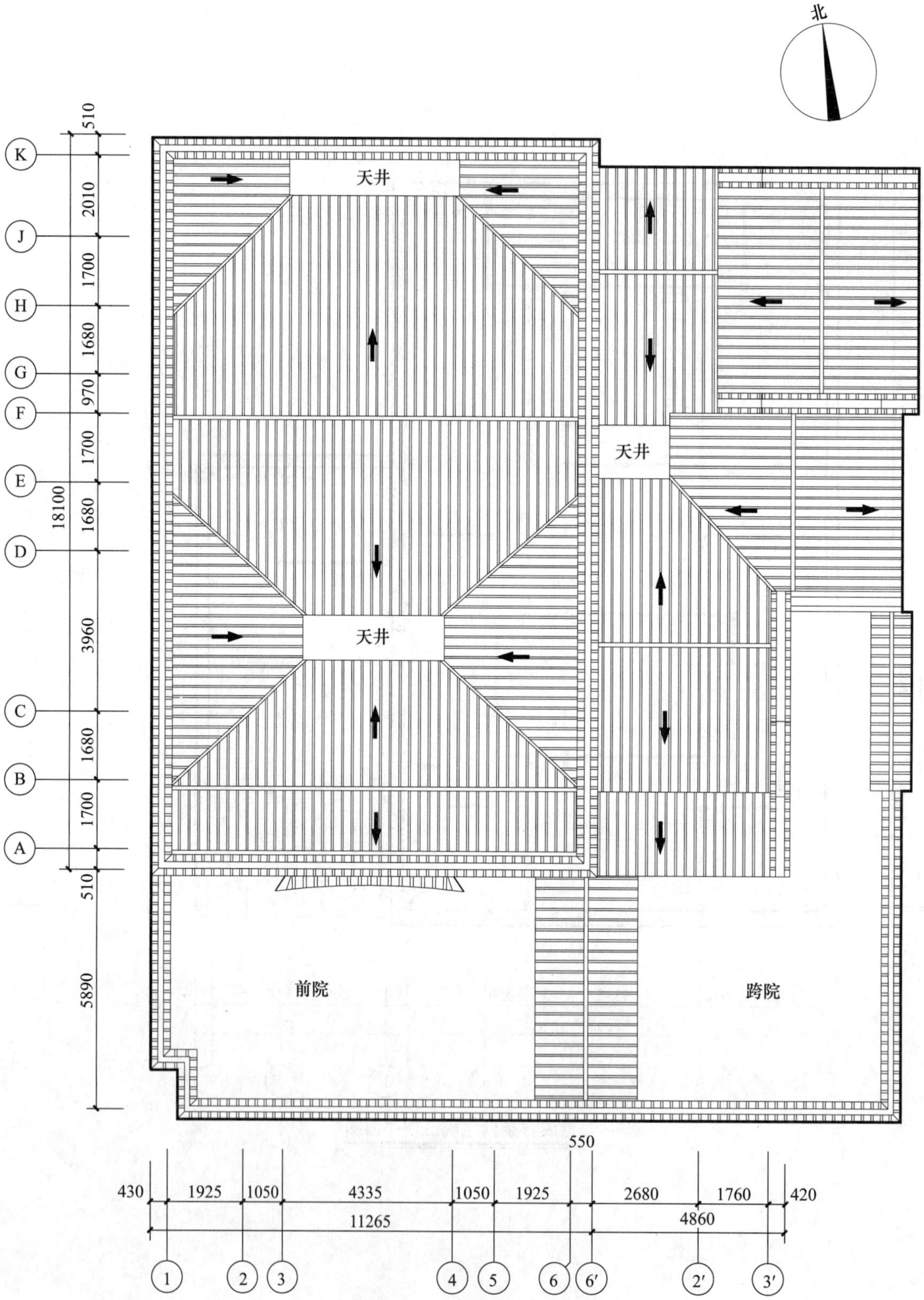

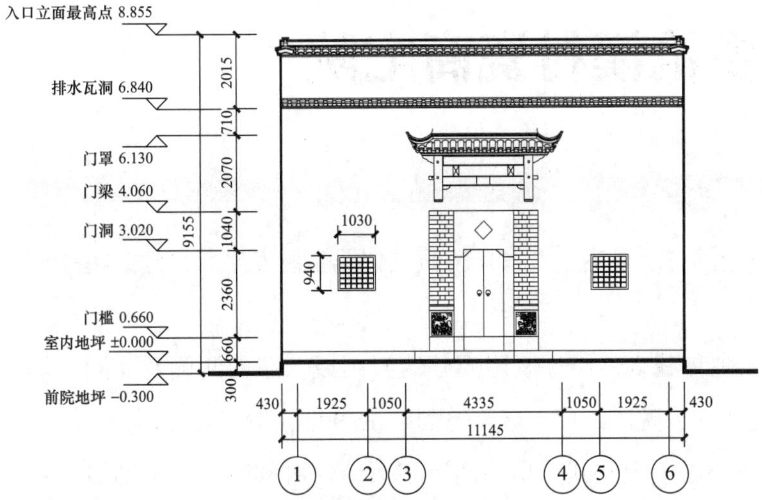
入口立面最高点 8.855
排水瓦洞 6.840
门罩 6.130
门梁 4.060
门洞 3.020
门槛 0.660
室内地坪 ±0.000
前院地坪 −0.300
2015
710
2070
1040
2360
660
300
9155
1030
940
430
1925
1050
4335
1050
1925
430
11145
1
2
3
4
5
6

沧溪村茶商宅院正立面图

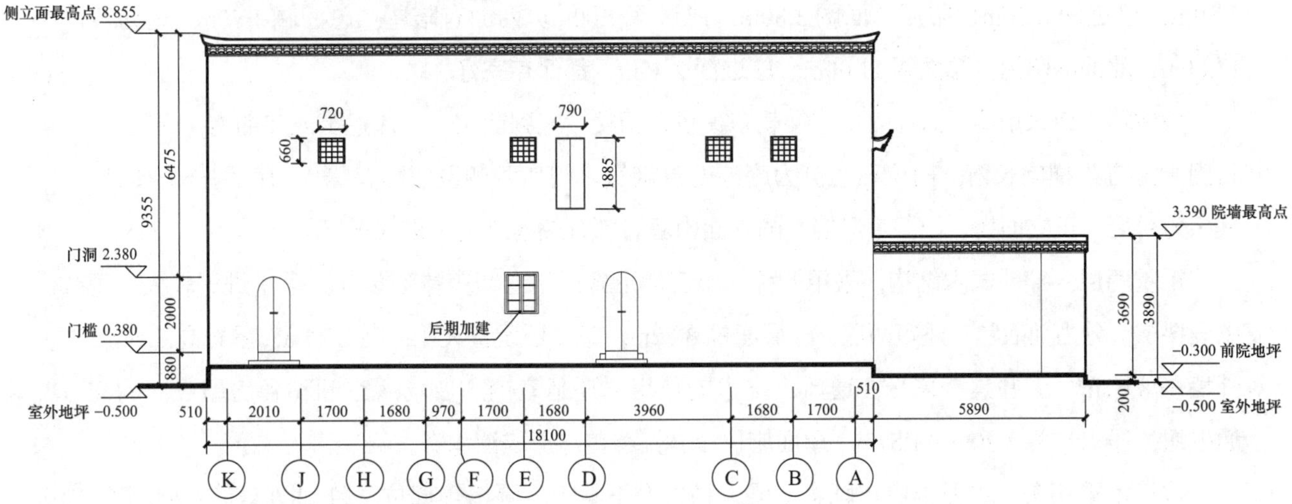
侧立面最高点 8.855
门洞 2.380
门槛 0.380
室外地坪 −0.500
6475
9355
2000
880
720
660
790
1885
后期加建
3.390 院墙最高点
−0.300 前院地坪
−0.500 室外地坪
3690
3890
200
510
2010
1700
1680
970
1700
1680
3960
1680
1700
510
5890
18100
K
J
H
G
F
E
D
C
B
A

沧溪村茶商宅院侧立面图

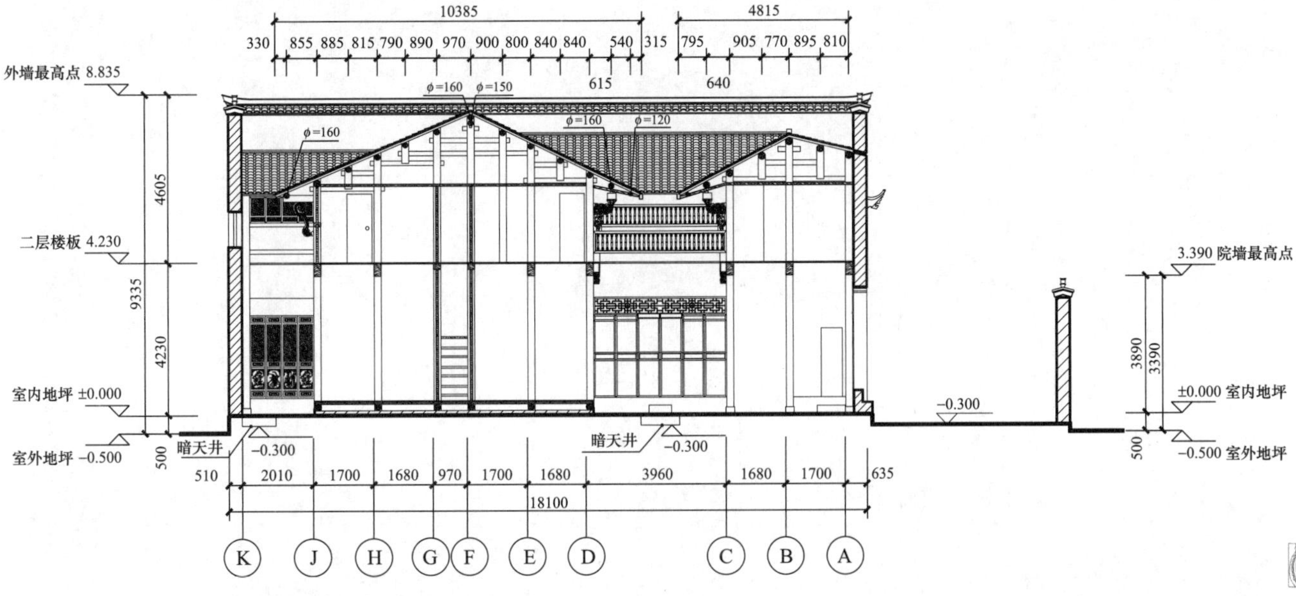
10385
4815
330
855
885
815
790
890
970
900
800
840
840
540
315
795
905
770
895
810
615
640
外墙最高点 8.835
φ=160
φ=150
φ=120
二层楼板 4.230
室内地坪 ±0.000
室外地坪 −0.500
4605
9335
4230
500
暗天井
−0.300
3.390 院墙最高点
±0.000 室内地坪
−0.500 室外地坪
3890
3390
510
2010
1700
1680
970
1700
1680
3960
1680
1700
635
18100
K
J
H
G
F
E
D
C
B
A

沧溪村茶商宅院 1—1 剖面图

景德镇市浮梁县勒功乡沧溪村瓷商宅院

瓷商宅院位于景德镇市浮梁县勒功乡沧溪村，是宅主人在景德镇做瓷器生意发家后兴建的宅院，现为江西省省级文物保护单位。

建筑规模较大、功能完善，由前院、主体建筑、陪屋（附属建筑）组成。东西两侧及北侧均设陪屋。跨院面积较大，东侧的八字门楼作为院落入口。建筑总面阔 15.90m，总进深 25.08m，占地面积约 398.77m^2。主体建筑为三开间一进一天井式，呈“凹”字形，轴对称布局，中轴线上依次布局正堂（兼有门厅）、天井。东面陪屋由北到南分别为厨房和储藏间，其中厨房总面阔 3.80m，总进深 8.30m；陪屋总面阔 3.80m，总进深 7.00m。西面有陪屋，总面阔 1.70m，总进深 13.00m；北面的陪屋，总面阔 11.00m，总进深 2.45m，都保存完好。

该建筑入口采用侧入式，入口门楼朝东，进入门楼后来到前院。主体建筑入口朝南，无门罩，石门梁上方为横向长窗，门仪石两侧为磨砖对缝砌筑。门口两侧设门贴。除入口两侧外青砖外，其余为粉墙。正立面为“一”字形墙，侧立面山墙局部有叠落，呈对称式布局。

正堂两层，穿斗式木结构，采用七柱、十三檩形式，带有精美雕刻装饰。正堂进深较大，正中设楼梯，分为前后堂。建筑两层，一层净高 3.82m，第二层设置天花，高 2.26m，屋脊高 8.16m，外墙高 8.61m。天井具有采光、通风、排水的作用，还是室内主要场所空间和各房屋之间的交通枢纽，净尺寸为 3.40m×1.57m。屋面施以小青瓦覆盖，形成清水脊。

建筑木雕精美，主要集中在轩廊、梁、枋、檐下斜撑、隔扇等部位。雕刻图案有人物故事、植物花卉、鳌鱼等主题图案，内容生动，线条流畅，尽显艺术魅力。

北
陪屋
（三合土铺地）
柱方 150
础方 250
陪屋
0.030
（三合土铺地）
地库
暗天井
（条石铺地）
1570
厢房
0.260
（木板铺地）
3400
（条石铺地）
±0.000
柱方 200
础方 300
房
（木板铺地）
后堂
（木板铺地）
上
太师壁
前堂
（木板铺地）
0.210
门厅
（条石铺地）
厨房
（三合土铺地）
陪屋
（三合土铺地）
0.150
陪屋
（三合土铺地）
前院
−0.600
2450
2100
900
1800
1700
1000
1700
1700
900
1800
9030
25080
250
2100
900
950
2500
950
900
2100
3800
14450
K
J
H
G
F
E
D
C
B
A
1
2
3
4
5
6
7
8

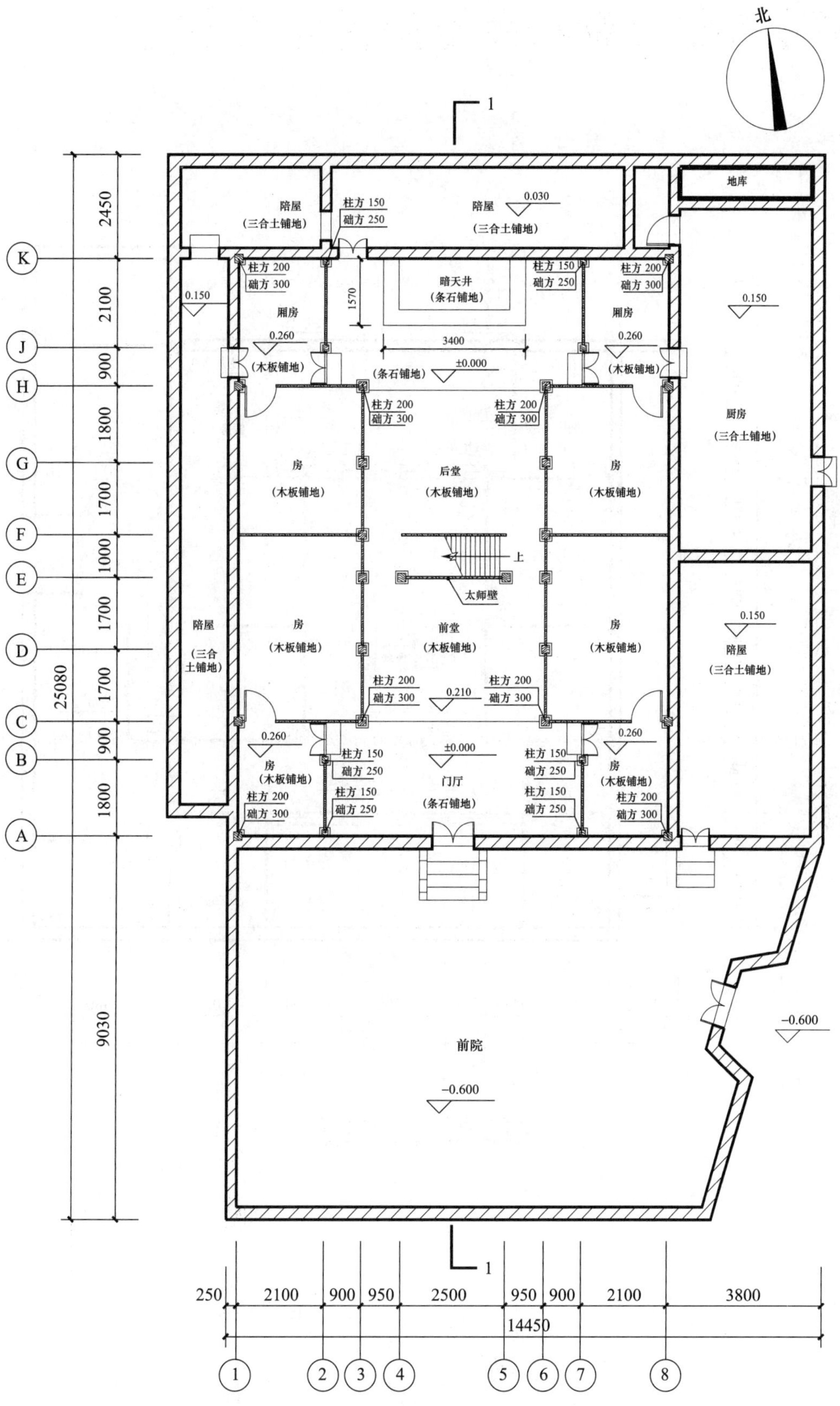

沧溪村瓷商宅院一层平面图

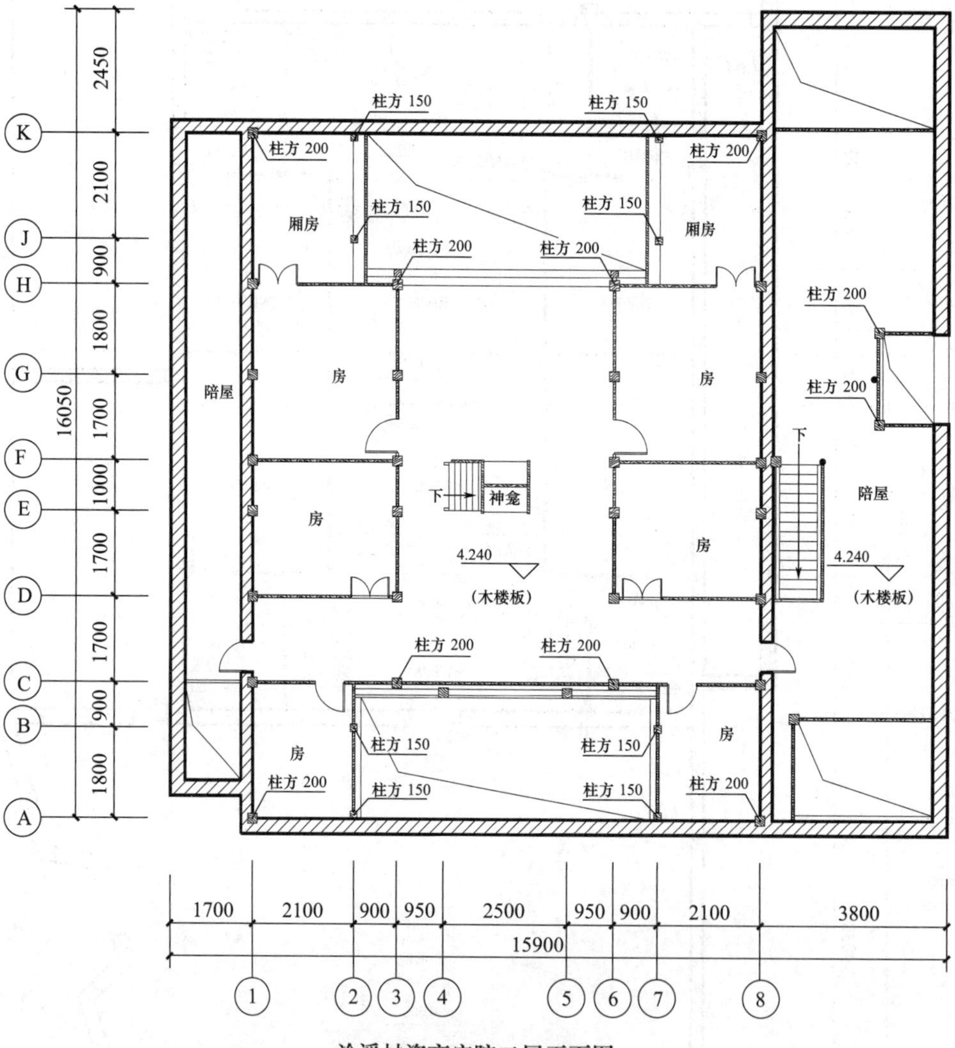
柱方 150
柱方 200
厢房
房
陪屋
下
神龛
4.240
（木楼板）
K
J
H
G
F
E
D
C
B
A
2450
2100
900
1800
1700
1000
1700
1700
900
1800
16050
1700
2100
900
950
2500
950
900
2100
3800
15900
1
2
3
4
5
6
7
8

沧溪村瓷商宅院二层平面图

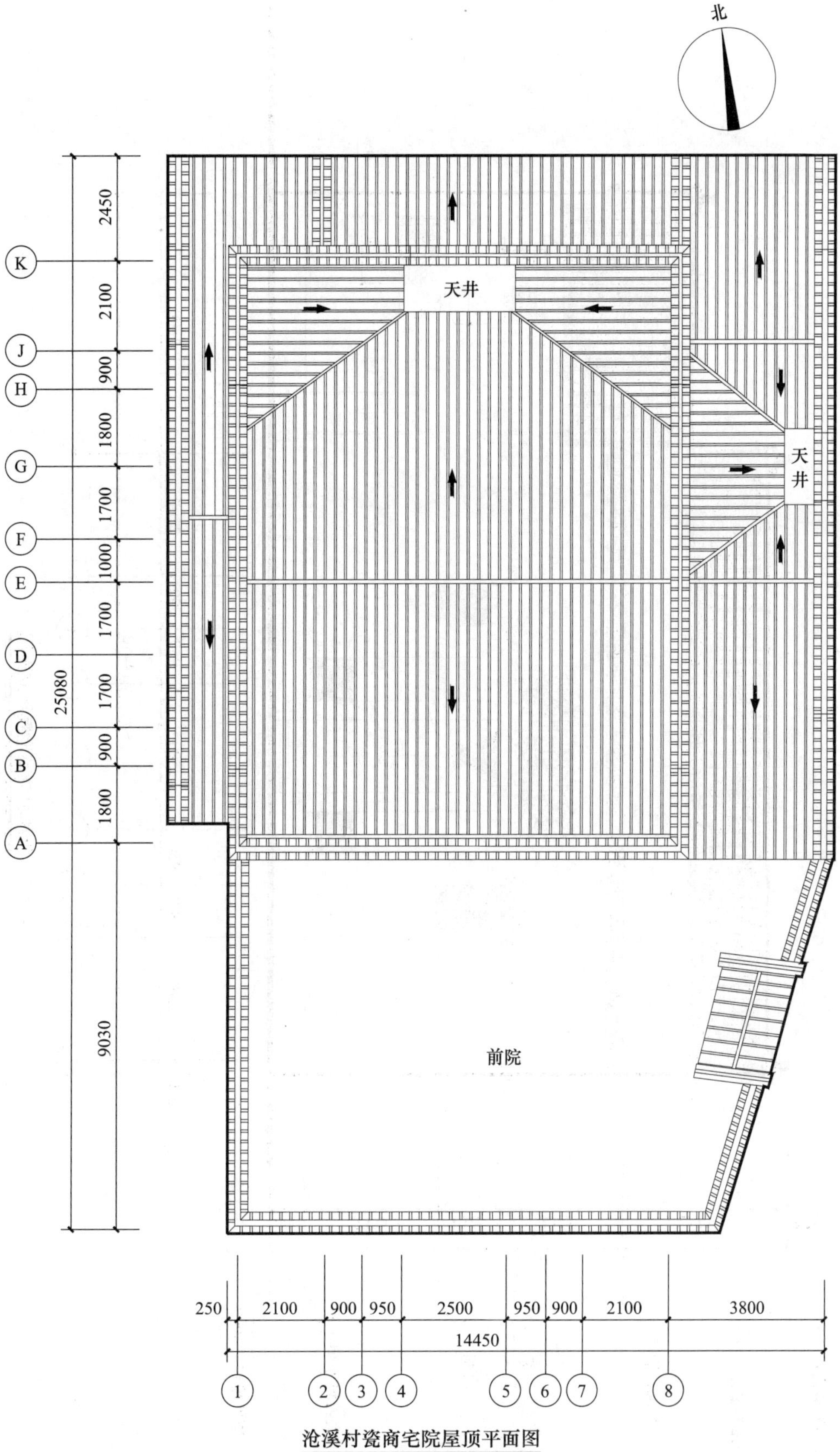
北
天井
天井
前院
2450
2100
900
1800
1700
1000
1700
1700
900
1800
9030
25080
K
J
H
G
F
E
D
C
B
A
250
2100
900
950
2500
950
900
2100
3800
14450
1
2
3
4
5
6
7
8

沧溪村瓷商宅院屋顶平面图

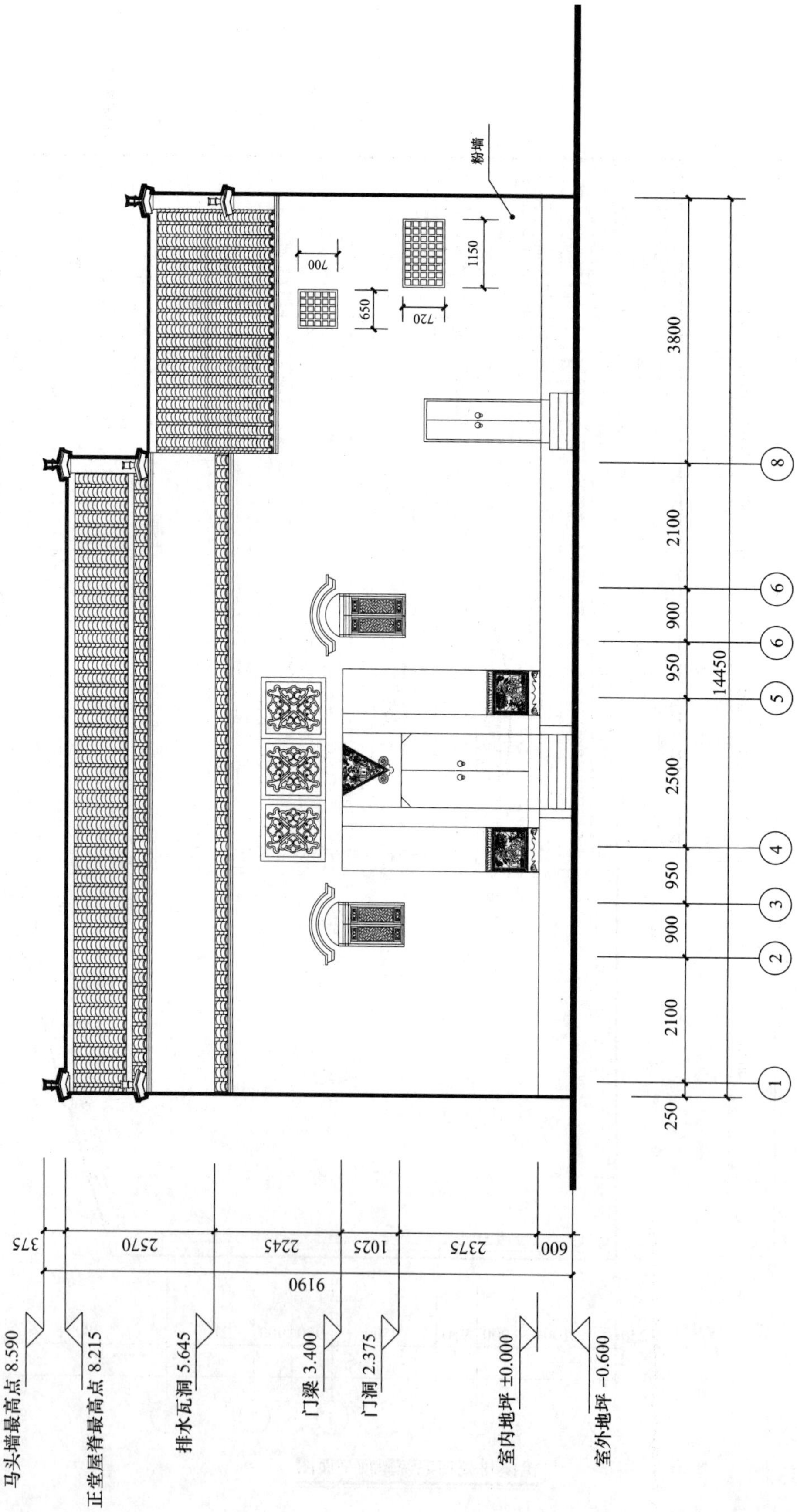
粉墙
700
650
720
1150
3800
2100
900
950
2500
950
900
2100
250
14450
1
2
3
4
5
6
6
8
375
2570
2245
1025
2375
600
9190
马头墙最高点 8.590
正堂屋脊最高点 8.215
排水瓦洞 5.645
门梁 3.400
门洞 2.375
室内地坪 ±0.000
室外地坪 −0.600

沧溪村瓷商宅院正立面图

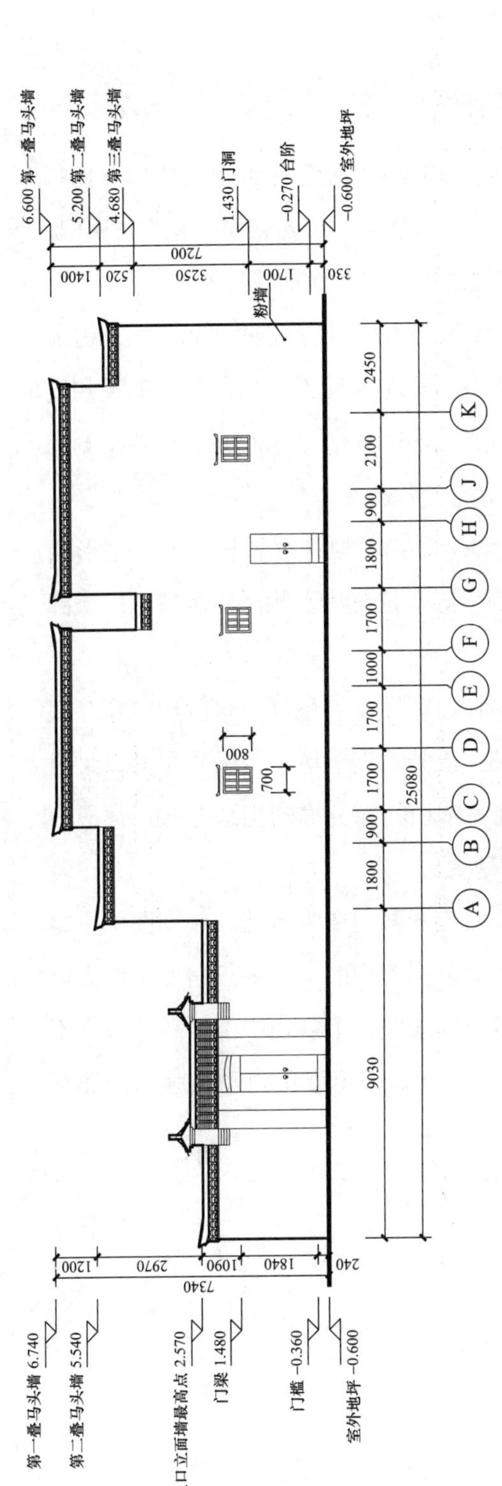
第一叠马头墙 6.740
第二叠马头墙 5.540
前院入口立面墙最高点 2.570
门梁 1.480
门槛 −0.360
室外地坪 −0.600
6.600 第一叠马头墙
5.200 第二叠马头墙
4.680 第三叠马头墙
1.430 门洞
−0.270 台阶
−0.600 室外地坪
粉墙
正脊最高点 8.430
第二叠马头墙 7.120
第三叠马头墙 5.720
正堂檐口 5.020
二层楼板 4.240
陪屋檐口 3.760
室内地坪 ±0.000
室外地坪 −0.600
6.980 建筑入口立面墙最高点
2.950 前院入口立面墙
±0.000 室内地坪
−0.600 室外地坪
抱鼓石

沧溪村瓷商宅院侧立面图

沧溪村瓷商宅院 1—1 剖面图

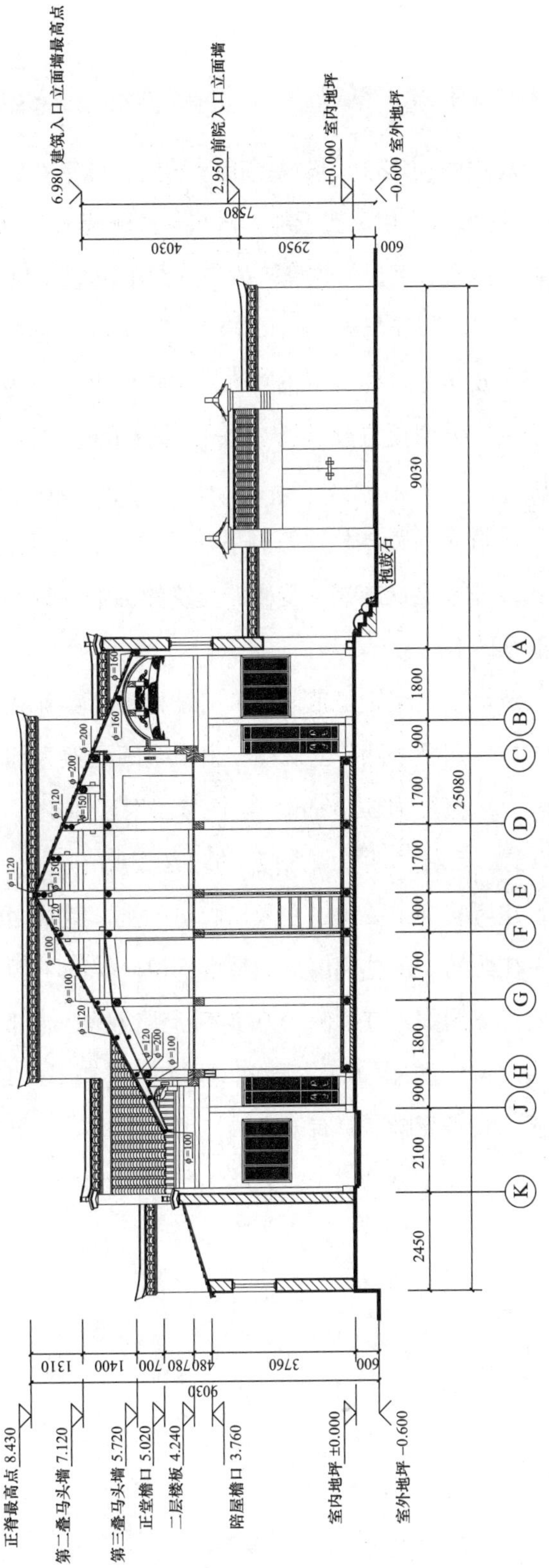

景德镇市浮梁县蛟潭镇礼芳村九六甲祠堂

九六甲祠堂位于景德镇市浮梁县蛟潭镇礼芳村，原名为九甲祠堂，始建于明崇祯十年（1637年）。清代因九甲家族无能力修缮，清乾隆五年（1740年），六甲家族派丁投资修缮，祠内“碑记”记载了投资人名以为佐证，故称九六甲祠堂。此建筑为浮梁县历史建筑，保护情况良好。

建筑总体布局为“凸”字形，三开间三进两天井。总面阔为11.80m，总进深为30.19m，占地面积356.24m^2。建筑中轴对称，中轴线上依次为门厅、前天井、享堂、后天井、拜殿。前天井尺度开阔，近似正方形，长7.50m，宽6.60m。后天井为狭长形，长6.00m，宽0.65m。天井两侧为厢廊。

建筑入口为四柱、三楼牌坊门式。正立面为“一”字形，侧立面为跌落式和“人”字形组合式，轮廓层次丰富。受徽派建筑的影响，外墙局部为粉墙；同时也有体现赣派建筑特征，局部为清水砖墙。

建筑用料粗大，工艺考究。结构采用穿斗式和插梁式结合。门厅单坡屋顶，带阁楼，穿斗式木结构，两柱、四骑、六檩。享堂明间梁架为插梁式，四柱、五骑、十一檩。走檐梁和关口梁用料较大，直径为36.00cm。梁柱节点用丁头拱。出檐采用挑手木和斜撑支撑的构造方式。拜殿为穿斗式，三柱、两骑、六檩。柱础石为青石质，八角形仿覆莲式。

建筑装饰主要集中在入口牌坊门上。壁柱由砖砌而成，雕刻图案主要为砖雕。装饰图案主要集中在额枋、壁柱端部、雀替等部位。明间下额枋采用三角形分割的构图，正中三角形部位为百花龟背锦图案，其两侧为万字不断头纹样，端部为菱形如意云纹图案。上额枋中部为斜式万字不断头纹样，两端为如意云纹。梁驮为花卉图，雀替为卷草纹，脊端采用鳌鱼鸱吻。牌坊门雕刻细腻，线条流畅，具有一定的艺术价值。

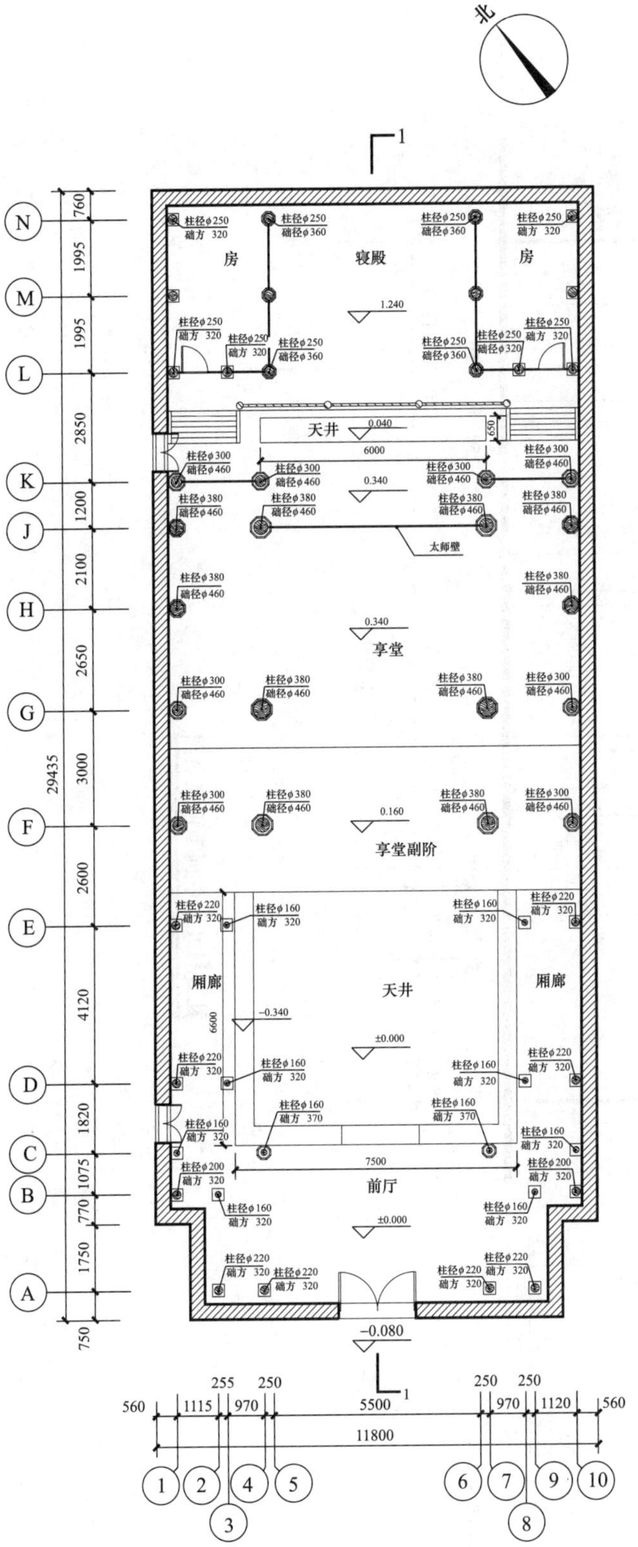

北
寝殿
房
房
天井
享堂
太师壁
享堂副阶
厢廊
厢廊
天井
前厅
1.240
0.040
0.340
0.340
0.160
-0.340
±0.000
±0.000
-0.080
6000
650
6600
7500
柱径ϕ250 础方 320
柱径ϕ250 础径ϕ360
柱径ϕ300 础径ϕ460
柱径ϕ380 础径ϕ460
柱径ϕ220 础方 320
柱径ϕ160 础方 320
柱径ϕ160 础方 370
柱径ϕ200 础方 320
N
M
L
K
J
H
G
F
E
D
C
B
A
760
1995
1995
2850
1200
2100
2650
3000
2600
4120
1820
1075
770
1750
750
29435
560
1115
255
970
250
5500
250
970
250
1120
560
11800
1
2
3
4
5
6
7
8
9
10

礼芳村九六甲祠堂平面图

礼芳村九六甲祠堂屋顶平面图

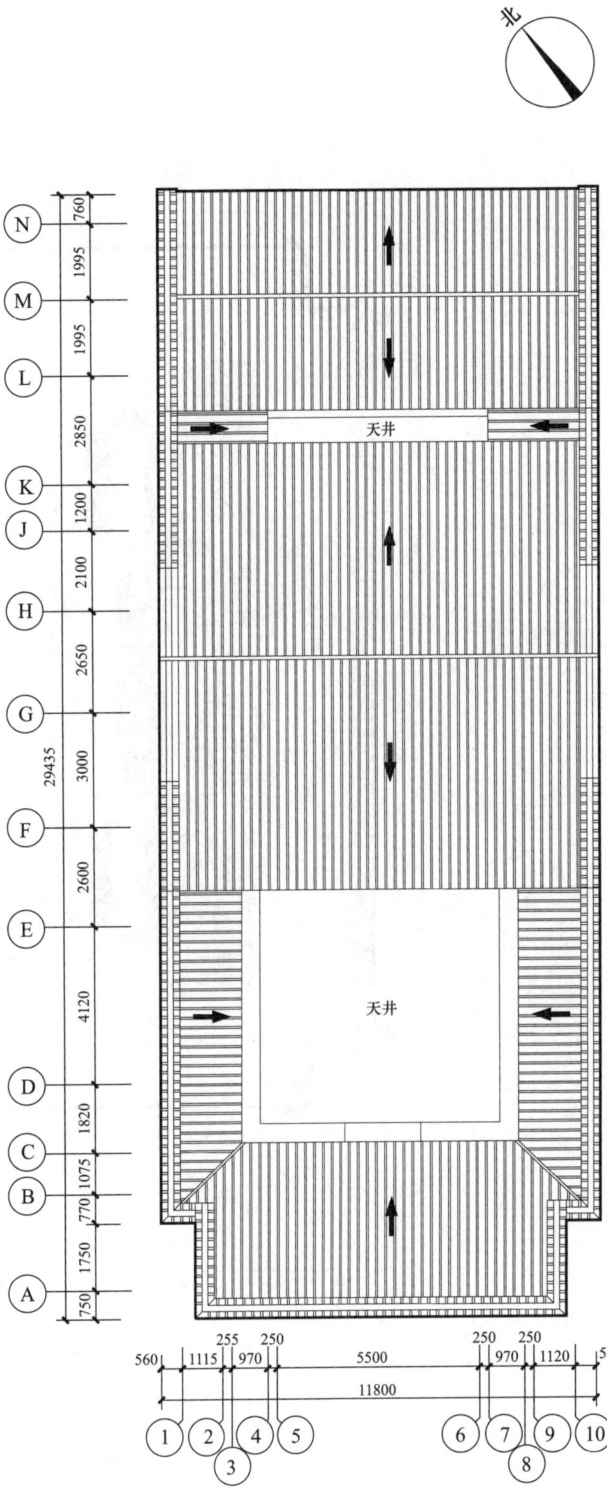

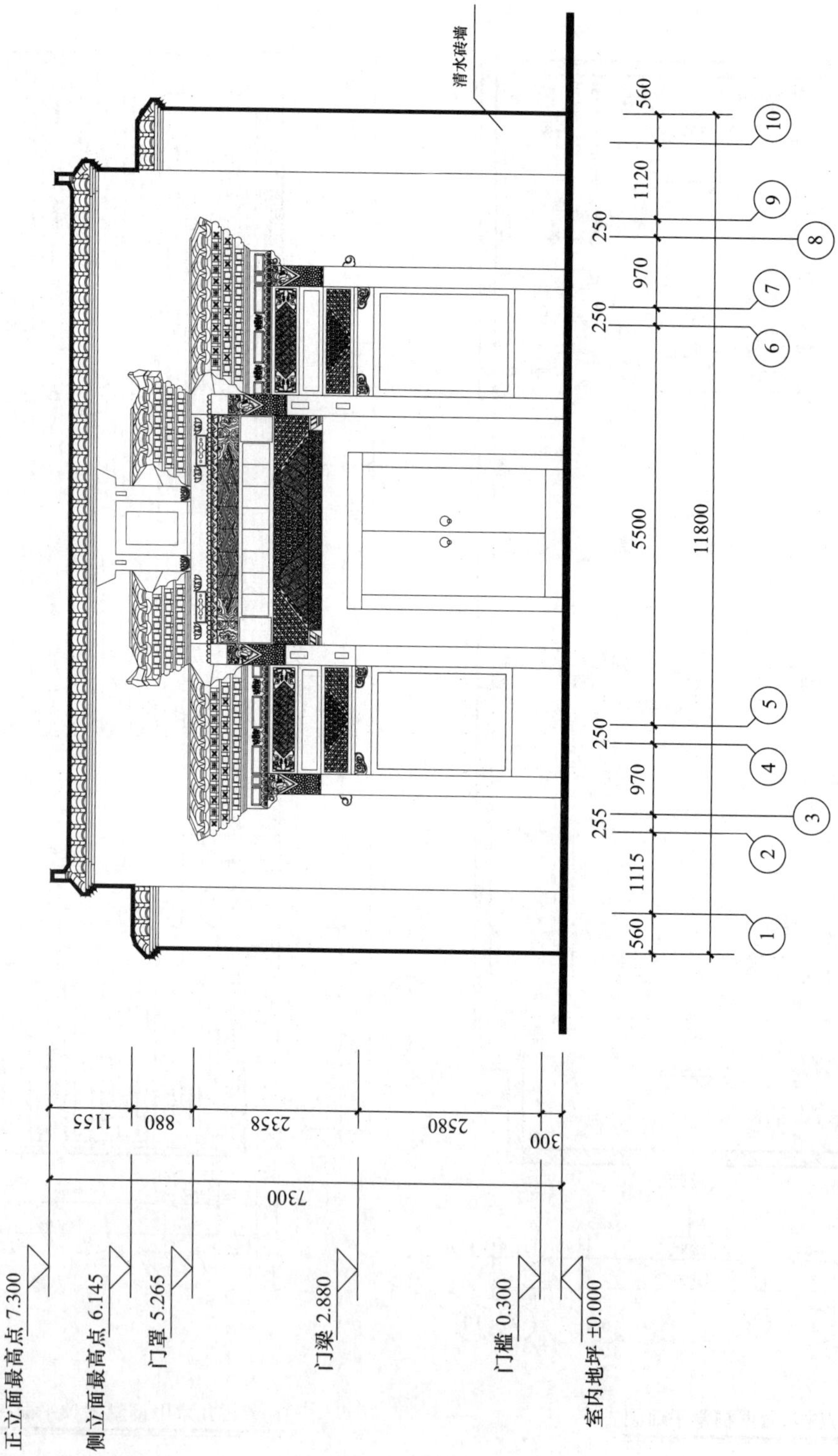
清水砖墙
560
1115
255
970
250
5500
970
250
1120
560
11800
1
2
3
4
5
6
7
8
9
10
1155
880
2358
2580
300
7300
正立面最高点 7.300
侧立面最高点 6.145
门罩 5.265
门梁 2.880
门槛 0.300
室内地坪 ±0.000

礼芳村九六甲祠堂正立面图

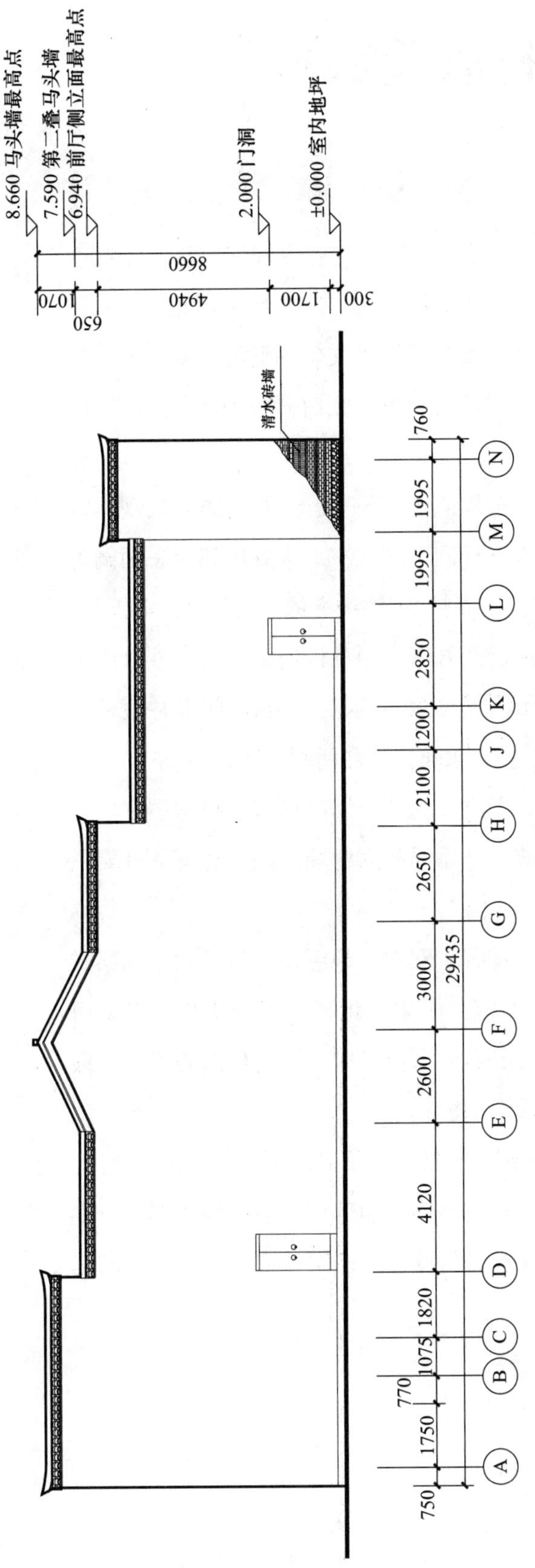
8.660 马头墙最高点
7.590 第二叠马头墙
6.940 前厅侧立面最高点
2.000 门洞
±0.000 室内地坪
清水砖墙
马头墙最高点 8.350
檐口高度 6.600
寝殿地坪 1.240
室外地坪 -0.080
6.960 正立面最高点
2.880 门洞
±0.000 室内地坪
-0.080 室外地坪

礼芳村九六甲祠堂侧立面图

礼芳村九六甲祠堂1—1剖面图

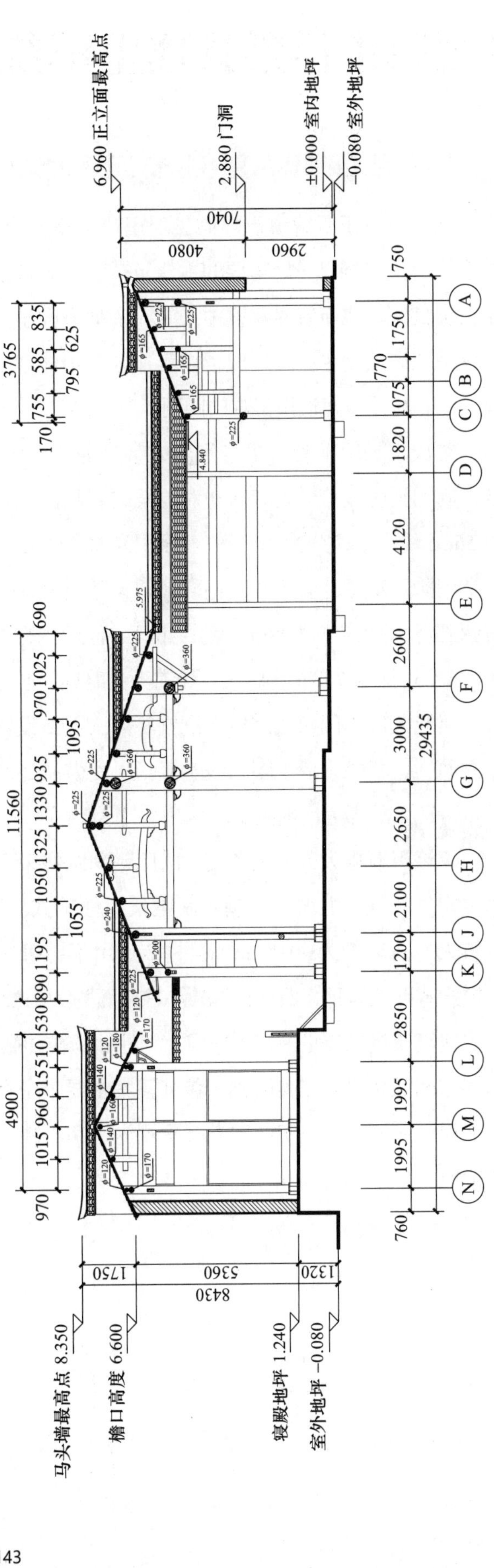

景德镇市浮梁县瑶里镇绕南村詹氏宗祠

绕南村位于景德镇市浮梁县瑶里镇，是一个具有悠久历史和丰富文化传统的村落。在绕南村中，詹氏宗祠是一处重要的古建筑，其承载着当地丰富的历史和文化。宗祠坐南朝北，目前保存状况良好。在新农村建设中，詹氏宗祠进行了旧屋改造，变成了村民文化活动的重要场所。它不仅是社区活动中心，还成了村落社区老年体育协会会所以及村民举行红白喜事的场所，有效地解决了农村社区建设投资难的问题。

詹氏宗祠门前有一个半月形的半月池，池内常年蓄满清水，这不仅是一处美丽的景观，也是古老的消防设施。门旁有一对沧桑的石鼓。宗祠本身为三开间三进式、二天井。建筑总面阔为13.56m，总进深为43.04m，占地面积为583.62m^2。建筑中轴对称，中轴线上依次为门厅、前天井、享堂副阶、享堂、后天井、寝殿。前天井尺度开阔，整体近似方形，中部设通道，将天井分成左右两部分，通道长7.09m，宽2.40m；前天井的左右两部分长2.20m，宽7.09m。前天井面阔为6.80m，进深为7.09m。后天井较前天井略扁，长6.30m，宽3.40m。天井两侧为厢廊。

建筑入口为门廊式，檐下设置斗拱，入口设置乾门。正立面为“一”字形（外排水屋宇式），侧立面为鱼背式山墙，轮廓线条流畅。受徽派建筑的影响，外墙局部为粉墙。同时也有体现赣派建筑特征，局部为清水砖墙。

建筑用料粗大，工艺考究。门厅明间结构采用插梁式构架，双坡草架屋顶，带轩廊，插梁式木结构，四柱、九檩。享堂明间梁架为插梁式，四柱、九檩，梁架带走檐。走檐梁和关口梁用料较大，直径约为40.00cm。梁柱节点用丁头拱。出檐采用挑手木和斜撑支撑的构造方式。拜殿为插梁式双坡屋顶，四柱、九檩。柱础石为青石质，八角形仿覆莲式。

建筑装饰主要集中在入口门上。柱间额枋枋腮带有雕刻，穿枋与柱子之间用雀替连接并支撑，明间柱间额枋带有精美雕刻。装饰图案主要集中在额枋、雀替、梁托等部位。明间额枋部位分别有“福”“禄”“寿”字图案，其两侧为万字不断头纹样。雀替为卷草纹，整体雕刻具有一定的艺术价值。

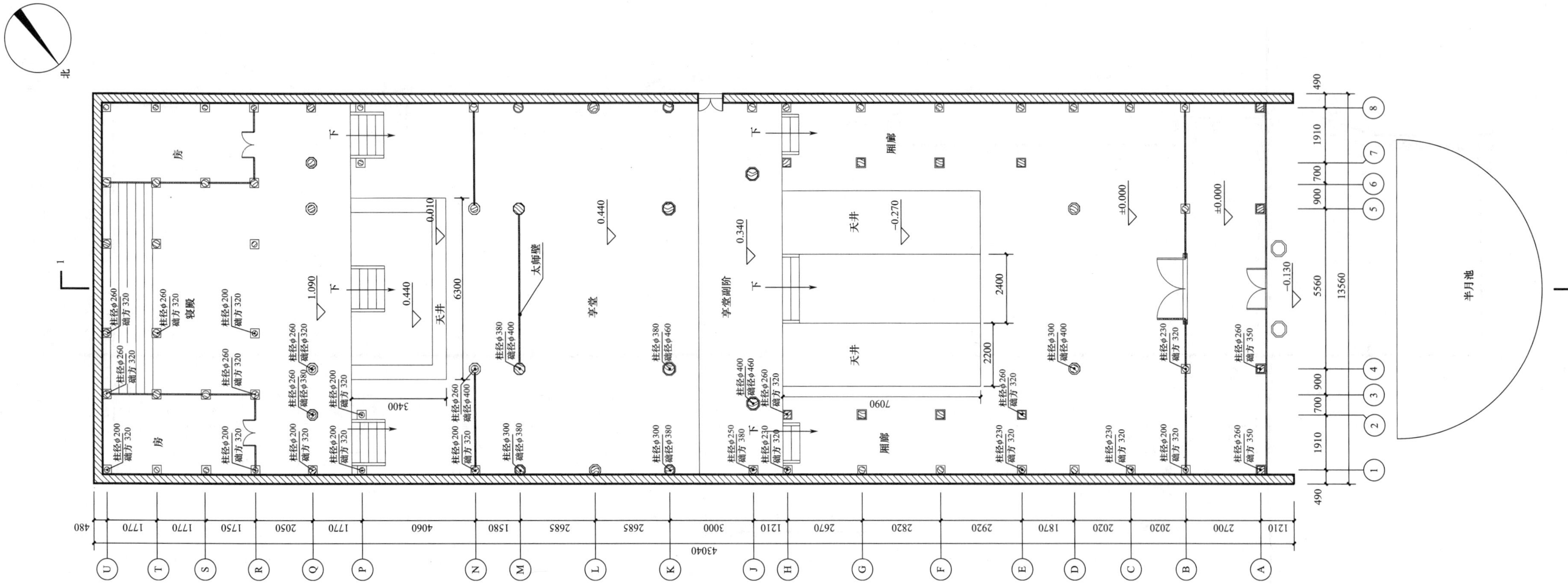

绕南村詹氏宗祠平面图

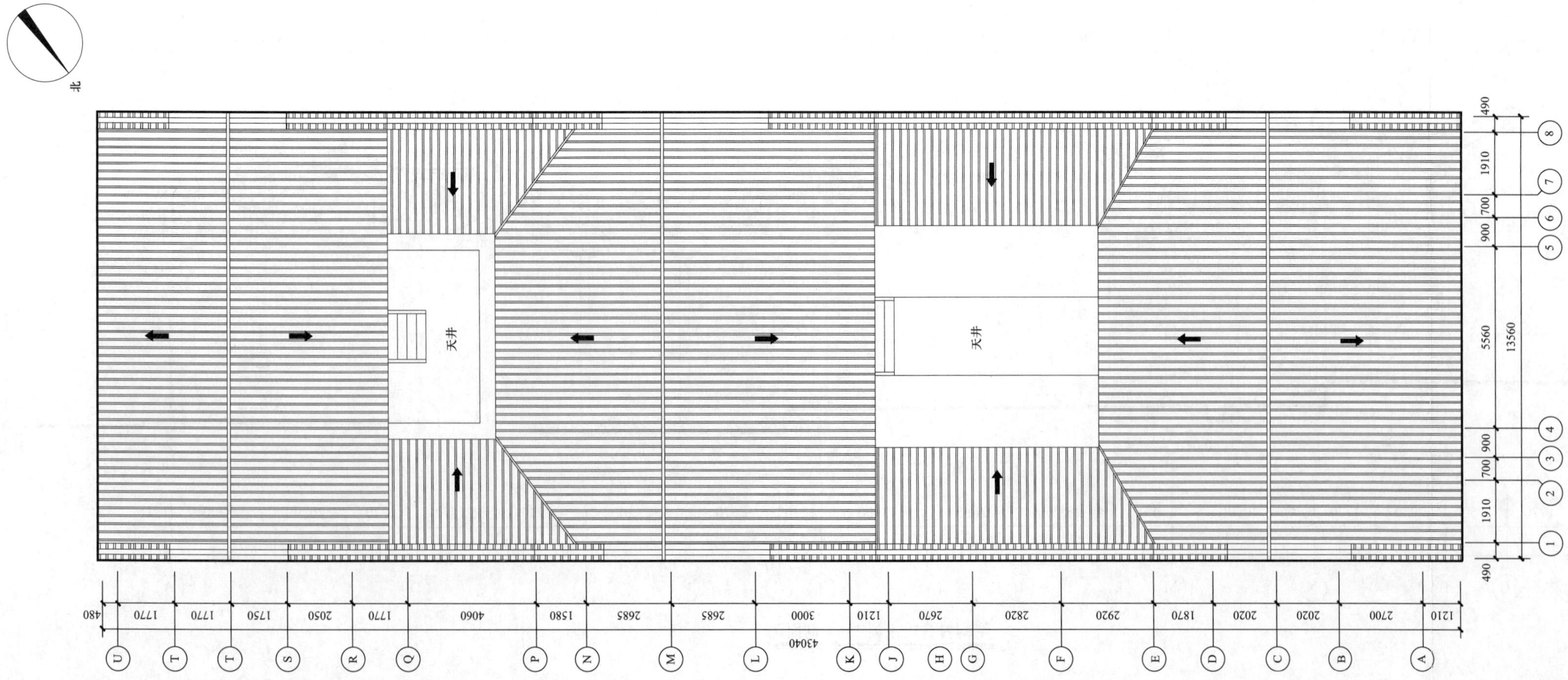

绕南村詹氏宗祠屋顶平面图

绕南村詹氏宗祠侧立面图

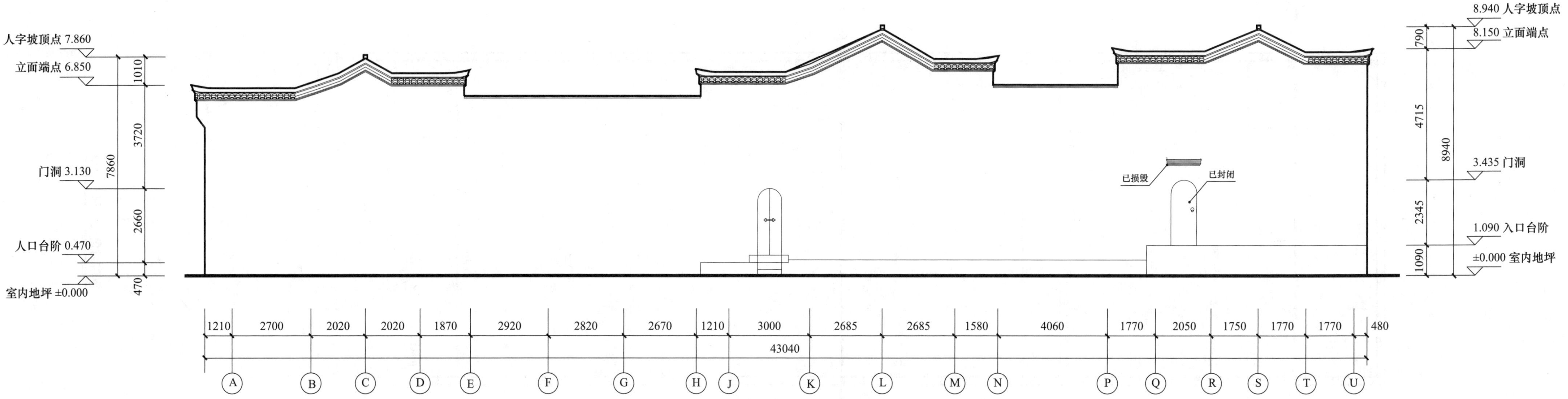
正脊最高点 8.740
侧立面高度 8.020
檐口 6.740
寝殿 1.090
室外地坪 −0.130
7.670 正脊最高点
6.720 侧立面高度
5.540 檐口
±0.000 室内地坪
−0.850 池塘
6.770
6.260
5.670
5.840
0.440
0.010
0.340
−0.270
8740
11595
11535
43040

绕南村詹氏宗祠 1—1 剖面图

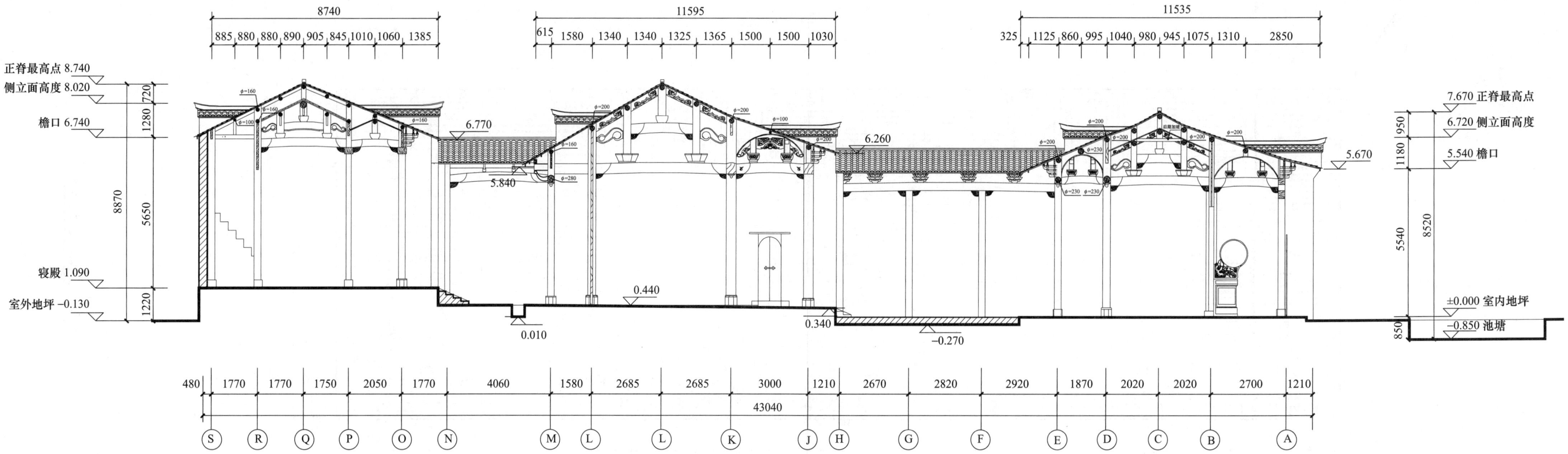

490
1910
700
900
5560
13560
900
700
1910
490
1
2
3
4
5
6
7
8
430
1660
2940
2530
185
7745
正脊最高点 7.745
侧立面最高点 7.315
穿枋 5.655
门洞 2.715
门槛 0.185
室内地坪 ±0.000

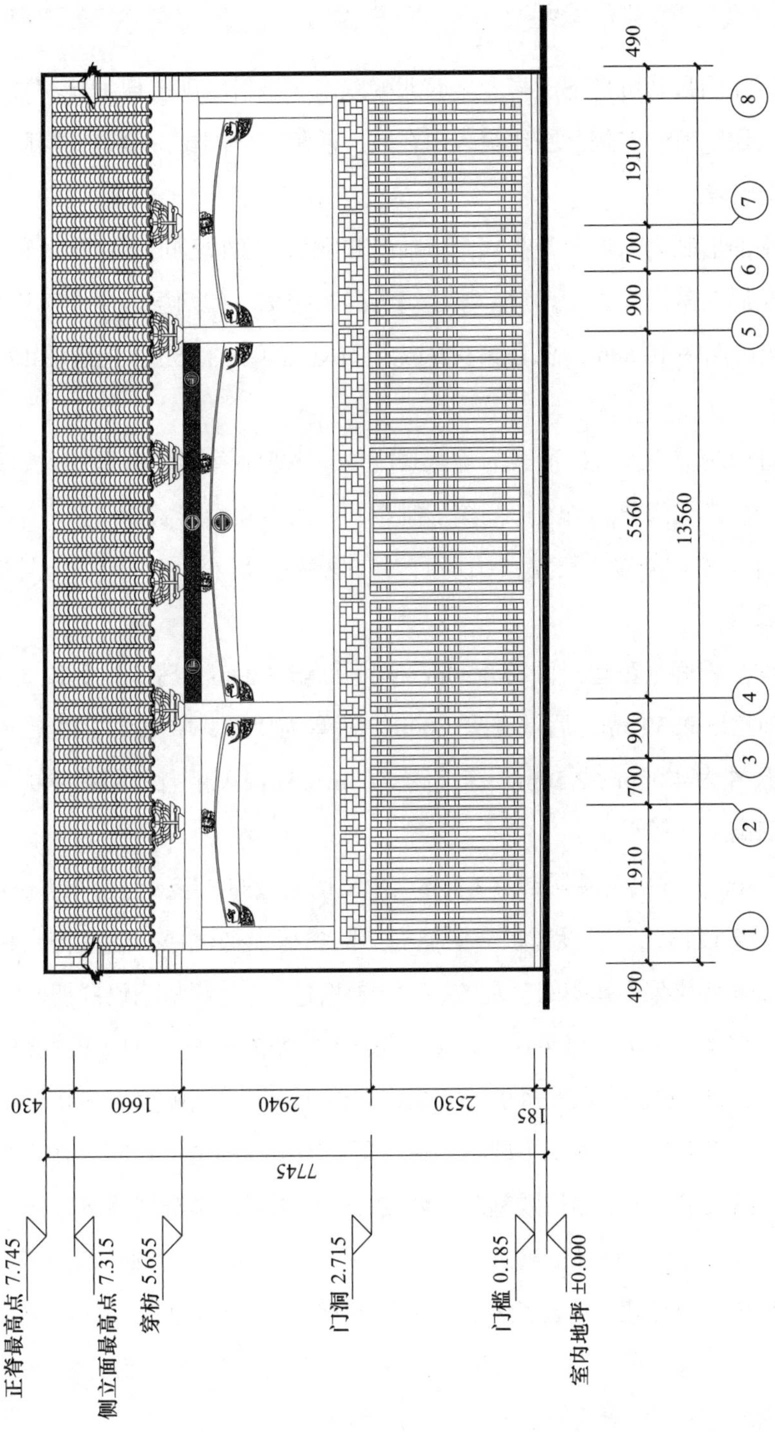

绕南村詹氏宗祠入口立面图

黄山市祁门县箬坑乡下汪村汪宅

汪宅位于黄山市祁门县箬坑乡下汪村，坐西北朝东南，是村中现有保护状况较好的一幢清代建筑，现无人居住。建筑有一前院，原建筑入口在此，前院有一阁楼，侧有一附院。前院与附院均已衰败，保护状况较差。

建筑总体布局平面形制为一进一天井式，带前院和附房。主体建筑呈中轴对称式布局，中轴线上由南至北依次布局前院、天井、正堂。该建筑为砖木结构，共两层。主体建筑呈“凹”字形平面布局，主体建筑总面阔 10.88m，总进深 9.26m。整体总面阔 13.75m，总进深 12.50m，占地面积 171.88m^2。

进入建筑需经过前院。主房入口形式为垂花式门罩，为徽派建筑中典型的入口形式。入口内侧面向天井处也设一装饰性门罩，与入口门罩形制相同。入口立面形式为“凹”字形，入口门罩处下沉，两侧二层开小窗。外墙为粉墙，山墙面为二叠鹊尾式马头墙。屋檐与外墙连接处设计线脚，墙基部设石墙裙。

第一进面阔三间，明间（正堂）面阔 4.50m，次间面阔 3.00m。后金柱上设太师壁，将明间分为前堂和后堂，前堂进深 3.85m，后堂进深 1.00m。后堂为楼梯。屋脊高 7.10m，外墙高 7.32m；天井为吸壁式，净尺寸为 4.00m×2.50m，深度约 0.02m，檐口采用有组织排水方式。厢房和正堂均为二层，屋檐等高。

正堂一层层高 3.80m，二层至最高点为 3.30m。主梁切面近椭圆形，底部平整。除主梁外，檩条截面近方形，椽上直接铺瓦，不设望板。屋檐檐口的檐椽上加飞椽。阁楼窗台挑出约 0.40m，檐口下采用“吊顶”，起到梁架不露明的美观效果。一层檐柱、中柱楼板下设置切面为矩形的横梁，分别称为前堂栅、中堂栅。正堂为穿斗式木构架，主体进深四柱，檐口加一根挑檐柱。天井四周的空间层次丰富，二层的阁窗、一层的楼板处逐层内向退让，形成两重挑台空间。

该建筑工艺考究，装饰精美，雕刻主要集中在门罩、隔扇等部位，具有较高的文化艺术价值。砖雕门罩雕刻细腻，图案精美。上额枋雕刻两只麒麟、一只凤凰，寓意“麒凤呈祥”。两侧为万字不断头的几何纹样，内嵌向日葵花朵，寓意“多子多福”。下额枋正中雕刻一组人物图案，栩栩如生。垂柱柱头雕刻松树和梅花鹿，蕴含长寿和福禄的吉祥寓意。阁窗挑台用雀替形支撑。主梁底部中央有彩绘。后金柱设太师壁，两侧置侧门，之上为商字枋，纹饰简洁，线条流畅。方形柱础石由上下两部分组成，底层部分雕刻如意云纹，简洁流畅。

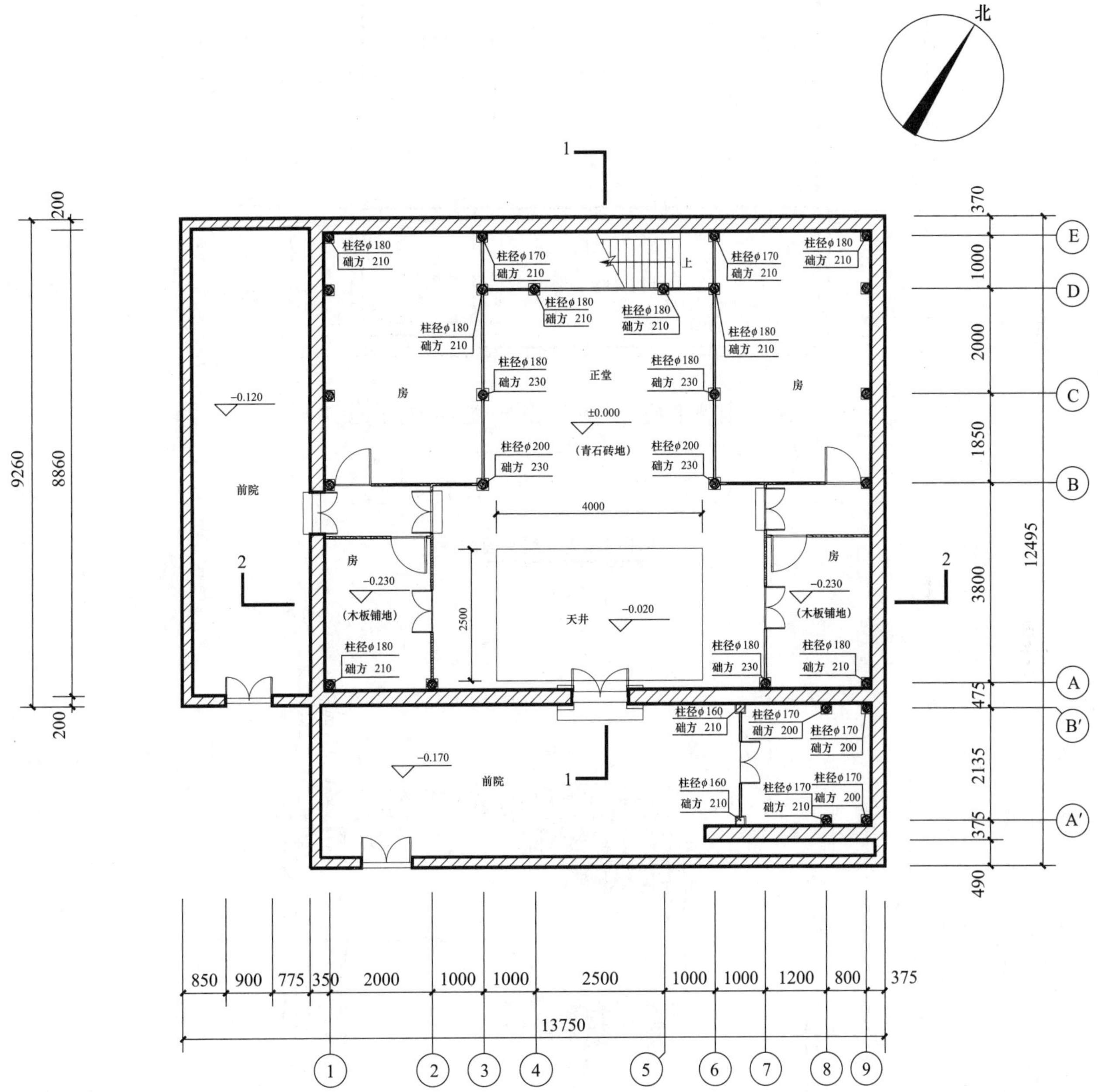

北
1
1
2
2
柱径φ180 础方 210
柱径φ170 础方 210
柱径φ180 础方 210
柱径φ180 础方 210
柱径φ170 础方 210
柱径φ180 础方 210
柱径φ180 础方 210
柱径φ180 础方 210
柱径φ180 础方 230
柱径φ180 础方 230
柱径φ200 础方 230
柱径φ200 础方 230
上
房
正堂
±0.000
（青石砖地）
房
前院
-0.120
房
-0.230
（木板铺地）
天井
-0.020
房
-0.230
（木板铺地）
柱径φ180 础方 210
柱径φ180 础方 230
柱径φ180 础方 210
4000
2500
前院
-0.170
柱径φ160 础方 210
柱径φ170 础方 200
柱径φ170 础方 200
柱径φ160 础方 210
柱径φ170 础方 210
柱径φ170 础方 200
9260
8860
200
200
370
1000
2000
1850
3800
475
2135
375
490
12495
E
D
C
B
A
B′
A′
850
900
775
350
2000
1000
1000
2500
1000
1000
1200
800
375
13750
1
2
3
4
5
6
7
8
9

下汪村汪宅一层平面图

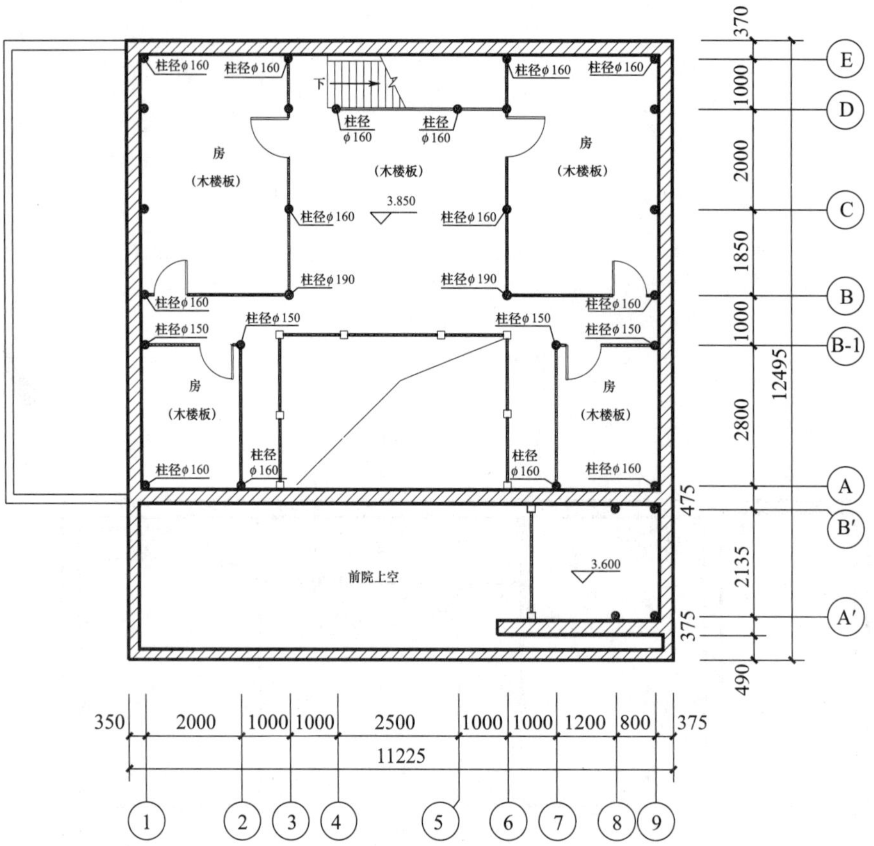
房
（木楼板）
（木楼板）
房
（木楼板）
3.850
柱径φ160
柱径φ190
柱径φ150
房
（木楼板）
房
（木楼板）
前院上空
3.600
下
370
1000
2000
1850
1000
2800
12495
475
2135
375
490
350
2000
1000
1000
2500
1000
1000
1200
800
375
11225
E
D
C
B
B-1
A
B′
A′
1
2
3
4
5
6
7
8
9

下汪村汪宅二层平面图

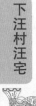
正脊最高点 7.320
檐口高度 5.930
门罩下皮 4.700
马头墙顶点 4.580
围墙高度 2.600
室内地坪 ±0.000
前院地坪 −0.170
7.320 正脊最高点
3.850 二层楼板
−0.170 室外地坪
−0.020
6385
700
255
1125
1125
795
1025
1000
360
1390
1230
120
1980
2600
170
7490
3470
4020
365
3800
1850
2000
1000
370
9385
A
B
C
D
E

下汪村汪宅 1—1 剖面图

下汪村汪宅

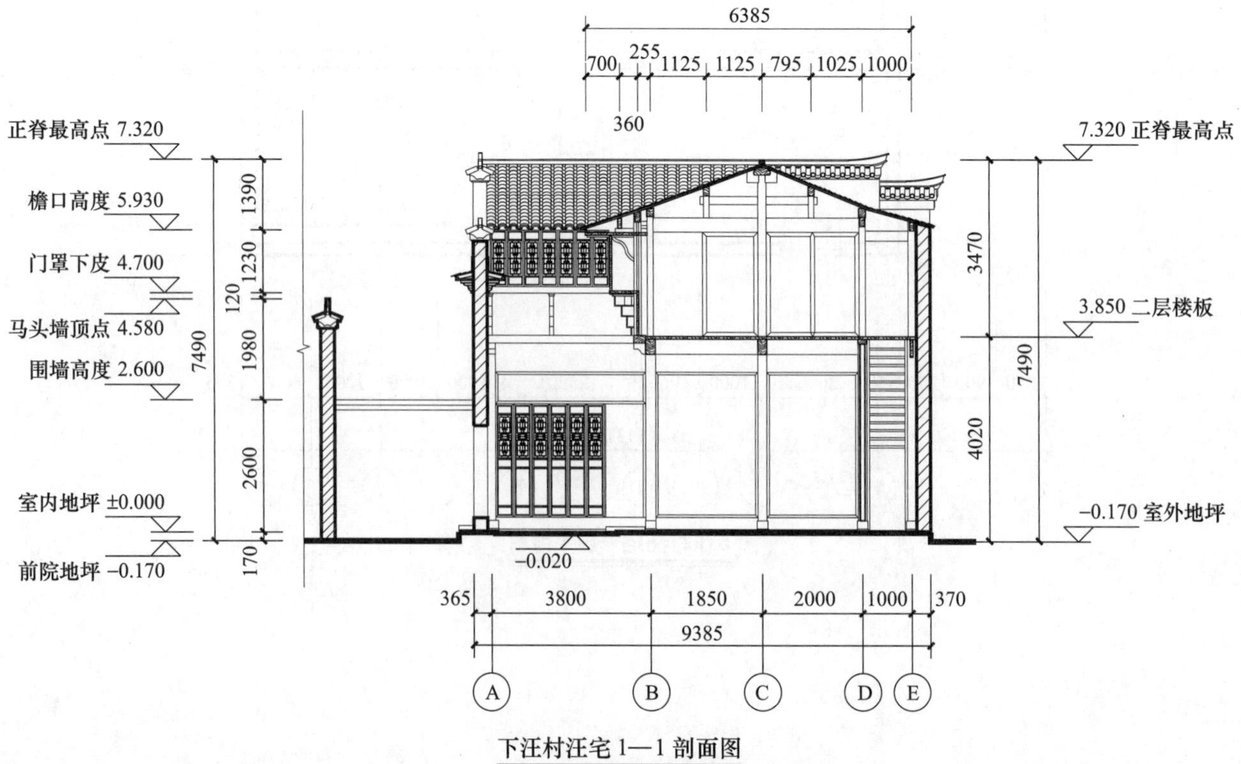

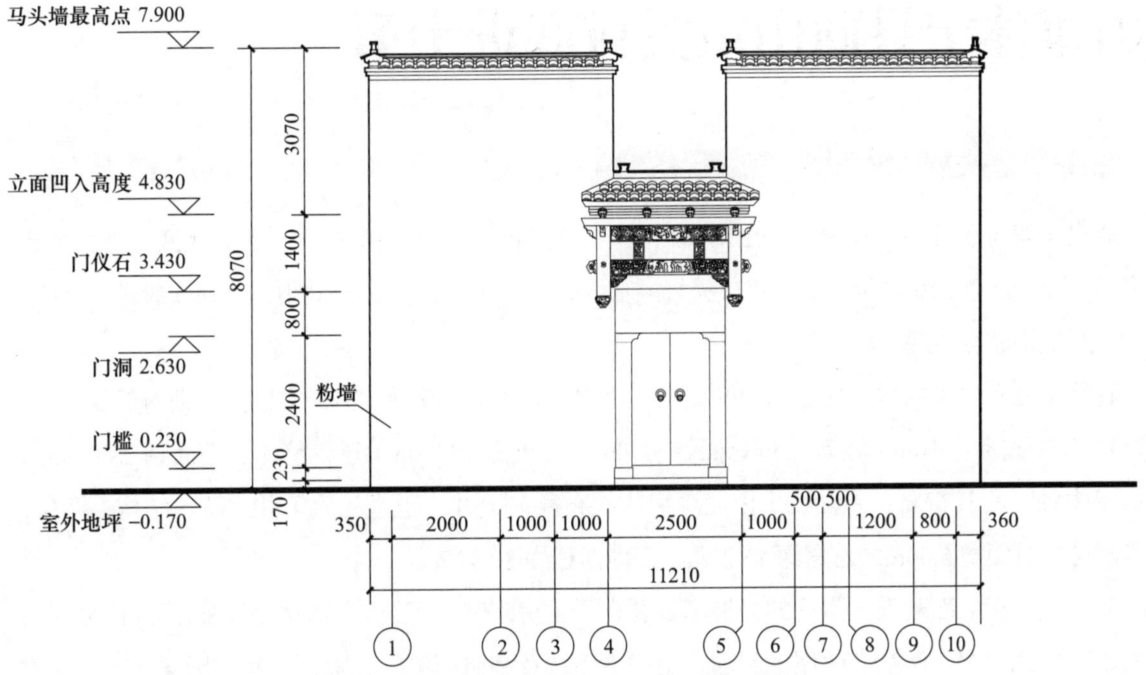
马头墙最高点 7.900
立面凹入高度 4.830
门仪石 3.430
门洞 2.630
门槛 0.230
室外地坪 −0.170
粉墙
3070
1400
800
2400
230
170
8070
350 2000 1000 1000 2500 1000 500 500 1200 800 360
11210
1 2 3 4 5 6 7 8 9 10

下汪村汪宅入口立面图

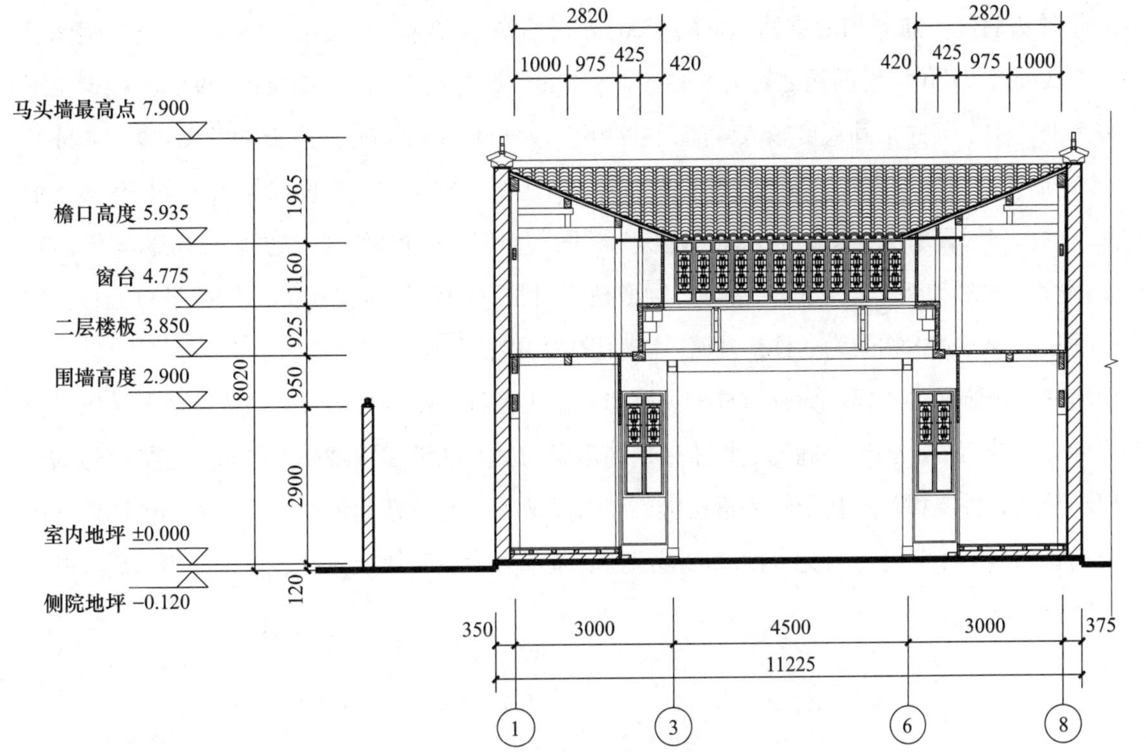
2820
1000 975 425 420
2820
420 425 975 1000
马头墙最高点 7.900
檐口高度 5.935
窗台 4.775
二层楼板 3.850
围墙高度 2.900
室内地坪 ±0.000
侧院地坪 −0.120
1965
1160
925
950
2900
120
8020
350 3000 4500 3000 375
11225
1 3 6 8

下汪村汪宅 2—2 剖面图

黄山市休宁县商山镇黄村武进士第

武进士第位于黄山市休宁县商山镇黄村上门月池塘旁，坐西南朝东北，是明代武进士黄金台的宅第，距今已有510余年。后因年久失修濒临倒塌，2008年由休宁县商山镇人民政府进行修缮。目前，开放供游客参观。

建筑平面布局为主房、附房结合的模式。主房建筑平面形制为“H”字形，一进两天井形式。建筑整体总面阔15.30m，建筑主体总面阔9.70m，总进深15.27m，建筑整体占地面积233.63m^2。主房呈中轴对称式布局，中轴线上由北至南依次布局前天井、正堂、后天井。砖木结构，两层，旁为附房，总面阔5.60m，总进深15.27m，占地面积为87.92m^2。

从建筑的正立面观察，附房的外墙高度要小于主房，突出了建筑等级秩序。大门入口采用典型的垂花柱式门罩，两端有鹊尾式起翘。上、下额枋及字匾两侧的花板都有精致图案，刻有人物故事与象征吉祥的植物。门梁和门框均为青石。墙体立面上边缘转角处有彩绘，古朴典雅。建筑外墙由墙裙和粉墙组成。通观入口立面，粉墙黛瓦，除门洞外没有其他窗洞。入口立面为“一”字形山墙，两侧为马头墙跌落式山墙。

正堂面阔三间。明间布局独特，在中柱上设屏门，屏门后又设两根甬柱界定空间。屏门将厅堂分为前堂和后堂。前堂和后堂面积均为13.03m^2（面阔 × 进深：3.43m×3.80m），正堂明间总面积为26.06m^2，明间与通面阔之比为3.43m ∶ 9.70m。屋脊高7.40m，山墙高7.93m。楼梯位于后天井旁的厢房。天井空间尺度较大，前天井净尺寸为3.91m×2.00m，后天井净尺寸为4.00m×2.15m，前后天井深度均为0.05m，四周设落水管，有组织地排水。正堂檐口与厢房檐口等高，檐口交圈。主房与附属用房中间设墙分隔。附房为“凹”字形平面布局，共二层，楼梯靠隔墙设置。建筑采用穿斗式木构架，正堂的一层与二层檐柱不对位。明间的两榀构架一层柱子有五根，二层有七根柱。穿斗式木构架为七柱、九檩，前后檐口出挑的位置采用挑檐枋。

建筑内部装饰较为丰富。大部分柱础为圆形柱础，檐柱、中柱柱础尺寸较大。雕刻装饰部分主要集中在天井四周。建筑明间的走檐梁采用冬瓜梁，其两端设雕饰精美的雀替。支撑楼板的穿枋挑出部分用斜撑支撑。穿枋上的平板枋雕刻“双凤朝阳”及缠枝莲纹样。正堂太师壁两侧侧门上方置商字枋，其下雀替施雕刻。次间的隔扇窗心屉部分为豆腐块状，安装了护净窗。后天井外墙设置镂空花窗。

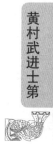
北
1
2
H
G
F
E
D
C
B
A
H′
G′
F′
E′
D′
C′
B′
A′
425
3300
1800
1100
900
2000
1800
2220
1080
640
870
16135
1900
2325
410
1885
1800
1200
3600
1720
15265
柱径ϕ160
础方 200
柱径ϕ180
础方 220
柱径ϕ180
础径 250
柱径ϕ170
础径 250
柱径ϕ160
础径 250
柱径ϕ180
础径 300
柱径ϕ200
础径 360
柱径ϕ200
础方 240
柱径ϕ160
础方 240
柱径ϕ160
础方 220
−0.040
(青石砖地)
2145
4000
−0.700
(水池)
±0.000
(青石砖地)
0.200
(木板铺地)
后堂
房
前堂
±0.000
(青石砖地)
附房
上
3510
天井
2100
−0.040
(条石铺地)
3910
2000
−0.050
(条石铺地)
−0.450
310
1500
1400
900
1630
900
1400
1500
1100
2150
2150
380
15320
1
2
3
4
5
6
7
8
9
10
11

黄村武进士第一层平面图

黄村武进士第

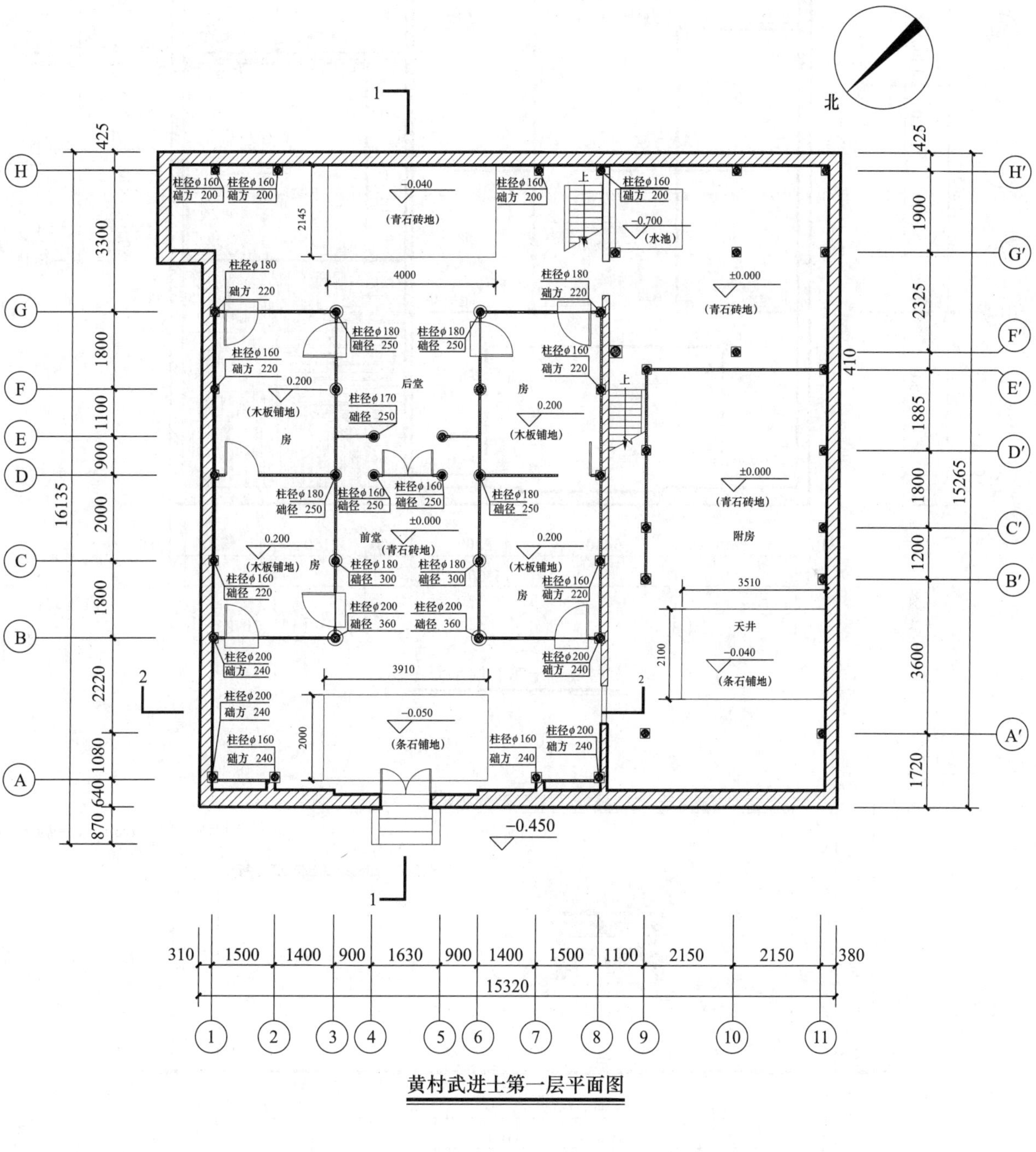

425
3800
1300
2000
2000
1300
3800
640
15265
H
G-1
F
D
C
B-1
A
柱径φ170
柱径φ160
柱径φ150
柱径φ140
柱径φ130
房
3.550
(木楼板)
3.000
天井
下
1900
2325
410
1885
1800
800
9545
H′
G′
F′
E′
D′
C′
B-1′
310
2900
3430
1100
2150
330
1820
380
15320
1
3
6
8
9
10
10-1
11

黄村武进士第二层平面图

入口立面马头墙 7.000
门仪石 2.670
门洞 2.160
门槛 0.340
室外地坪 −0.140
粉墙
7140
4330
510
1820
340
140
5.600 入口立面马头墙（附房）
5740
−0.140 室外地坪
310
2900
3430
1100
2150
330
1820
380
15320
1
3
6
8
9
10
10-1
11

黄村武进士第入口立面图

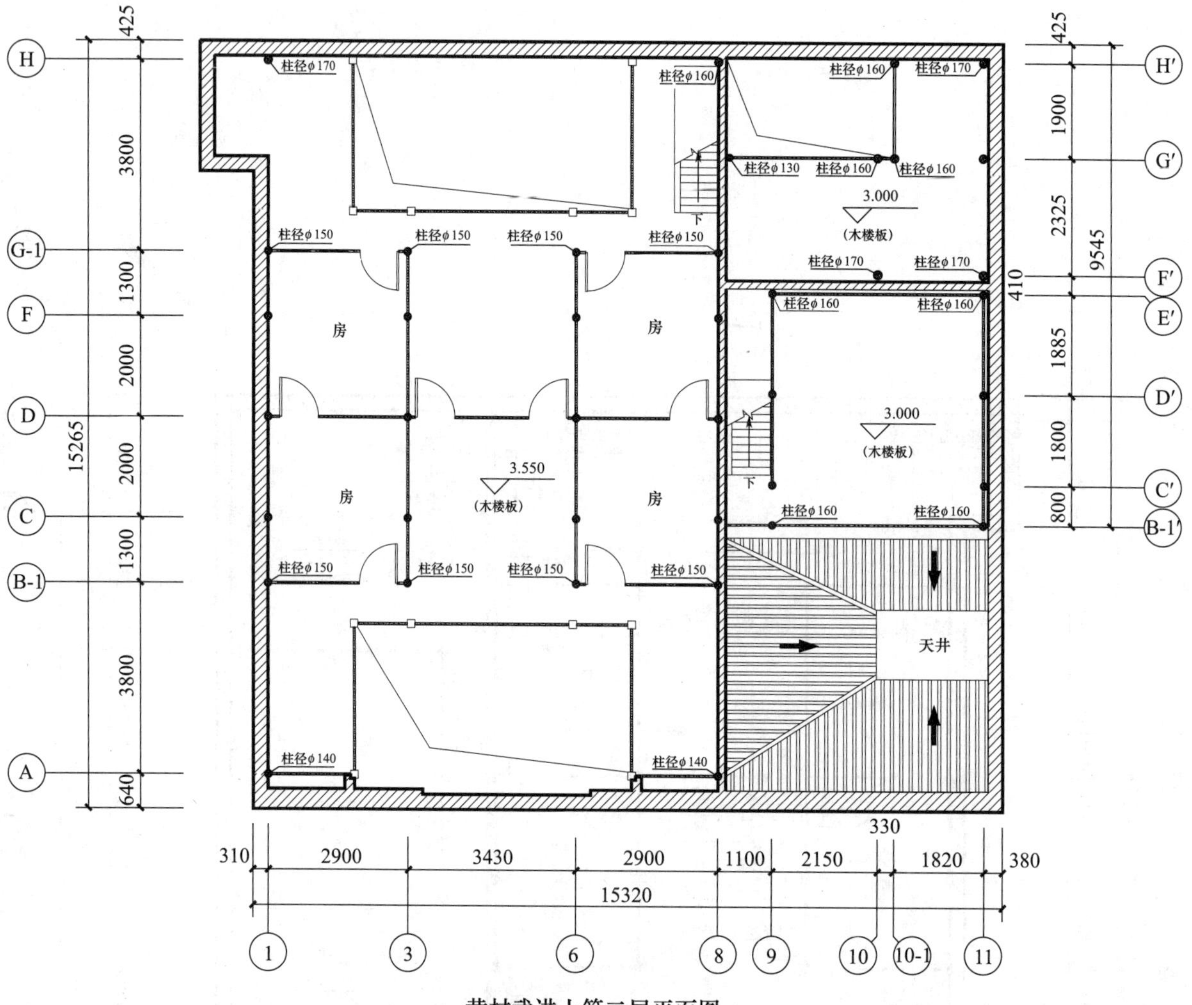

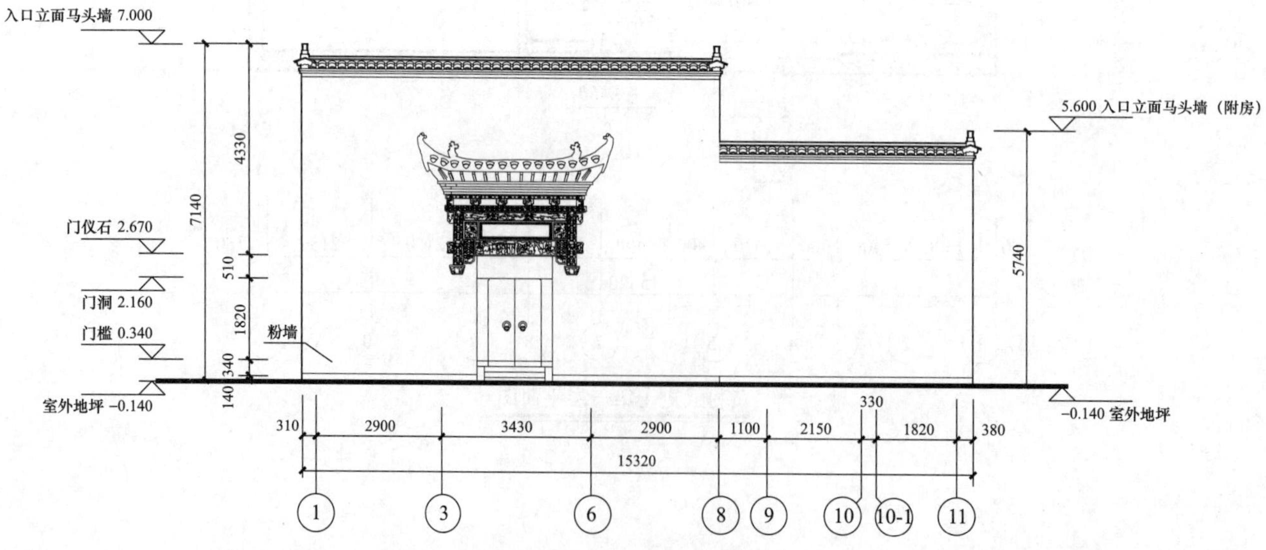

9035
325 935 1255 1005 995 1000 1000 1340 805 375
第一叠马头墙 7.930
第二叠马头墙 7.350
第三叠马头墙 7.120
檐口下皮 5.840
入口门罩上皮 4.270
室内地坪 ±0.00
室外地坪 −0.450
580
230
1280
1570
8380
4270
450
−0.050
−0.140
7.400 正脊最高点
5.880 檐口下皮
3.550 二层楼板
1.825 窗洞
±0.000 室内地坪
−0.450 室外地坪
1520
2330
7850
1725
1825
450
455
640 3300 545 1255 2000 900 1100 1345 3300 425
15265
A B B-1 C D E F G-1 G H

黄村武进士第 1—1 剖面图

2030
845 880 305
2030
305 880 845
第一叠马头墙 7.930
二层楼板 3.550
室内地坪 ±0.000
室外地坪 −0.450
4380
8380
3550
450
−0.050
310 2900 900 1630 900 2900 355
9895
1 3 4 5 6 8

黄村武进士第 2—2 剖面图

黄村武进士第

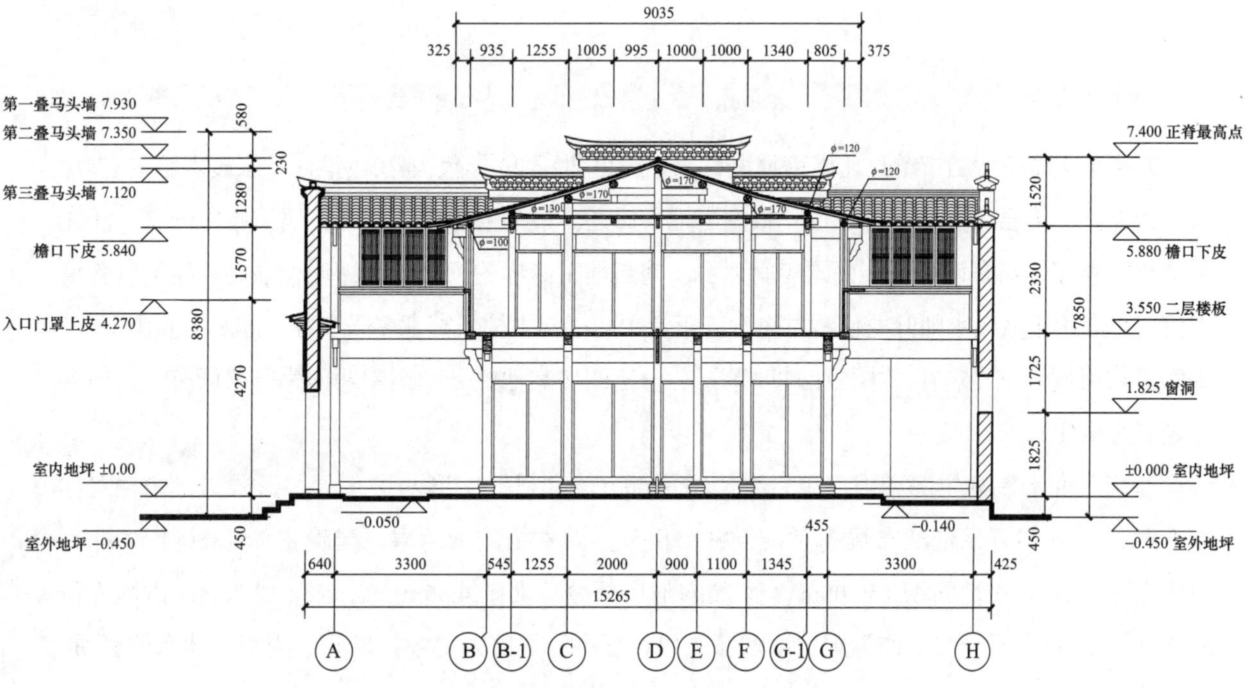

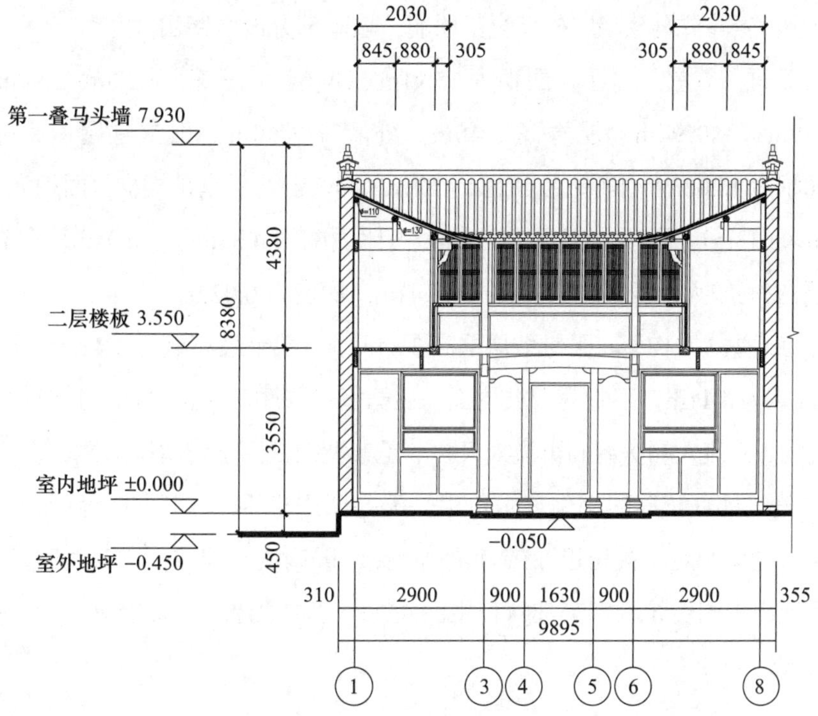

黄山市歙县北岸镇瞻淇村方金荣宅

方金荣宅位于黄山市歙县北岸镇瞻淇村，建于20世纪20年代，坐东朝西，二层砖木结构建筑，保存较完好，为县级文物保护单位。根据当地人口述，最初宅主为汪裕寿，属天心堂一支。汪先生从小在浙江寿昌开设油坊，民国年间返乡，为当地工商界的领袖人物，地位显赫。建宅时曾请南沉口乡高山下队风水师叶龙佳看过风水。正堂中两根梓木柱（寓意多子多福）即来自高山下队，为瞻淇村孤例。该建筑在“中国土地改革”后分给四户其他姓，现正堂两间为方家所有，目前为一老奶奶居住。

建筑平面形制为主房和附房组合型，主房部分为“日”字形两进一天井形式，呈中轴对称式布局，从入口开始依次布局下堂、天井、正堂。砖木结构，两层，建筑主体总面阔10.94m，总进深13.71m，占地面积150.00m^2。南侧的附房部分总面阔4.49m，总进深12.76m，占地面积57.29m^2，内有水井一口，作为厨房、贮藏之用。正中一间原为宅主打麻将、用餐、休息的场所，现改建为三间厨房。

建筑入口形式为“八”字凹入式，入口处清水砖墙采用磨砖对缝工艺砌筑，以突出大门的形象和重要地位。大门开在正中，设两重门。入口立面有两扇小窗。附房部分设偏门供仆人出入。正房封火山墙为三叠、坐斗式马头墙。外墙全部粉刷，墙基部分设石墙裙。

主体建筑面阔三间。下堂（门厅）面积为15.91m^2（面阔 × 进深：4.08m×3.90m），明间与通面阔之比为4.08m ：10.94m，屋脊高7.40m，外墙高7.60m；正堂堂屋由太师壁分成前堂和后堂，前堂面积为16.08m^2（面阔 × 进深：4.38m×3.68m），后堂是楼梯，面积为4.95m^2（面阔 × 进深：4.38m×1.13m），明间与通面阔之比为占比面阔为4.38m ：10.94m；屋脊高8.70m，外墙高8.80m。天井空间较大，净尺寸为5.13m×1.41m，深度为0.02m。

下堂和正堂均为穿斗式木构架。下堂一层层高3.84m，二层至最高点为3.47m；正堂一层层高4.44m，二层至最高点为4.11m。下堂为双坡屋面，后檐檐口与厢房檐口同高。正堂屋面檐口比厢房檐口高，雨水沿坡面先流入厢房屋面再流入天井，是典型的“四水归堂”形式。

该建筑雕饰精美，具有较高的文化艺术价值。天井四周挑手木上的四个斜撑为“八仙”题材圆雕，神态各异，动感十足。挑枋正面带有花草雕刻。隔扇满刻浮雕，内容为暗八仙，琴棋书画及渔樵耕读，反映出中国传统的审美趣味和生活向往。宅中原还有精美家具一套，可惜先后被典当，现仅剩一张床。

北
3-1
3
6
6-1
4375
150
4075
150
1
2
G
F
E
D
C
B
A
250
1130
1480
2200
4495
2100
1800
250
13705
F′
E′
D′
C′
B′
A′
355
2080
3740
1380
1420
3535
250
12760
柱径φ180
础方 230
柱径φ120
础方 150
柱径φ120
础方 150
柱径φ200
础方 230
上
柱径φ180
础方 210
柱径φ160
柱径φ160
础方 230
柱径φ160
础方 240
房
柱径φ230
础方 260
±0.000
房
0.360
(木板铺地)
柱径φ280
础方 310
(水泥抹面)
前堂
0.360
(木板铺地)
附房
5900
5130
1840
1410
−0.115
天井
(条石铺地)
−0.030
−0.050
柱径φ120
础方 150
柱径φ180
础方 280
下堂
柱径φ180
础方 280
柱径φ160
房
柱径φ170
础方 230
房
0.280
(木板铺地)
0.280
(木板铺地)
柱径φ110
础方 150
柱径φ110
础方 150
柱径φ180
础方 230
柱径φ180
础方 210
柱径φ160
础方 230
柱径φ160
础方 240
−0.170
225
250
1600
1580
1000
2075
1000
1580
1600
1765
2250
250
15175
1
2
3
4
5
6
7
8
9
10
11

瞻淇村方金荣宅一层平面图

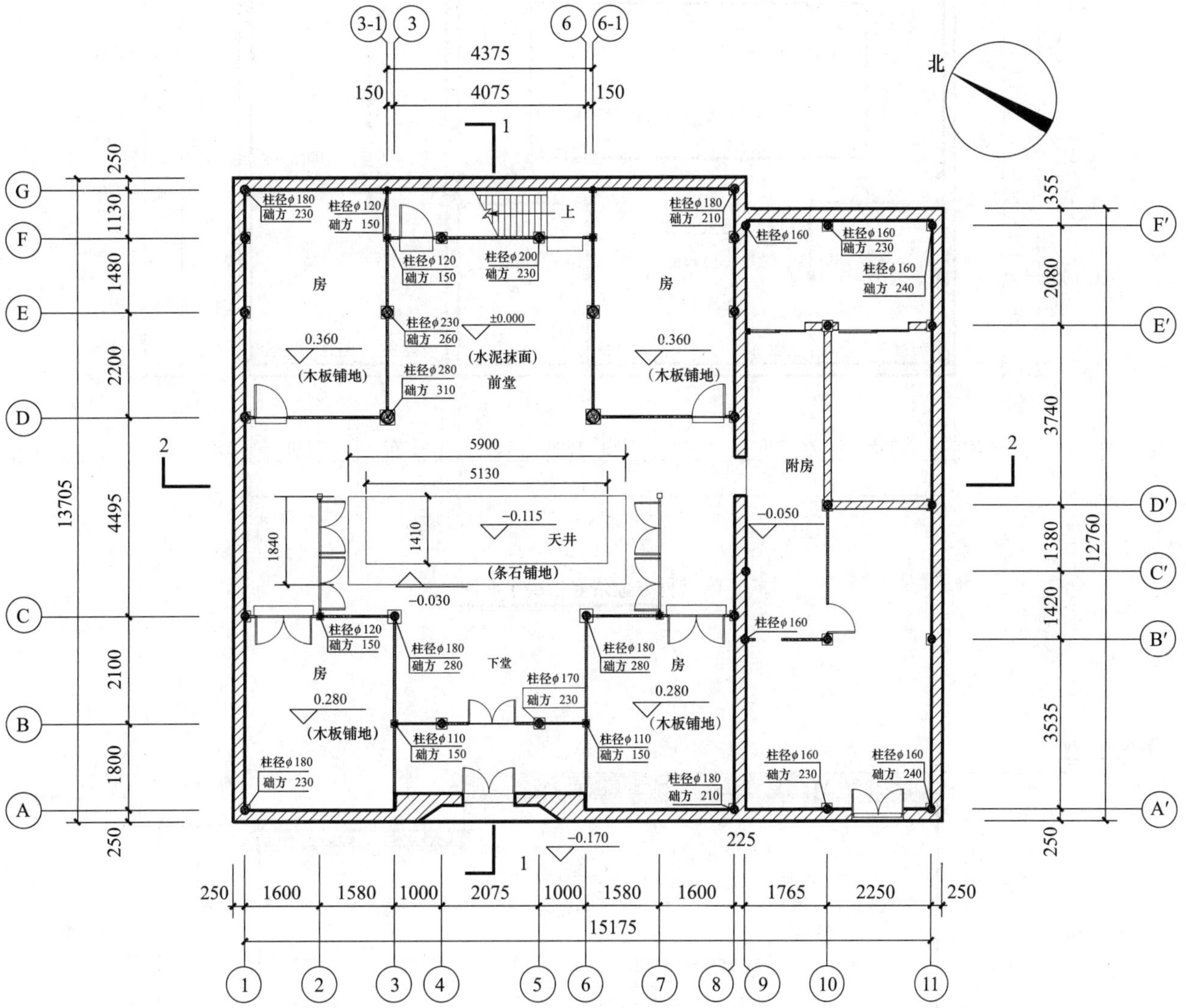

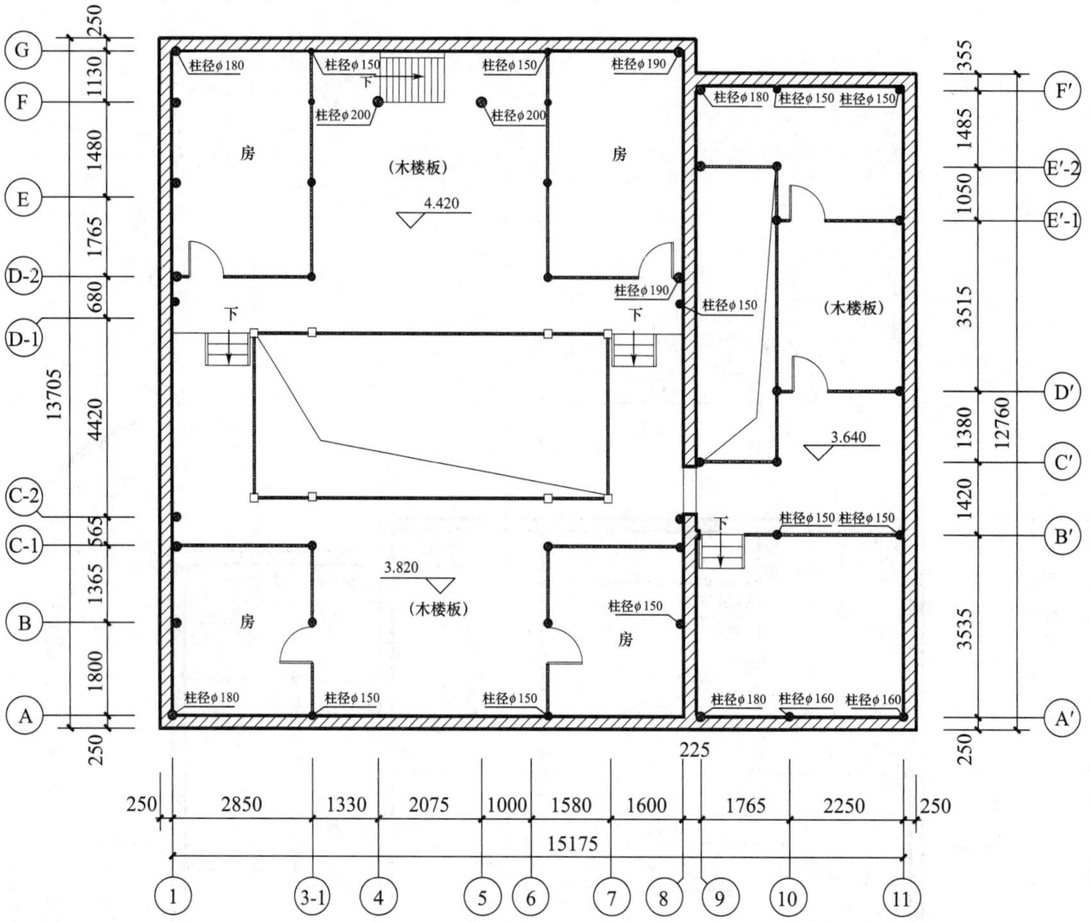
柱径φ180
柱径φ150
柱径φ150
柱径φ190
柱径φ200
柱径φ200
下
房
（木楼板）
4.420
房
柱径φ190
柱径φ150
下
下
柱径φ180 柱径φ150 柱径φ150
（木楼板）
3.640
柱径φ150 柱径φ150
下
3.820
（木楼板）
房
房
柱径φ150
房
柱径φ180
柱径φ150
柱径φ150
柱径φ180 柱径φ160 柱径φ160
G
F
E
D-2
D-1
C-2
C-1
B
A
250
1130
1480
1765
680
4420
565
1365
1800
250
13705
F′
E′-2
E′-1
D′
C′
B′
A′
355
1485
1050
3515
1380
1420
3535
250
12760
225
250 2850 1330 2075 1000 1580 1600 1765 2250 250
15175
1 3-1 4 5 6 7 8 9 10 11

瞻淇村方金荣宅二层平面图

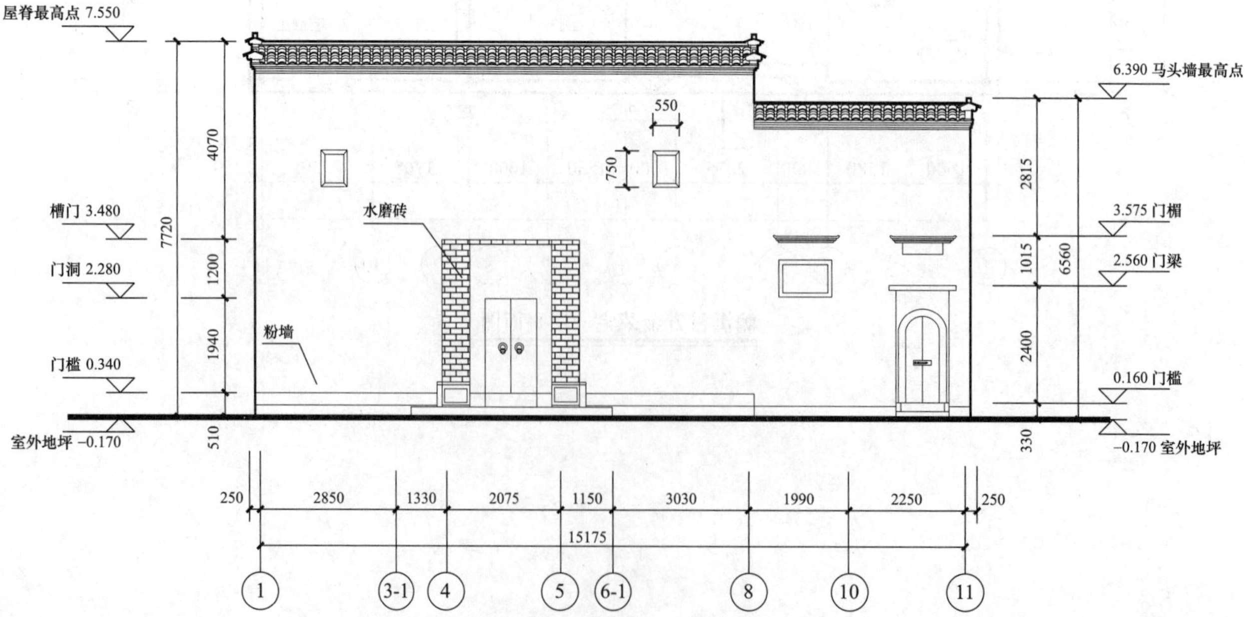
屋脊最高点 7.550
槽门 3.480
门洞 2.280
门槛 0.340
室外地坪 −0.170
4070
1200
1940
510
7720
550
750
水磨砖
粉墙
6.390 马头墙最高点
3.575 门楣
2.560 门梁
0.160 门槛
−0.170 室外地坪
2815
1015
2400
330
6560
250 2850 1330 2075 1150 3030 1990 2250 250
15175
1 3-1 4 5 6-1 8 10 11

瞻淇村方金荣宅入口立面图

4465
780 795 1365 1190 335
5710
300 1035 870 890 780 705 1130
8.800 屋脊最高点
屋脊最高点 7.550
4380
3730
4.420 二层楼板
二层楼板 3.820
8970
7720
3820
4590
室内地坪 ±0.000
室外地坪 −0.170
170
−0.115
−0.170 室外地坪
565 170
160 520
250 1800 1365 4250 1765 1480 1130 250
13705
A
B
C-1
C
C-2
D-1
D
D-2
E
F
G

瞻淇村方金荣宅 1—1 剖面图

1975
1665 310
1935
385 1550
3070
255 1450 1365
屋脊最高点 8.800
780
第二叠马头墙 8.020
7.500 马头墙最高点
3600
8970
3860
二层楼板 4.420
600
3.640 附房二层楼板
7670
二层楼板（厢房）3.820
3820
3810
室内地坪 ±0.000
室外地坪 −0.170
170
−0.050
−0.170 室外地坪
250 2850 1330 2075 1150 3030 1990 2250 250
15175
1
3-1
4
5
6-1
8
10
11

瞻淇村方金荣宅 2—2 剖面图

瞻淇村方金荣宅

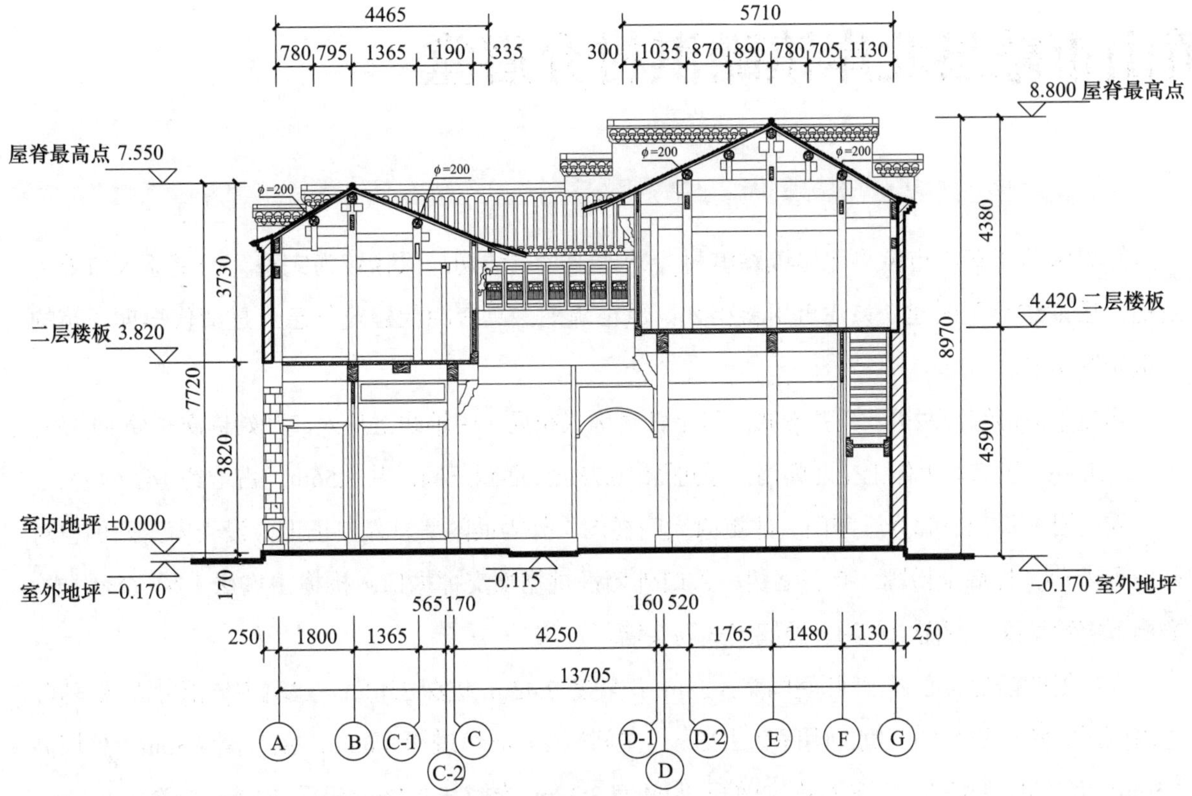

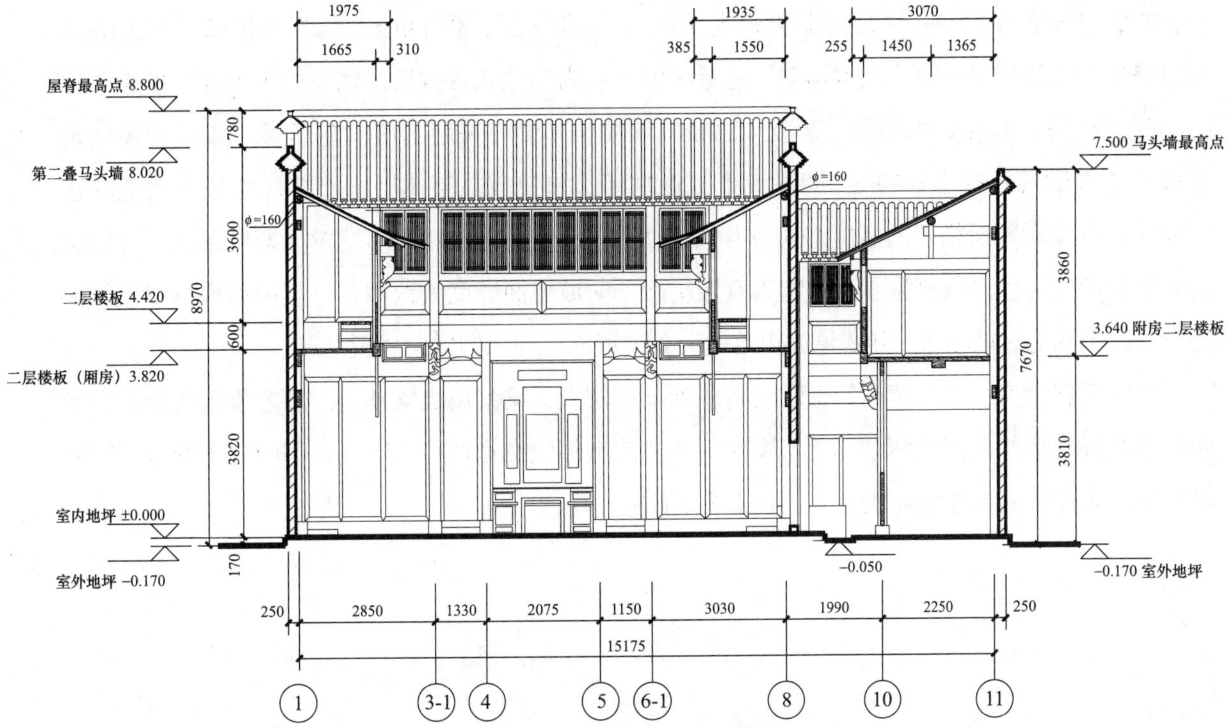

黄山市歙县北岸镇瞻淇村介眉堂

介眉堂位于黄山市歙县北岸镇瞻淇村，始建于明末清初，保存较为完整。据说原入口处为商铺，后期进行了改建。该建筑用料粗大，风格疏朗，具有明代建筑气息，是清代早期建筑的珍贵研究实例。

建筑平面形制为两进一天井形式，呈中轴对称式布局，中轴线上从入口开始依次布局前附房、下堂、天井、正堂。大体上坐北朝南，总进深 16.78m，面阔三间，共 8.56m，占地约 143.64m^2。

入口设两重门，都为一字门。建筑原大门在内，外为前附房。入口正上方设天窗，两侧也对称设置窗户。外墙全粉刷，有石墙裙。入口外墙设挑檐檩支撑檐口，挑檐由檐椽上架飞椽组成。檐檩下部绘墨绘。两侧山墙为多叠鹊尾式马头墙。

入口处的前附房面阔三间，明间宽 3.38m，次间宽 2.43m，进深 3.48m。建筑主体部分面阔三间，进深两进。第一进面阔三间，明间宽 3.38m，次间宽 2.43m，进深 3.60m，屋脊高 7.30m，外墙高 7.50m；第二进面阔三间，三间均面向敞开，明间宽 3.38m，次间宽 2.43m，进深 5.12m，屋脊高 8.10m，外墙高 8.32m。正堂设一太师壁，两侧为通道。太师壁后为楼梯和储藏空间。“回”字形浅天井，净尺寸为 4.07m×1.81m，深度约 0.02m。檐口四周通过两根落水管有组织排水。天井设置两水缸，两侧设厢廊，面向天井敞开。

前附房一层高 3.26m，二层至最高点为 3.17m。下堂一层层高 4.06m，二层至最高点为 3.18m。前附房和下堂建筑采用穿斗式木构架。正堂明间一层为插梁式木构架，减少柱子落地，扩大了室内空间。次间为穿斗式木构架，高度 4.20m。顺梁和列梁均采用圆滚的冬瓜梁，梁柱交接处设雀替。正堂明间柱径为 0.39m，明显大于其他柱径。该建筑在整体用料上都比清代中后期的建筑要大，正堂和厢房构架的搭接方式与清代晚期的建筑也有很大不同。下堂为双坡屋面，分别向正立面和前天井倾斜直接排水。正堂为双坡屋面，两坡屋面坡度大致相等，其中前坡檐口比厢房檐口高，雨水通过前坡流入厢房屋面再落入天井，形成“四水归堂”式天井。

此宅用料考究，装饰精美。正堂明间柱础尺度较大，梁架用插梁承重，下方设置雀替。正堂明间的檐梁与额枋之间设两个元宝状梁驮，主要装饰部位在雀替和梁驮上。明间柱子悬挂对联匾额两对，太师壁正中挂两幅挂画，其上挂“介眉堂”匾。

北
正堂
天井
下堂
房
房
房
房
(青石砖地)
(条石铺地)
±0.000
-0.150
-0.170
-0.130
柱径φ130
础方 160
柱径φ140
础方 190
柱径φ150
础方 190
柱径φ190
础径 250
柱径φ160
础径 250
柱径φ290
础方 390
柱径φ180
础方 230
柱径φ160
础方 190
16780
8560

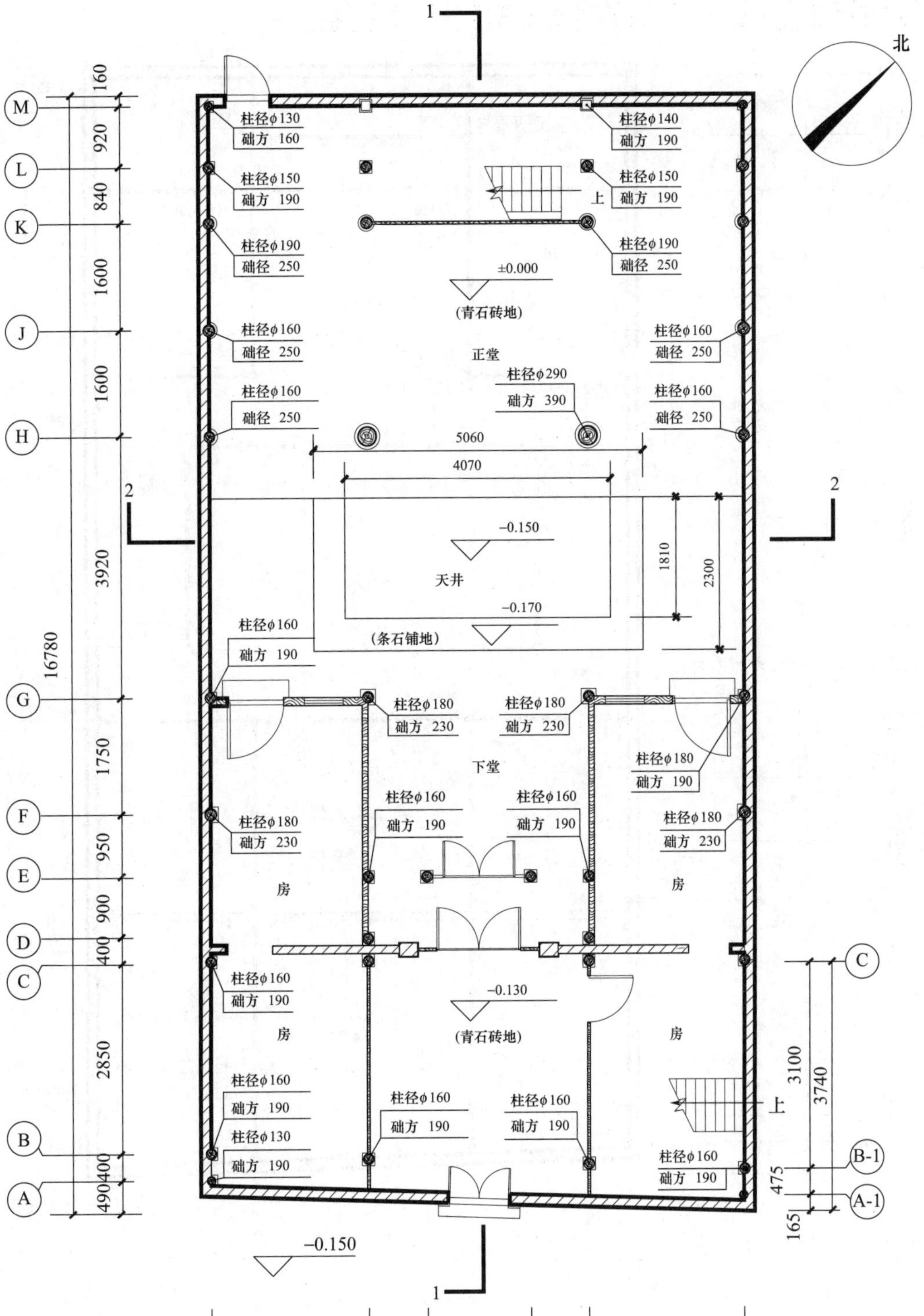

瞻淇村介眉堂一层平面图

M
L
K
J
H
G
F
E
D
C
B
A
160
920
840
1600
1600
3920
1750
950
900
400
2850
400
490
16780
柱方140
柱方140
柱径φ140
柱径φ130
柱径φ130
柱径φ130
柱径φ150
柱径φ170
柱径φ170
房
房
房
下
4.250
(木楼板)
柱径φ150
柱径φ150
柱径φ150
柱径φ150
柱径φ150
下
下
柱径φ130
柱径φ130
柱径φ130
柱径φ140
3.980
(木楼板)
房
房
柱径φ130
柱径φ130
3.190
(木楼板)
房
下
柱径φ150
柱径φ130
柱径φ130
柱径φ150
柱径φ130
160
2430
3380
2430
160
8560
1
2
5
6

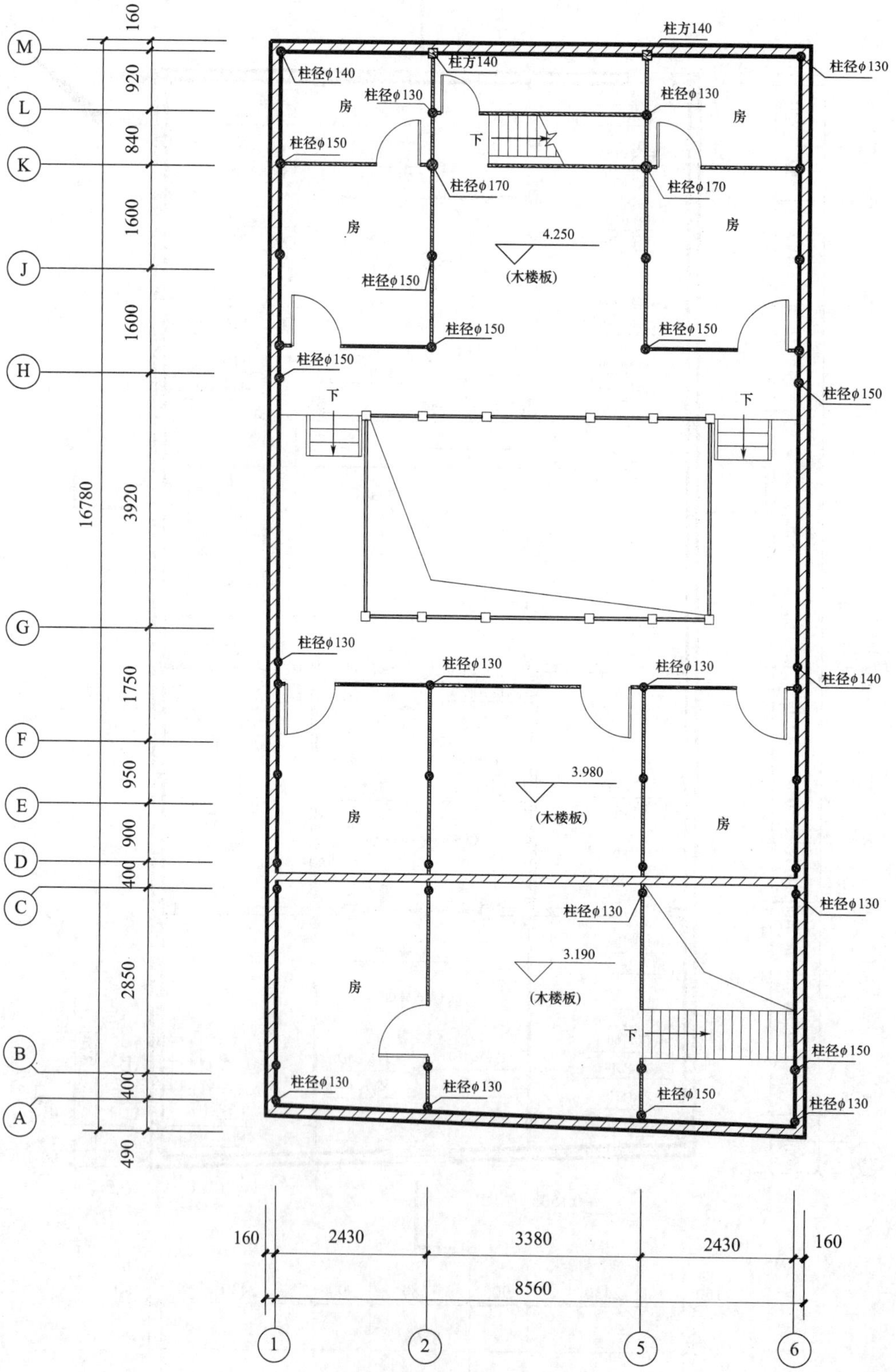

瞻淇村介眉堂二层平面图

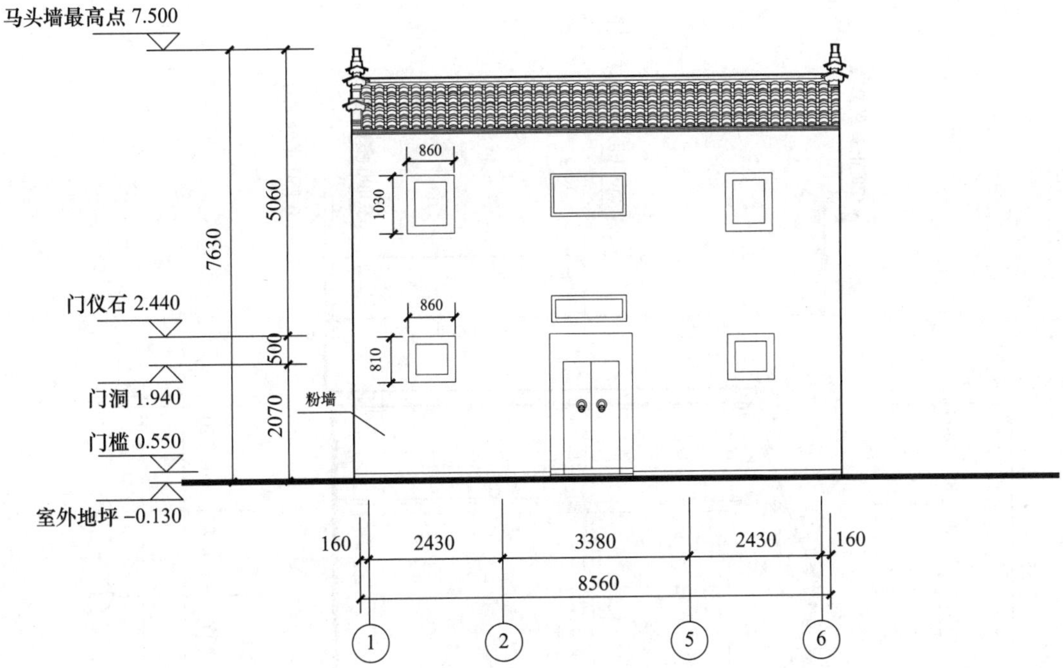
马头墙最高点 7.500
7630
5060
860
1030
门仪石 2.440
500
860
810
门洞 1.940
粉墙
2070
门槛 0.550
室外地坪 −0.130
160
2430
3380
2430
160
8560
1
2
5
6
1705
1400
305
1705
305
1400
正脊最高点 8.320
1440
檐口高度 6.880
6.000
ϕ=170
ϕ=170
2900
8320
二层楼板 3.980
3980
室内地坪 ±0.000
−0.170
−0.150
160
2430
3380
2430
160
8560
1
2
5
6

瞻淇村介眉堂入口立面图

瞻淇村介眉堂 2—2 剖面图

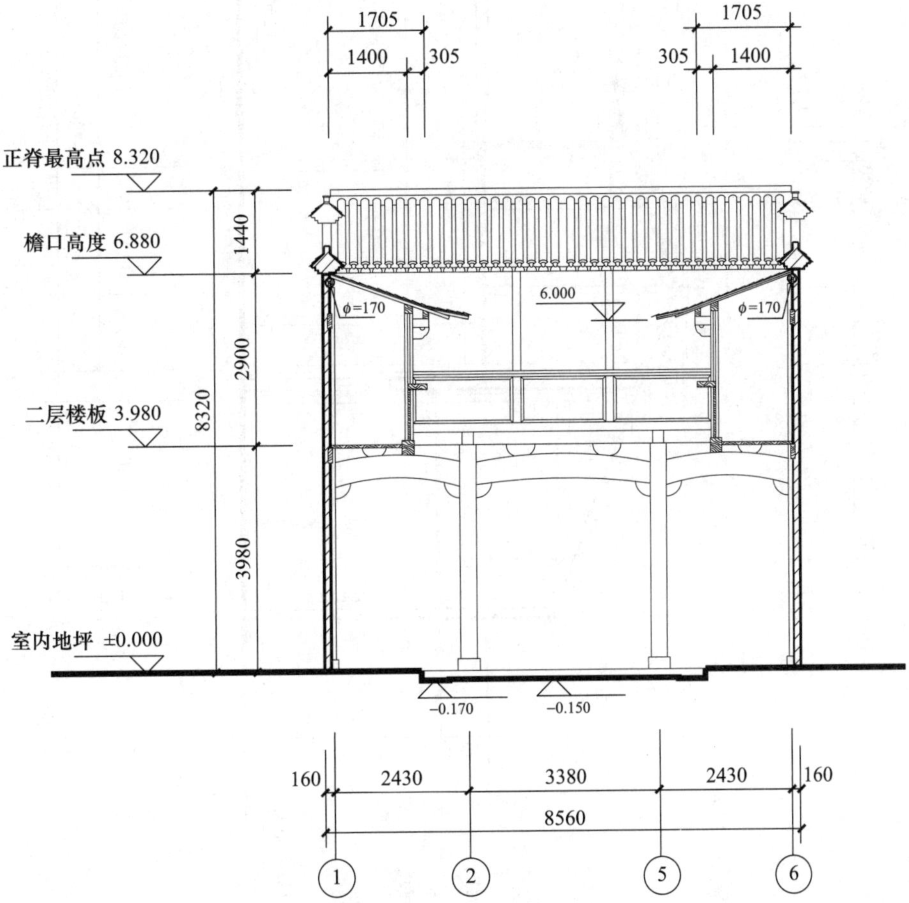

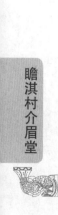

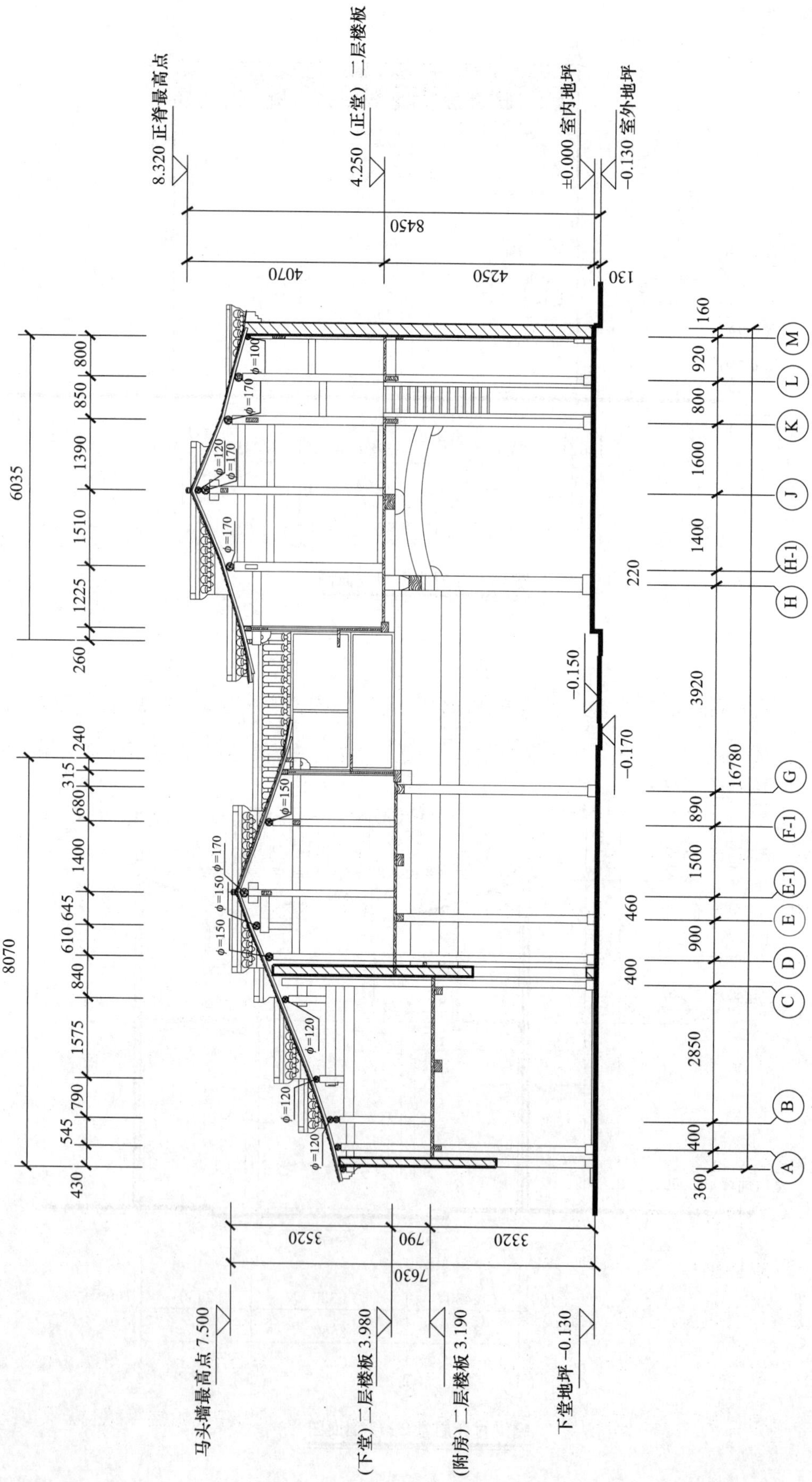

瞻淇村介眉堂1—1剖面图

后记

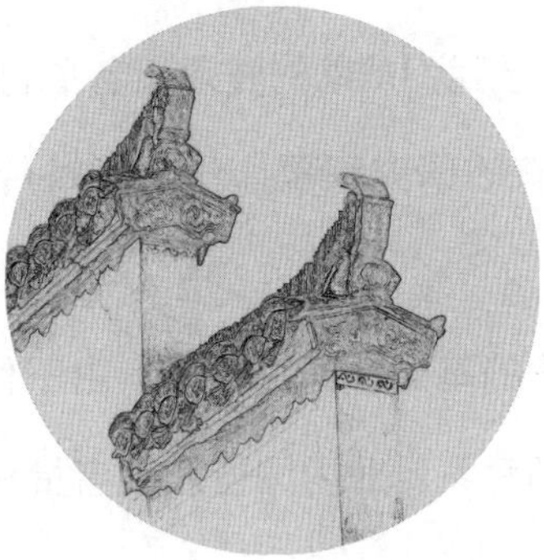

十几年前，我在武汉大学读书的时候，便到江西省乐平市开展古建测绘工作，调研当地的传统建筑文化，再后来到江西工作，曾多次到赣东北地区调研考察，被当地的乡土建筑深深吸引。这些年我也一直在思考一个问题：赣派建筑和徽派建筑在文化交融区是如何互动和相互影响的。带着这个问题，我带领团队无数次跋山涉水，寻找答案。从安徽的歙县、黟县、休宁县、祁县，再到江西的婺源县、乐平市、景德镇市、鄱阳县、都昌县，都留下了我们考察的身影。

幸运的是，在本书的撰写、出版过程中得到了国家自然科学基金项目资助。本书是研究团队历时 3 年的结晶，团队中不但有 211 工作室的研究生还有本科生，从调研、测绘到绘图、审校，大家付出了很多心血。得益于出版社各位编辑老师的及时敦促和认真审阅，本书才得以顺利出版。为此，我们表示诚挚的谢意！

在调研过程中，研究生欧阳璐、晏亮清、张宇宁、陈明霞、翟彦玲、林磊、张雪、张光穗同学不辞劳苦，多次深入各地考察测绘。2019 级本科生刘琪琪、李媛媛同学在寒暑假多次随团队进行考察测绘，表现出对研究由衷的热爱。张光穗同学承担了大量绘图、审校工作，投入了很多时间和精力。此外，书中还选取了部分 2021 级本科生在乐平市涌山村的测绘成果，以及 2014 级本科生高传林、周尚在婺源县甲路村的测绘成果。在此，一并向上述同学表示感谢！

另外，还要感谢华南理工大学肖大威教授在本项目开题及研究过程中给予的指导和帮助。

感谢都昌的江期论老师在百忙之中为我们提供的无私帮助，并协助我们顺利地完成了考察。

感谢在乡野调研考察中给予我们帮助的匠师和老乡们，让我们收获了知识和温暖。

感谢行业内相关专家已有的研究积累，让我们对传统民居研究有了更加深入的理解。

本书是研究团队系统梳理的基础性研究成果，由于作者专业和水平有限，书中难免存在缺憾与不当之处，还请专家、业内同行及读者批评指教。传统建筑的研究依然任重而道远，我们将继续努力。

2024 年 5 月于南昌瑶湖